有机化学反应机理解析

景崤壁　吴林韬　高 峰　编著

化学工业出版社
·北京·

《有机化学反应机理解析》全书共分为十三章，主要内容包括：有机化合物的结构概述（第一章），烷烃（第二章），烯烃（第三章），炔烃、多烯烃（第四章），单环芳烃（第五章），卤代烃（第六章），醇、酚、醚（第七章），醛、酮（第八章），羧酸及衍生物（第九章），含氮化合物（第十章），缩合反应（第十一章），重排反应（第十二章），在系统讲述各类有机反应机理之后，生动形象地对有机化学反应机理进行归一（第十三章），揭示有机化学反应机理的真谛。

《有机化学反应机理解析》可作为高中生奥林匹克化学竞赛的参考指导书，也可供高等院校本科生学习有机化学时参考使用，还可作为中学化学教师的培训进修教材。

图书在版编目（CIP）数据

有机化学反应机理解析/景崎壁，吴林韬，高峰编著. —北京：化学工业出版社，2018.8（2025.1重印）
ISBN 978-7-122-32366-8

Ⅰ.①有… Ⅱ.①景… ②吴… ③高… Ⅲ.①有机化学-化学反应-反应机理 Ⅳ.①O621.25

中国版本图书馆CIP数据核字（2018）第121023号

责任编辑：褚红喜　宋林青　　装帧设计：关　飞
责任校对：吴　静

出版发行：化学工业出版社（北京市东城区青年湖南街13号　邮政编码100011）
印　　刷：北京云浩印刷有限责任公司
装　　订：三河市振勇印装有限公司
710mm×1000mm　1/16　印张14　字数247千字　2025年1月北京第1版第8次印刷

购书咨询：010-64518888　　售后服务：010-64518899
网　　址：http://www.cip.com.cn
凡购买本书，如有缺损质量问题，本社销售中心负责调换。

定　　价：40.00元

前言

化学在人类发展过程中起到了不可忽视的促进作用，特别是在当前人类日益增长的对美好生活的追求过程中，新的化学规律和技术需要不断被掌握，就化学本身而言，其目的是创造和识别分子。化学科学的发展以及化学与相关科学的渗透与融合，使化学在生命、能源、材料、环境等领域的应用越来越广泛，化学已经成为新兴、朝阳科学发展的基础；化学科学研究成果的广泛应用，使化学渗透到了人类生活的每一个角落。

有机化学是化学学科的主要分支之一。有机化学家利用不同的有机反应合成不同用途的新材料和功能性的有机化合物。在合成新的有机化合物时，科学家必须预先对有机反应进行反应路线设计和反应条件预估，这种技能必然需要人们研究和掌握有机反应的机理。但是从现有的化学人才培养的角度出发，无论在中学还是大学阶段，有机化学的教学都仅仅停留在展示有机反应以及固定有机机理的层面上。鉴于人们对于有机反应机理认识手段的局限性，教学中很少展开对于有机反应机理的分析和预测，我们结合多年来从事有机化学研究和教学的实践，尝试从分子结构和元素电负性角度解析有机化学反应的机理，通过对若干有机反应机理的分析得出有机化学反应的规律，最终为掌握有机反应提供一条切实可行的教学模式和学习路径。

“教”是为了最终的“不教”，我们希望这本书能够让读者学会分析有机化合物的结构和预测有机化学反应的产物，并能根据有机反应的产物推测出反应的合理机理。

此外，我们也希望通过本书为参加高中奥林匹克化学竞赛的同学们提供一种切实可行的掌握有机化学反应机理的方法，让学生在奥林匹克化学竞赛的准备过程中少走弯路，减轻一点点学生在备考过程中的负担。同时，本书的编写能为大学生在学习有机化学时提供一种掌握有机反应的方法和思考模式，同时也希望能为大学有机化学教师和广大中学化学奥林匹克辅导教师提供一些化学教学方面的帮助，以期提高化学教学中有机化学的教学水平。本书也可以作为中学化学教师的培训进修教材，还可作为高等院校本科生的学习参考教材。

本书从编写到出版，历经艰辛，在此感谢“山西省服务产业创新学科群培育项目药用植物学科群”的大力支持。

本书在编写过程中参考了大量的文献，在此，对被引用文献的作者表示谢意。全书由扬州大学景峭壁、长治学院吴林韬和江苏省江都中学高峰共同编著，由景峭壁统稿。由于编者水平有限，书中疏漏之处在所难免，恳请广大读者提出批评意见。

景峭壁

2018 年 4 月

目 录

第八章 醛、酮 / 109

第九章 羧酸及衍生物 / 123

第十章 含氮化合物 / 141

第十一章 缩合反应 / 156

第一章

有机化合物的结构概述

第一节 甲烷的结构

在所有的有机化学教材中都会指出甲烷分子是正四面体构型，其中每一个碳氢 σ 键之间的夹角是 109.5°，其中每一个氢原子都利用 s 轨道和碳原子的 sp^3 杂化轨道之间形成共价键。基于这样的理论知识，我们会有一系列的疑问：为什么轨道会进行杂化？是不是所有 sp^3 杂化轨道的化学键形成的夹角都是 109.5°？基于这样的问题我们进行如下探讨。

1. 杂化是科学家为了描述事实结构而提出的概念

众所周知，碳的核外电子排布是 $1s^2 2s^2 2p^2$，为了达到最外层 8 个电子的稳定结构，一个碳原子和 4 个氢原子形成 4 个共价键。如图 1-1 所示，甲烷分子中，碳原子的最外层符合 8 电子稳定结构。由于甲烷分子中的 4 个氢原子核所携带的正电荷互相排斥的同时碳氢 σ 键的电子间也有相应的电荷排斥作用，最终的结果是，4 个氢原子处于正四面体四个顶点的位置。每个碳氢 σ 键的两个电子位于氢原子核和碳原子核的连线上。这种结构明显和碳原子核外原子轨道的原始形状不同，这种不同是由氢原子造成的。化学家为了描述甲烷分子的构型，就选取了“sp^3 杂化”这一名词。因此，每个有机分子的构型都是建立在分子内所有的原子核和所有的电子之间作用力的平衡基础上的，或者说是分子内电子和电子的排斥、电子和原子核间的吸引以及原子核和原子核间的排斥等综合作用的结果。甲烷的正四面体构型是甲烷中五个原子可能的空间排布的所有结构中最稳定的一种构型。

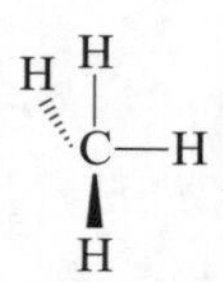

图 1-1 甲烷分子的结构示意图

2. 基于杂化轨道理论的分子成键学说必须以符合实际分子的稳定结构为基础

在乙烷中，我们通常也说碳原子采用 sp^3 杂化的方式，但是，在碳的周围，除了和 3 个相对体积较小的氢原子成键之外，还和一个体积相对较大的甲基形成一个 σ 键。很明显，体积较大的甲基和氢之间的排斥作用的结果是，在乙烷分子中，每一个氢-碳-氢的夹角都明显小于 109.5°，如图 1-2 所示的乙烷分子中的位阻排斥。因此，并不是所有 sp^3 杂化轨道的化学键形成的夹角都是 109.5°。

图 1-2 乙烷分子中的位阻排斥

3. 甲烷的相对惰性是因为碳原子和氢原子的电负性相近导致的

一般来说，结构决定性质，性质决定应用。在甲烷分子中，碳原子和氢原子的电负性非常接近，因此，通常我们说甲烷分子中每个 σ 键都没有极性（准确地说极性非常小），或者说，甲烷分子中，氢原子既不带有明显的正电荷也不带有明显的负电荷。因此，常见的酸和碱都不能活化甲烷。而甲烷分子发生取代反应是自由基反应机理，其原因也是分子中 σ 键发生均裂比异裂容易。甲烷分子的异裂和均裂示意见图 1-3 和图 1-4。

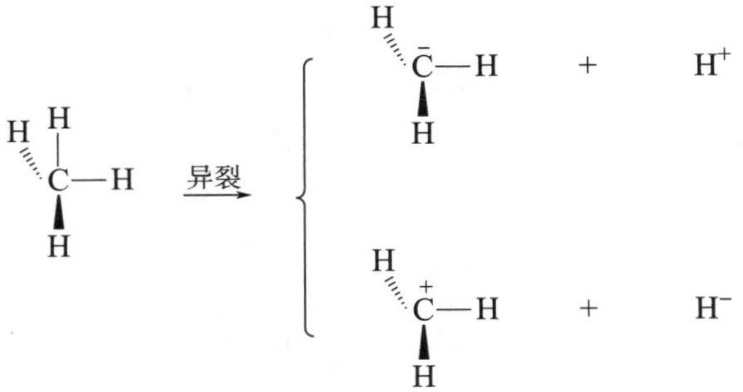

图 1-3 甲烷分子的异裂

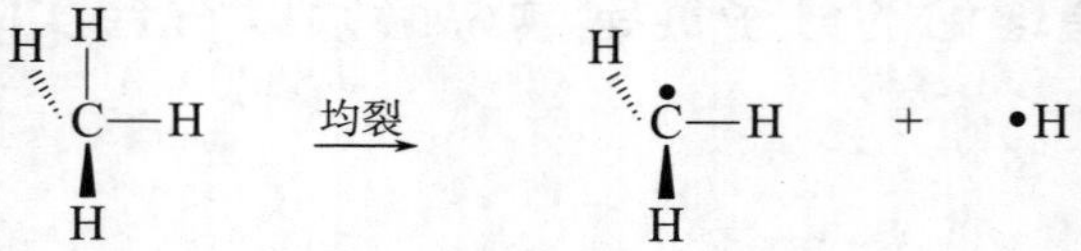

图 1-4 甲烷分子的均裂

4. 能使甲烷分子活化的方法是使甲烷分子中的氢原子用强吸电子官能团取代

甲烷分子中一个氢原子被强吸电子官能团取代后，甲烷分子变得活泼而容易发生化学反应。例如，在硝基甲烷分子中，如图 1-5 所示，硝基的氮氧双键和碳氢 σ 键之间形成一个明显的 σ-π 共轭作用而导致碳氢键的电子云向双键转移，同时硝基中的氮氧配位键也是明显的极性 σ 键，这两种结构决定了硝基是强的吸电子基。在硝基强的吸电子作用下，分子中的碳氢键的电子云向碳原子靠近，相应的氢原子就带有部分正电荷而具有一定的酸性，在碱作用下，硝基甲烷能够生成硝基甲烷负离子，如图 1-6 所示。

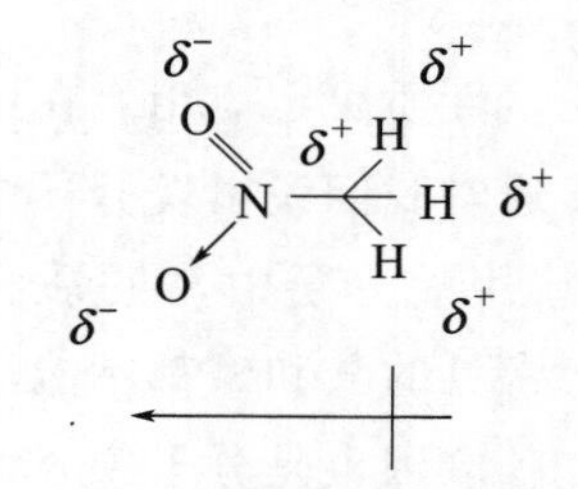

图 1-5 硝基甲烷的分子极化

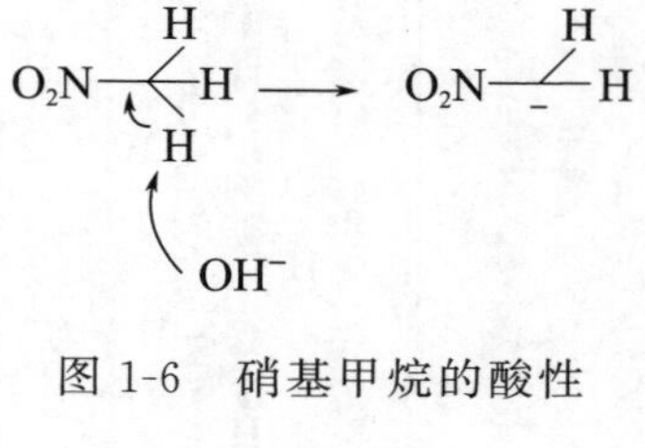

图 1-6 硝基甲烷的酸性

第二节 烯键的结构

烯烃碳原子的 sp^2 杂化方式是对烯键结构的一种描述。以乙烯分子为例，两个碳原子在只能和 4 个氢原子成键的情况下，要达到最外层 8 电子稳定结构，两个碳原子之间必须共用 2 对电子，在碳碳原子核的连线上只能容纳 1 对电子，另外一对，只能位于碳碳 σ 键的外侧。由于氢原子外围电子的排斥作用，最终，乙烯的 π 电子处于所有两个碳原子和四个氢原子形成的平面两侧。描述这种结构的杂化方式就是 sp^2 杂化。乙烯的结构示意图如图 1-7 所示，楔形 σ 键表示沿着纸张平面向前，虚线 σ 键表示沿着纸张平面朝后，碳的 p 轨道朝向上下两侧，两个碳的 p 轨道因距离相近而重叠。

图 1-7 乙烯分子的结构

1. 烯键的结构决定烯烃容易发生（被）亲电加成反应

烯键的结构是烯键周围的 6 个原子都处在同一个平面上，π 电子位于平面的两侧，因为电子的裸露，因此带正电荷的亲电试剂容易和烯键发生反应。相反，烯烃的（被）亲核加成反应则较难以发生。正常情况下烯键的（被）亲电加成反应简称为烯键的加成反应。

2. 取代烯烃的活性优于乙烯

在烯键上连有取代基时，例如丙烯分子中，甲基和双键直接相连，甲基的碳氢键电子会和烯键碳上的 p 轨道部分重叠而产生“供”电子作用，这样的作用被称为 σ-π 共轭。这种共轭导致双键电子云偏移中心位置而靠近 1 号碳，因此，1 号碳周围显负电荷，2 号碳周围显正电荷。如图 1-8，因双键对

邻位甲基碳氢 σ 键通过 σ-π 共轭的吸电子作用导致甲基上每一个氢原子都带有部分正电荷，因此遇到强碱时，丙烯能够失去氢转化为丙烯基负碳，反应如图 1-9 所示。

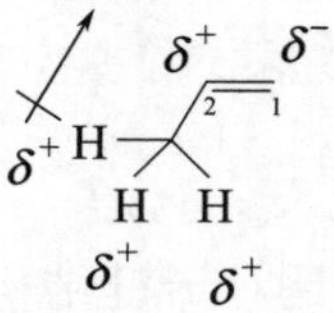

图 1-8 丙烯分子的极化

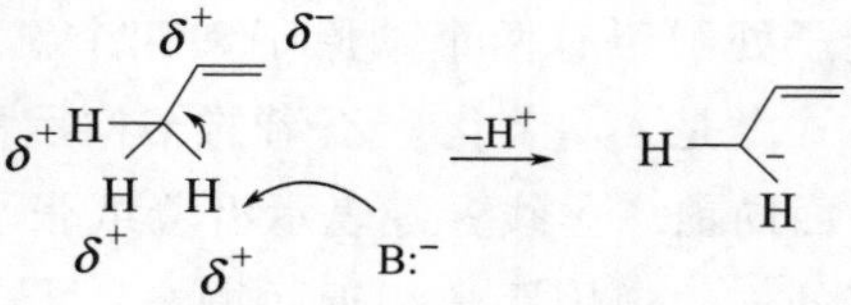

图 1-9 丙烯和碱的反应

丙烯双键在甲基供电子作用下，π 电子发生偏移，整体双键上因为邻位 σ 键上的电子参与了共轭导致电子云密度增加，因此在相同的亲电试剂作用下，丙烯双键的活性高于乙烯。丙烯的酸化过程见图 1-10。

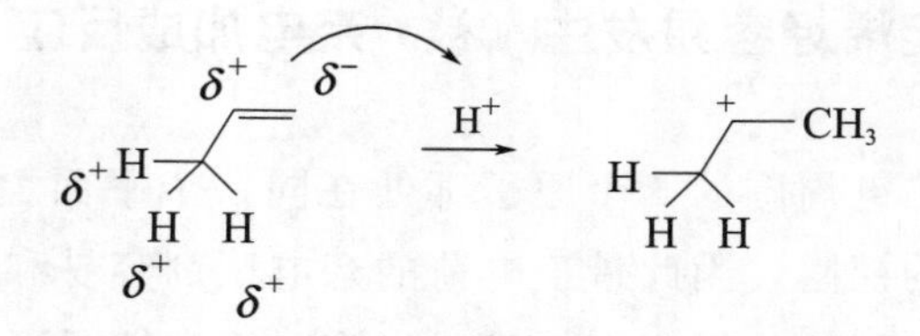

图 1-10 丙烯酸化形成正碳的过程

3. 烯键上（烷基）取代基越多越稳定仅仅是指 π 键成键能的高低，和烯键活性无必然关系

烯烃双键上取代基越多，烯烃越稳定。这是因为整体上讲，烯键因为缺电子所以两个碳共用 2 对电子。双键上有烷基取代时，因为 σ-π 共轭，双键上电子云密度增加，整体缺电子的趋势减小，相应 p 轨道重叠度就增加。因此，取

代基多的双键成键能较高。但是随着烷基取代基增加，烯烃上的 π 电子云密度增加，相应的亲核性就增加，因此具有烷基取代的烯烃比乙烯更容易接收氢离子而形成正碳离子从而引发化学反应。烷基取代越多的烯烃仅仅是 π 键成键能增加了，而烯键的活性除了双键成键能因素之外，还和中间体正碳离子的稳定性等因素有关。

第三节　炔键的结构

炔烃碳原子的 sp 杂化方式是对叁键结构的一种描述。以乙炔分子为例，两个碳原子在只能和 2 个氢原子成键的情况下，想要达到最外层 8 电子稳定结构，两个碳原子之间必须共用 3 对电子，在碳碳原子核的连线上只能容纳 1 对电子的情况下，另外 2 对电子只能位于碳碳 σ 键的外侧。这两对电子之间的排斥导致互相距离尽可能最远，因此，炔键的 2 对 π 电子位于互相垂直的两个面上。构成乙炔分子的四个原子处于一条直线上，因此炔键的 2 对 π 电子所构成的两个平面因不存在其他排斥力而并不固定不变，两个平面只需要保证互相垂直以达到排斥力最小即可，通常教材中在描述这 2 对 π 电子所构成的两个垂直平面时展示的是圆筒型。如图 1-11 所示。

图 1-11　乙炔分子的结构示意图

1. 炔键的键长比烯键短

许多有机化学教材中都列出了乙烯和乙炔的碳碳键长，数据表明，乙烯的碳碳键长（133pm）比乙炔（120pm）的长。在解释该结果的时候，往往都习惯采用杂化轨道的原理来解释：因为乙炔碳碳 σ 键是由一个 s 轨道和一个 p 轨道杂化构成的，s 轨道的成分占 50%，乙烯碳碳 σ 键是 sp^2 杂化轨道，其成分由 1 个 s 轨道和 2 个 p 轨道杂化组成，s 轨道成分占大约 33.3%。在同一电子层中，s轨道比p轨道更靠近原子核，因此，s轨道成分越多键越短，故乙炔的碳碳键长比乙烯短。

事实上，我们从力学角度能更好理解该结论：在乙炔分子的两个碳原子核之间，存在3对共用电子，而乙烯分子中，碳碳原子核之间只存在2对共用电子。3对电子所带的负电荷对两个碳原子核的吸引力比2对电子对碳原子核的吸引力大，因此，乙炔分子中，两个碳原子核受到较大的吸引力而更靠近。相应地，乙炔分子中碳原子核受到炔键较强的吸引力作用下导致周围的碳氢σ键的电子也更靠近原子核而显得比乙烯碳氢键短。这个也可以用乙炔炔键的缺电子结构导致对碳氢σ键电子的强吸引作用来解释。

2. 炔基发生亲电加成反应比烯基活性低

结构决定性质。在乙炔键长小于乙烯的情况下，乙炔碳碳键之间的电子云密度明显比乙烯高。在面对相同的亲电试剂时，乙炔的亲核性显得更强，因此，和乙烯相比，乙炔更容易被酸化（动力学过程）。但是，由于乙炔的碳碳键长较短，两个碳上的p轨道重叠度较大，要破坏乙炔的π键比乙烯困难。因此，虽然乙烯的亲核性比乙炔弱，但是乙烯发生亲电加成的活化能比乙炔小（热力学过程），综合考虑，乙炔的亲电加成反应比乙烯要难。相应地，乙炔的亲核加成反应比乙烯容易。

3. 端炔的酸性比端烯高

由于炔键3对电子对碳原子核的强吸引作用，导致碳原子核对周围碳氢σ键电子的吸引力也比烯烃强。因此，端炔的氢具有一定的酸性，在金属钠作用下，端炔可以生成炔化钠并放出氢气。如图1-12。

$$R{-}{\equiv}{-}H \xrightarrow{Na} R{-}{\equiv}C^{-}\ Na^{+} \quad + \quad H_2\uparrow$$

图1-12 端炔和钠的反应

端炔的酸性完全是由于炔基的吸电子性导致的，由此我们可以推论，在端炔的另一端如果连有吸电子基时，端炔的酸性增强。因此，硝基乙炔的酸性明显强于乙炔的酸性。

第四节　正碳和负碳离子的结构

通常说，烷基在失去一个负氢之后会生成正碳离子（简称为正碳），如图1-13。能够和负氢反应的必然是酸，因此我们称烷烃氢的这种性质叫碱性。但是，通常情况下烷烃的碱性很弱。

$$R-CH_3 \xrightarrow{-H^-} R-CH_2^+$$

图 1-13　正碳离子的生成

如果烷烃碳上连有强的吸电子基时（硝基、羰基、羧基等），相应碳上的酸性会增强。例如，乙酰乙酸乙酯中，2 号碳受到羰基和酯基的吸电子作用导致相连的氢原子酸性增强，在氢氧化钠的作用下就可以生成碳负离子，如图 1-14 所示。

$$CH_3COCH_2COOEt \xrightarrow{NaOH} CH_3CO\overset{-}{C}HCOOEt\ Na^+$$

图 1-14　乙酰乙酸乙酯的酸性

1. 带正电荷的中心碳原子以 sp^2 杂化形式和周围官能团相连

通常认为，正碳中心的杂化方式是 sp^2 杂化，这种构型是中心碳原子周围的电子互相排斥的结果。如图 1-15，所谓的正碳离子，其实是碳原子最外围只有 6 个电子的结构，这 6 个电子分别形成 3 个成键的 σ 键，这三组 σ 键互相排斥，形成夹角为 120°的平面结构，空的 p 轨道位于该平面的上下两侧。该结构导致正碳离子容易被带负电的粒子从平面的两侧进攻发生化学反应。

需要说明的是，除了甲基正碳离子之外，中心碳原子上具有非氢取代基

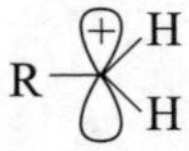

R H H (+)

图 1-15　正碳离子的结构

时，中心碳原子取代基之间的夹角都不一定是标准的120°。例如图1-15中的R基团是甲基时，甲基上碳氢σ键上的电子会对中心正碳上碳氢σ键的电子形成排斥，因此，中心正碳上的氢-碳-氢夹角会小于120°。

2. 正碳的重排其实是中心碳原子缺电子导致的结果

许多反应中涉及正碳中间体生成时都会考虑重排产物的生成。例如，2,2-二甲基-3-溴丁烷发生S_N1水解时会有重排产物生成。如图1-16，2,2-二甲基-3-溴丁烷首先自身分解离去一个溴负离子后生成相应的正碳离子（S_N1机理），该正碳经过负碳迁移后生成稳定性更高的叔正碳，叔正碳和氢氧根负离子结合后生成产物2,3-二甲基-2-丁醇。

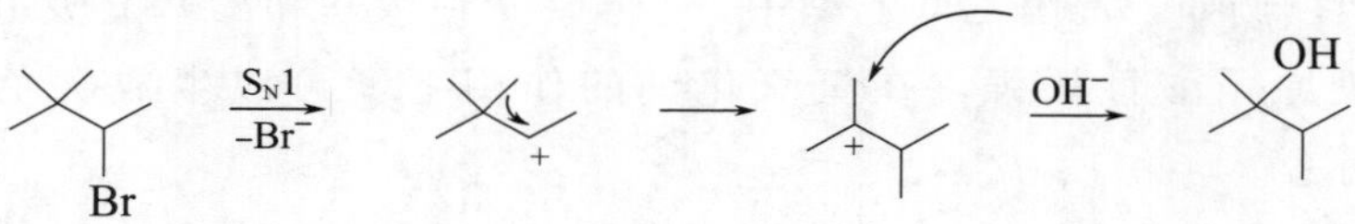

Br S_N1 $-Br^-$ + + OH^- OH

图 1-16　2,2-二甲基-3-溴丁烷 S_N1 水解反应机理

在该反应机理中，正碳重排前后分别是仲正碳和叔正碳，从仲正碳向叔正碳重排是由稳定性相对差的正碳重排到稳定性相对高的正碳的过程，如图1-17所示。

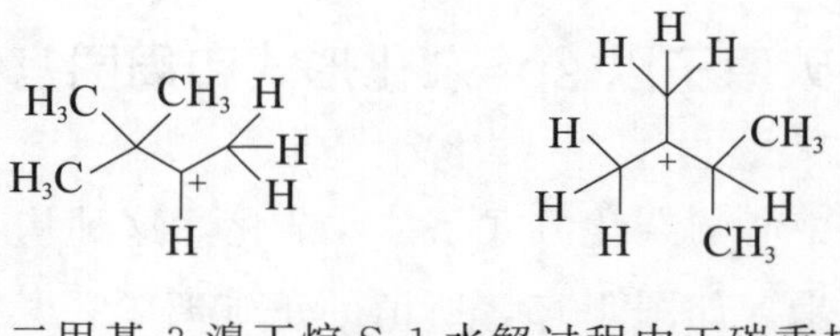

H_3C CH_3 H H_3C + H H H　　H H H H + CH_3 H H H CH_3

图 1-17　2,2-二甲基-3-溴丁烷 S_N1 水解过程中正碳重排前后的结构

在重排前的正碳离子中（仲正碳），和带正电荷的碳相连的是一个甲基和一个叔丁基，甲基上的3个碳氢σ键以及叔丁基上的3个碳碳σ键因为空间结构与正碳的p轨道较为接近而产生部分重叠，这种重叠叫做σ-p共轭，此时能

够产生这种共轭的 σ 键一共是六个；而重排后的正碳离子中（叔正碳），和带正电荷的中心碳相连的是两个甲基和一个异丙基，每个甲基上有 3 个碳氢 σ 键可以和中心正碳的 p 轨道重叠，异丙基上两个碳碳键和一个碳氢键也能和中心正碳的 p 轨道重叠，因此，一共有 9 个 σ 键和中心正碳形成 σ-p 共轭。σ-p 共轭的最大作用是能够把 σ 键上的电子转移到中心正碳的 p 轨道上，也就是能够使正电荷分散到更大的空间。所以，参与 σ-p 共轭的 σ 键越多，相应的中心正碳的结构就越稳定。因此，叔正碳的稳定性大于仲正碳，相应地，仲正碳的稳定性大于伯正碳，甲基正碳的稳定性因为没有 σ-p 共轭而显得最不稳定。

3. 带负电荷的中心碳原子是以 sp^3 杂化形式和周围官能团相连

通常认为，负碳中心的杂化方式是 sp^3 杂化，这种构型是中心碳原子周围的电子互相排斥的结果，如图 1-18 所示。所谓的负碳离子，其实是碳原子最外围为 8 个电子的结构，其中 6 个电子分别形成 3 个成键的 σ 键，还有 1 对电子以孤对电子的形式连接在中心碳原子的周围。3 组 σ 键和这 1 对孤对电子互相排斥，形成三角锥形的结构，因为整个结构中少了一个带正电荷的氢原子核，孤对电子对于三个 σ 键的排斥力增大，因此，在负碳结构中，氢碳氢的夹角比具有相同 sp^3 杂化结构的甲烷中氢碳氢的夹角要小。在负碳离子结构中，和负碳相连的烷基取代基越多，则取代基中的 σ 键电子对负碳电子的排斥力越大，相应的负碳离子的稳定性会下降，负碳的亲核性和碱性都会升高。

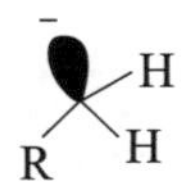

图 1-18 伯负碳离子的结构

第五节 苯环的结构

通常说，苯环分子是一个“片状”结构，所有的 12 个原子处在同一个平面上，6 个碳原子每个贡献出 1 个 p 轨道的电子而互相共轭，因此，在苯环平面的两侧拥有 6 个 π 电子，如图 1-19 所示。

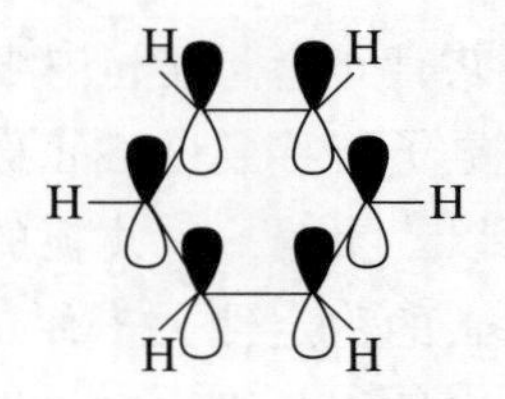

图 1-19　苯环的结构

1. 苯环中不存在常规的双键结构

在苯环结构中，6 个碳原子的 p 轨道朝向一致，每个碳碳键的键长相同，因此，相邻的两个碳上的 p 轨道重叠度相同，6 个碳原子共用其 p 轨道上的 6 个电子。因此苯环的凯库勒结构表示的是其共振结构，如图 1-20 所示。为了全面体现苯环的共轭结构，一般以鲍林结构表示苯环的结构，如图 1-21 所示。

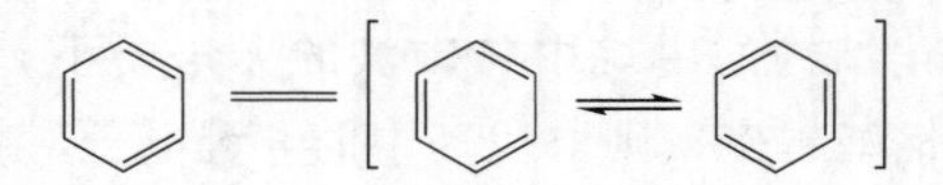

图 1-20　苯环的凯库勒结构

图 1-21　苯环的鲍林结构

无论是苯环的凯库勒结构还是鲍林结构都表明，苯环上不存在单纯的双键，甚至连类似于丁二烯结构的共轭双键的结构都不存在，故分析和判定苯环化学反应机理时应该统一考虑其 6 个碳原子共用 6 个 π 电子的事实。

2. 苯环的结构决定其能够被酸酸化而发生亲电反应

苯环 π 电子位于其平面两侧的特殊结构导致苯环容易和亲电试剂结合。在苯环所有的亲电取代反应中，导致反应发生的第一步都是亲电试剂对苯环电子的进攻，如图 1-22 所示，苯环卤化反应的第一步是卤素正离子对苯环的亲电加成，苯环硝化反应的第一步是苯环接收 NO_2^+ 的亲电加成。

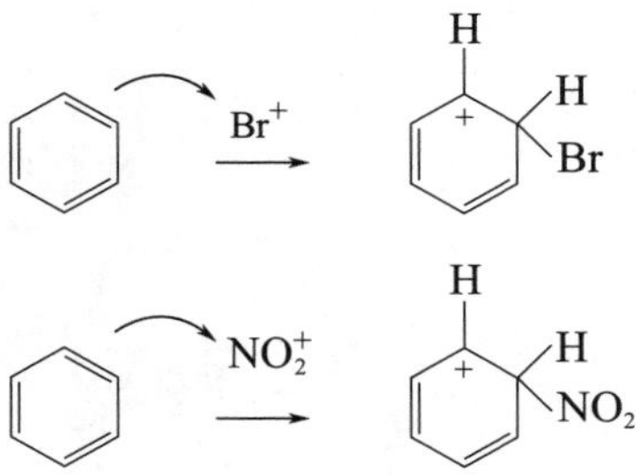

图 1-22 苯的溴化和硝化反应机理的第一步过程

3. 苯环的惰性是由于其共轭能较高导致的

苯环因 6 个碳原子的 p 轨道集体共轭导致苯环的共轭能较高，因此，苯环发生破坏这种共轭的相应反应较为困难，虽然一定程度上苯环和烯烃都属于不饱和体系，但是苯环的体系较为惰性。

第二章

烷 烃

第一节 烷烃的异构化反应

由一种化合物转化为其异构体的反应叫做异构化反应。例如，正丁烷在各类酸催化下可以在室温条件下转化为异丁烷，如图 2-1 所示。

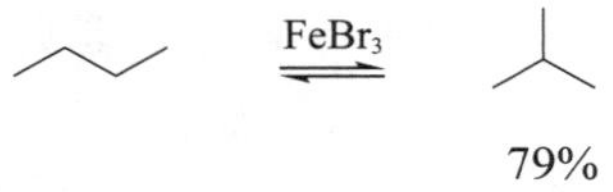

$FeBr_3$

79%

图 2-1 正丁烷的异构化反应

正丁烷的异构化反应机理见图 2-2。

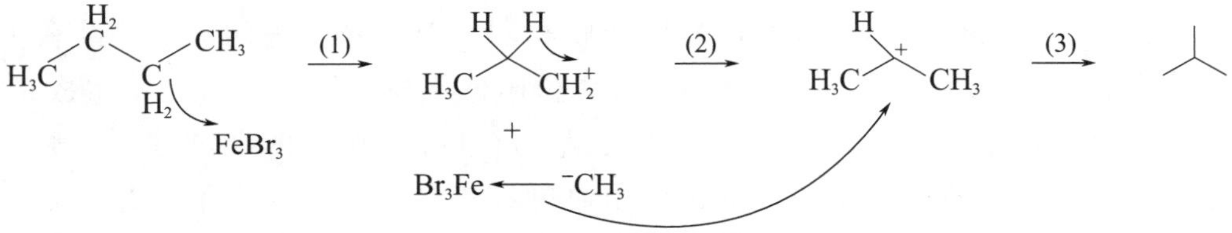

H_3C $\overset{H_2}{C}$ $\underset{H_2}{C}$ CH_3 $FeBr_3$ (1) H H H_3C CH_2^+ + Br_3Fe ← $^-CH_3$ (2) H H_3C + CH_3 (3)

图 2-2 正丁烷异构化反应的机理

1. 异构化机理的第一步是 Fe^{3+} 作为路易斯酸对碳碳键 σ 成键电子的酸碱反应导致的结果

在异构化机理的第一步，Fe^{3+} 作为正三价路易斯酸具有较强的吸电子作用，在正丁烷分子中，碳碳键是由一对电子构成的 σ 键，Fe^{3+} 和该 σ 键电子作用导致碳碳键的断裂，断裂下来的甲基负碳和 Fe^{3+} 络合形成三溴一甲基合铁离子，相应的正丁烷转化为正丙基正碳。

在整个正丁烷分子中，除了碳碳 σ 键之外，还有两种碳氢 σ 键。碳氢 σ 键作为一对成键电子也可以被 Fe^{3+} 吸引而发生断键，如图 2-3 所示。

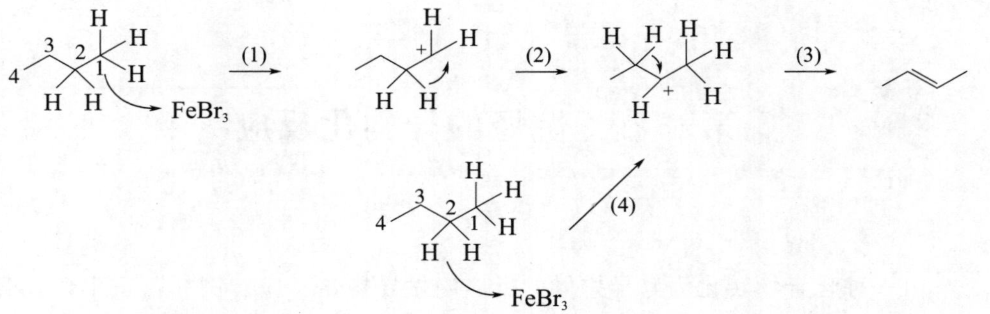

图 2-3 正丁烷异构化时首先断裂碳氢键的反应历程

如果 Fe^{3+} 首先进攻的是 1 号位置的碳氢 σ 键则形成伯正碳离子，伯正碳离子经过负氢迁移后生成稳定性更高的仲正碳离子，仲正碳离子在脱除邻位氢后生成脱氢产物 2-丁烯。在图 2-3 的步骤（3）中，正碳中心当然也可以吸引 1 号碳上的碳氢 σ 电子而生成 1-丁烯，但是 3 号碳上的碳氢键因为受到 4 号甲基的供电子作用而更容易被亲电进攻，因此，在图 2-3 的步骤（3）中，产物是稳定性更高的 2-丁烯。

如果 Fe^{3+} 首先进攻的是 2 号位置的碳氢 σ 键，则形成仲正碳离子［图 2-3 的步骤（4)］，该离子和步骤（2）的产物相同。但 2 号位置的碳氢 σ 键和 1 号位置相比位阻大一点，因此，如果考虑位阻的影响，则断裂碳氢键生成正丁基正碳的概率最大。比较 1 号位置的碳氢键和 2 号位置的碳氢键，2 号位置碳氢键因受到两个烷基的推电子作用而更容易异裂出负氢离子，2 号碳上的负氢离子离去后生成比伯正碳离子稳定的仲正碳离子。因此，无论从动力学角度还是热力学角度，正丁烷在酸催化下断裂碳氢键时，2 号碳氢键都容易断键。

在图 2-2 和图 2-3 的第一步反应的区别是先断碳碳键还是先断碳氢键的问题。因为碳原子比氢原子的电负性稍微大一点，因此，正丁烷分子中碳氢键的 σ 电子稍微偏向于碳原子，而氢原子作为负氢被 Fe^{3+} 拔除较难，相应地，碳碳键的电子云密度在碳碳原子中间的密度最大，因此，整个分子受到 Fe^{3+} 作用时，碳碳键断裂的概率最高。

如果 Fe^{3+} 首先断裂的是 2 号和 3 号碳碳之间的 σ 键，则形成乙基正碳和乙基负碳，乙基负碳不存在重排问题，最终还是会生成正丁烷，当然，乙基正碳可能会脱氢形成乙烯。如图 2-4 所示。

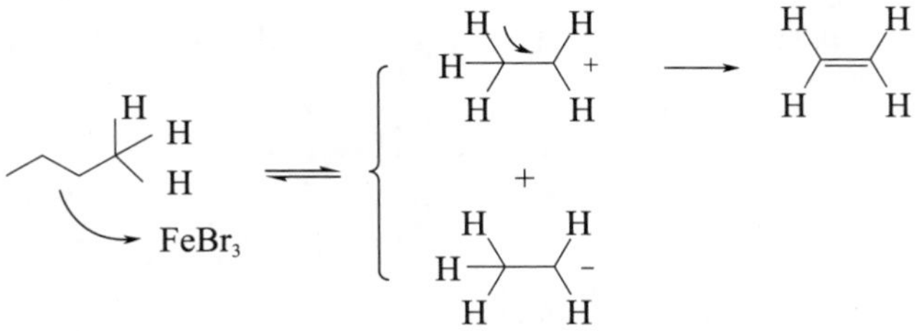

图 2-4　正丁烷重排生成少量乙烯的可能路径

2. 图 2-2 机理的第二步是负氢迁移的结果

在正丙基正碳离子中，该伯正碳离子的 2 号碳上具有 2 个碳氢 σ 键和 1 个碳碳 σ 键，这三个 σ 键都能和 1 号位置的伯正碳发生 σ-p 共轭作用。在正碳离子的吸电子作用下，负氢和负碳的迁移都成为可能。如果发生负氢迁移，那就是图 2-2 机理的第二步；如果发生负碳迁移，则依旧生成和反应前结构相同的正丙基伯正碳。

3. 图 2-2 机理的第三步是简单的酸碱中和反应

图 2-2 机理的第三步是正碳接受之前第一步脱除下来的负碳离子的亲核作用最终生成异丁烷的过程。该过程中正负电荷的中和可以看成简单的酸碱反应。

第二节　烷烃的裂化反应

烷烃在高温下可发生裂解反应，生成一系列比原来分子量小的产物，这个反应称为裂化反应。以丁烷为例，丁烷发生裂化反应可以生成氢气、甲烷、乙烷、乙烯、丙烯和丁烯等产物，如图 2-5 所示。

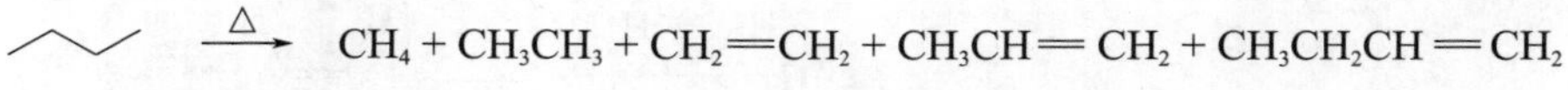

$$\text{正丁烷} \xrightarrow{\triangle} CH_4 + CH_3CH_3 + CH_2{=}CH_2 + CH_3CH{=}CH_2 + CH_3CH_2CH{=}CH_2$$

图 2-5 正丁烷的热裂化反应

1. 在高温下烷烃可以发生均裂反应

由于组成烷烃的碳原子和氢原子的电负性相近，故碳氢原子所形成的 σ 键的极性较小，电子处于碳氢原子核连线较为中间的位置，因此，在高温情况下，碳氢 σ 键发生均裂断键形成烷基自由基和氢自由基的概率较大。当然，在高温下，碳碳 σ 键也可能发生均裂生成烷基自由基，如图 2-6 所示，丁烯 1 号碳上的碳氢键高温均裂后生成正丁基自由基和氢自由基，正丁基自由基 2 号碳上的碳氢键继续均裂后生成双自由基，双自由基成键后生成 1-丁烯。均裂生成的氢自由基两两结合后生成氢气。

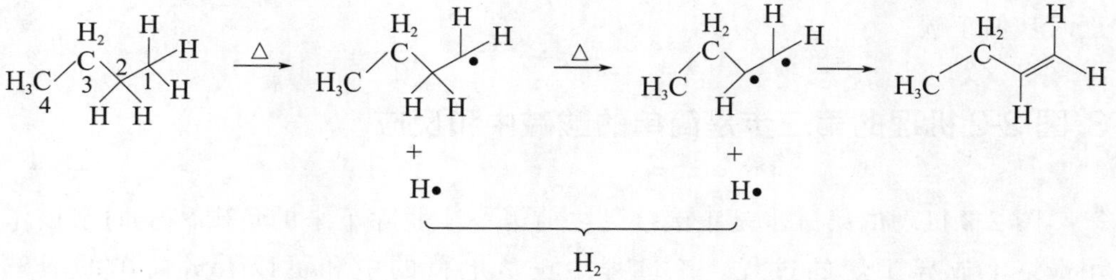

图 2-6 丁烯均裂生成 1-丁烯和氢气的过程

如图 2-7 所示，丁烯 2、3 号碳之间的 σ 键发生均裂断键后生成两个乙基自由基，乙基自由基 2 号碳上碳氢 σ 键继续发生均裂断键后生成氢自由基和乙基双自由基，双自由基成键后生成乙烯。均裂过程中生成的氢自由基两两结合生成氢气。

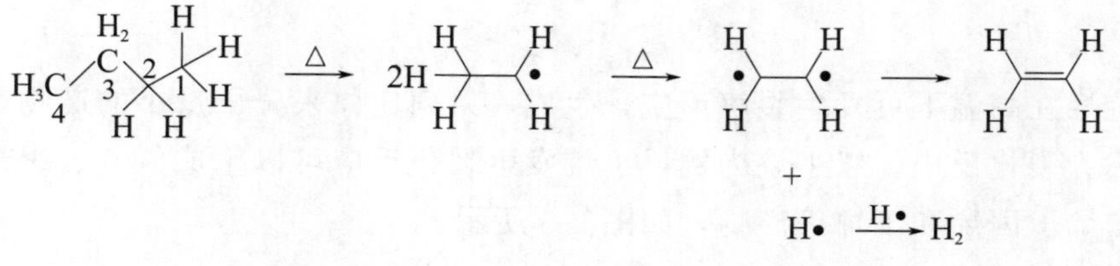

图 2-7 丁烯均裂生成乙烯和氢气的过程

如图 2-8 所示，丁烯 1、2 号碳之间的 σ 键发生均裂断键后生成丙基自由基和甲基自由基，丙基自由基 2 号碳上碳氢 σ 键继续发生均裂断键后生成氢自由基和丙基双自由基，双自由基成键后生成丙烯。均裂过程中生成的甲基自由基和氢自由基结合生成甲烷。

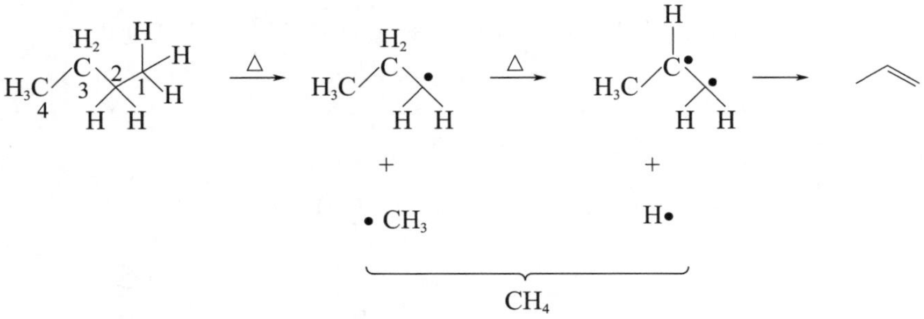

图 2-8 丁烯均裂生成丙烯和甲烷的过程

当然，在高温情况下，丁烯分子中的任何 σ 键都可能均裂断键生成新的自由基，因此，烯烃高温均裂的产物较为复杂。

2. 在高温下烷烃可以发生异裂反应

由于碳原子和氢原子的电负性较为接近，因此在高温下烷烃的碳氢 σ 键发生异裂断键时，既可能生成烷基正碳和负氢离子，也可能生成烷基负碳和正氢离子。

如图 2-9 所示，正丁烷在高温下 1 号碳上的碳氢 σ 键发生异裂生成正丁基正碳和氢负离子，正碳离子在高温下脱除一个正氢离子后生成 1-丁烯，整个异裂过程中生成的负氢和正氢离子结合生成氢气。因此，整个过程可以看成正丁烷脱除氢气成烯的过程。

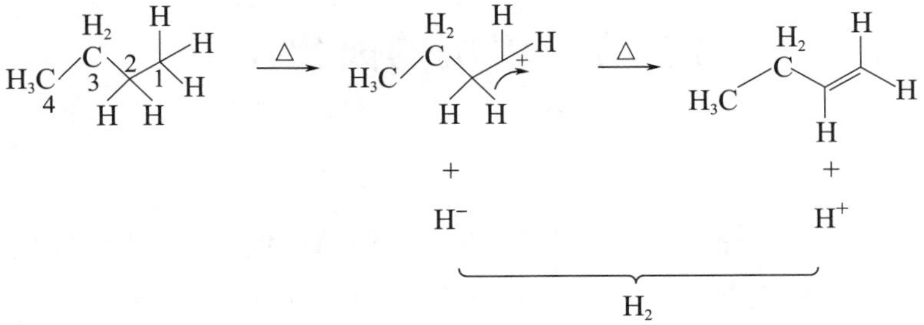

图 2-9 正丁烯异裂生成 1-丁烯过程

如图 2-10，正丁烯在高温下 1 号碳上的碳氢 σ 键发生异裂生成正丁基负碳和正氢离子，负碳在高温下异裂为正丙基负碳和甲基卡宾。正丙基负碳可以继续发生分解出卡宾的过程直到生成甲基负碳。两个甲基卡宾结合生成乙烯，甲基负碳和正氢离子结合生成甲烷。甲基卡宾的结构比较特殊，在中心碳原子最外围轨道上只有 6 个电子，其中四个电子是碳氢 σ 键的成键电子，还有一对电子填充在碳的一个 sp^2 杂化轨道上，碳原子的一个未杂化 p 轨道上未填充任何电子。

$$H^+ + {}^-CH_3 \longrightarrow CH_4$$

图 2-10　正丁烷异裂生成乙烯和甲烷的过程

当然，在高温情况下，丁烯分子中的任何 σ 键都可能异裂断键生成正负电荷，因此，烯烃高温异裂的产物较为复杂。

在烷烃的裂解反应中，不论是经历了均裂还是异裂的过程，整体上讲都是由一个分子裂化生成两个以上分子的过程，因此整个过程是熵增过程，符合热反应的物理化学原理。

第三节　甲烷的卤化反应

甲烷在漫射光、热或者某些催化剂作用下可以和卤素单质反应生成卤代甲烷和卤化氢。以甲烷氯代为例，如图 2-11 所示，在漫射光照射下，甲烷的氢原子逐渐被氯原子取代分别生成一氯甲烷、二氯甲烷、氯仿和四氯化碳，在反应过程中不断生成氯化氢。

$$CH_4 + Cl_2 \xrightarrow{\text{漫射光}} CH_3Cl + HCl$$

$$CH_3Cl + Cl_2 \xrightarrow{\text{漫射光}} CH_2Cl_2 + HCl$$

$$CH_2Cl_2 + Cl_2 \xrightarrow{\text{漫射光}} CHCl_3 + HCl$$

$$CHCl_3 + Cl_2 \xrightarrow{\text{漫射光}} CCl_4 + HCl$$

图 2-11　甲烷氯化反应

甲烷氯化反应是自由基中间体的反应历程。正常情况下，甲烷分子在漫射光照射下比较稳定，但是氯气分子在漫射光照射下获得能量，发生均裂反应生成氯自由基（氯原子），如图 2-12 所示。

$$Cl_2 \xrightarrow{\text{漫射光}} Cl\bullet$$

图 2-12　氯气分子的均裂过程

为了获得电子以达到自身最外层的 8 电子稳定态，氯自由基进攻甲烷分子中的碳氢 σ 键上的电子而形成稳定的氯化氢，甲烷失去一个氢原子后生成甲基自由基，甲基自由基结合氯自由基后生成一氯甲烷，如图 2-13 所示。

$$Cl\bullet + CH_4 \longrightarrow HCl + \bullet CH_3$$

$$Cl\bullet + \bullet CH_3 \longrightarrow CH_3Cl$$

图 2-13　一氯甲烷的生成过程

一氯甲烷生成后可以继续和氯自由基反应生成二氯甲烷、氯仿和四氯化碳，如图 2-14 所示。

氯自由基的能量较高，在随机碰撞到体系中的一氯甲烷分子、二氯甲烷分子或氯仿分子时都能生成氯化氢和相应的自由基，因此一般情况下甲烷氯化反应的产物是比较复杂的混合物。但是甲烷、一氯甲烷、二氯甲烷和氯仿分子中的碳氢键的能量是不相同的，在较强电负性的氯原子的吸电子作用下，和氯相连的碳上的碳氢键的活性会升高，氯自由基破坏该碳氢键所需要的活化能就比破坏甲烷碳氢键的活化能低。随着反应继续，在体系中一氯甲烷、二氯甲烷和氯仿分子浓度相近的情况下，氯仿继续发生氯代生成四氯化碳的有效碰撞的概率比一氯

$$Cl\cdot + CH_3Cl \longrightarrow HCl + \cdot CH_2Cl$$

$$Cl\cdot + \cdot CH_2Cl \longrightarrow CH_2Cl_2$$

$$Cl\cdot + CH_2Cl_2 \longrightarrow HCl + \cdot CHCl_2$$

$$Cl\cdot + \cdot CHCl_2 \longrightarrow CHCl_3$$

$$Cl\cdot + CHCl_3 \longrightarrow HCl + \cdot CCl_3$$

$$Cl\cdot + \cdot CCl_3 \longrightarrow CCl_4$$

图 2-14 二氯甲烷、氯仿和四氯化碳的生成过程

甲烷和二氯甲烷要大，因此，整个反应过程中，生成四氯化碳不可避免。

推广到复杂烷烃的氯化过程，例如叔丁烷氯化时，在控制氯气的用量时，主要生成叔丁基氯，如图 2-15 所示。

漫射光，Cl_2；Cl

图 2-15 叔丁烷的氯化

叔丁烷分子中只存在伯氢和叔氢两种类型的氢，叔氢和其他三个甲基一起位于 2 号碳原子上，因为甲基的推电子作用，叔氢的碳氢键长要比甲烷分子中的碳氢键要稍长一点，因此，叔氢的能量较高，发生化学反应需要的活化能也就小。虽然从氢的个数上来讲，在叔丁烷上伯氢和叔氢的个数比为 9∶1，但是在该反应中，叔氢被取代的结果比伯氢取代的量要多（动力学控制过程）。

当然，也可以从叔氢被氯自由基进攻生成的叔基自由基和伯氢被氯自由基进攻生成的伯基自由基的稳定性角度思考反应的可能性。自由基作为中心碳原子缺少电子尚未达到最外层 8 电子稳定态的微粒，如果和其相连有较多的供电子基团时自由基较为稳定，而叔基自由基因为自由基碳原子周围的三个甲基的供电子作用可以使其能量降低。因此，在异丁烷分子分别形成叔丁基自由基和伯基自由基时，前者的活化能较小（热力学控制过程）。

叔氢比伯氢在卤素自由基取代反应中表现的活性高的原因应该从叔氢本身的活性高和中间态叔基自由基的活性低两个角度进行解释（动力学过程和热力学过程两个因素）。

相应地，一般情况下伯氢的卤素自由基取代反应的活性比仲氢差，仲氢的活性比叔氢差。

第三章

烯　烃

第一节　烯烃的催化加氢反应

烯烃在铂、钯或镍等金属催化下可以与氢气发生加成反应生成烷烃，如图 3-1 所示。

$$RCH=CH_2 \xrightarrow[Ni]{H_2} RCH_2CH_3$$

图 3-1　烯烃的催化加氢反应

在金属表面存在大量活性较高的金属键电子，而烯烃作为缺电子体系，对于金属表面的电子具有一定的亲电性，当烯烃将自己的 π 电子平面贴近金属表面时，金属表面的电子可以转移到烯烃碳的 p 轨道上，此时烯烃的每一个碳原子不需要通过共用就可以达到 8 电子稳定态，这个过程叫做烯烃金属表面的活化。同样，在氢分子中，因缺电子所以两个氢原子共用一对电子，在金属表面，氢分子和金属共用电子后断裂 σ 键而活化为氢原子。如图 3-2 所示，氢分子和烯键在金属表面活化后互相结合形成烷烃，烷烃因其立体结构，很难吸附在金属的表面而脱离催化剂。

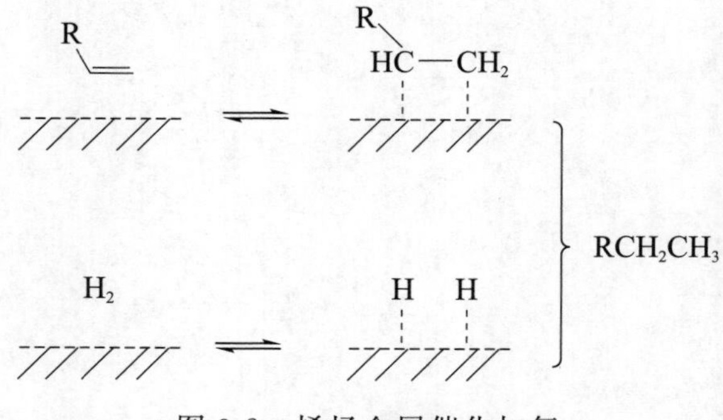

图 3-2　烯烃金属催化加氢

1. 理论上几乎所有的惰性金属都可以作为烯烃催化加氢的催化剂

金属在烯烃加氢过程中的作用主要是提供活泼电子。在金属表面，氢气分子在金属电子的作用下自身 σ 键断裂形成自由的氢原子；烯键在金属电子的作用下 π 键断裂形成活性双自由基。氢气分子 σ 键和烯烃的 π 键的断裂是该反应的关键。如果金属的活性太高，例如金属钠，氢气分子在钠表面获得了自由的电子形成氢负离子，相应地，烯键在金属钠表面获得电子形成双负碳离子，负碳离子和负氢因为相同电荷的排斥而不可能结合形成烷烃。惰性金属表面的电子受到原子核吸电子作用不容易失去电子，氢气分子和烯烃只能在金属表面和金属“共用电子”而被活化。从惰性较强的铂金属都能催化烯烃加氢这个事实我们可以推测到，几乎所有的惰性金属都能催化该类反应。

2. 作为烯烃加氢的催化剂，金属比表面积越大催化效果越好

在金属表面，烯烃和氢气分子同时被活化。氢气单质作为气态反应物参与反应，而烯烃经常是溶解在溶剂中以液态形式参与反应，惰性金属一般是以固态形式参与氢化反应。气、液、固三种不同形态的物质之间的反应因不是均相往往反应速率较慢，在金属比表面积较大时，同时吸附在金属表面的烯烃和氢气分子的量就较大，发生反应的速率就较快。

3. 烯键上取代基越多催化加氢越困难

当烯烃有较多取代基时，如图 3-3 所示，2-丁烯分子中，烯键两侧各连有一个甲基，甲基的四个原子因其 sp^3 杂化的原因而呈四面体结构，此时因两个甲基的位阻作用使烯键以 π 键面接近金属表面受到金属活化而显得困难，因此在相同情况下，2-丁烯的金属催化加氢反应就比乙烯困难。

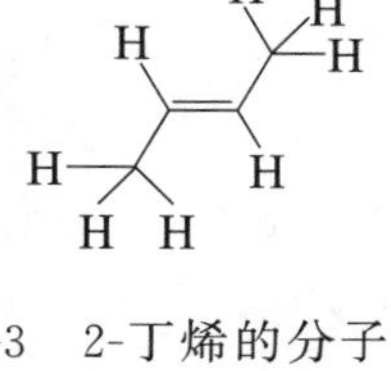

H H H H H H H H

图 3-3 2-丁烯的分子结构

第二节 烯烃的亲电加成反应

烯烃的亲电加成反应是指烯烃与卤化氢、卤素、硫酸、水、次卤酸等物质发生的加成反应，如图 3-4 所示。

$$(H_3C)_2C{=}CH_2 + HCl \longrightarrow Cl{-}C(CH_3)_2{-}CH_3$$

$$(H_3C)_2C{=}CH_2 + Br_2 \longrightarrow Br{-}C(CH_3)_2{-}CH_2Br$$

$$(H_3C)_2C{=}CH_2 + H_2SO_4 \longrightarrow HO_3SO{-}C(CH_3)_2{-}CH_3$$

$$(H_3C)_2C{=}CH_2 + H_2O \longrightarrow HO{-}C(CH_3)_2{-}CH_3$$

$$(H_3C)_2C{=}CH_2 + HOX \longrightarrow HO{-}C(CH_3)_2{-}CH_2Br$$

图 3-4 烯烃的亲电加成反应

由于烯烃 π 电子的特殊结构，导致容易和烯烃双键碰撞并发生化学反应的都是带正电的离子，因此，烯烃的亲电加成严格来说应该叫做烯烃的被亲电加成。烯烃亲电加成时涉及马尔科夫尼科夫规则（Markovnikov Rule），简称马氏规则，即不对称烯烃在亲电加成时，氢原子加成到含氢较多的碳原子上。以异丁烯和氯化氢的加成反应为例，其机理如图 3-5 所示。

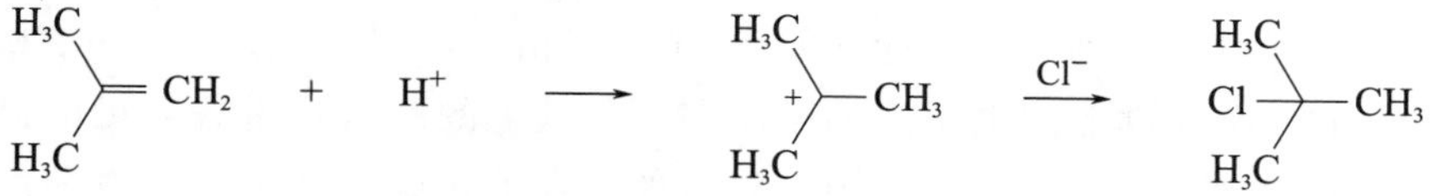

图 3-5 异丁烯和氯化氢加成反应的机理

在异丁烯分子中，因为两个甲基取代基都处于双键的同一个碳原子上，由于σ-π共轭的原因，甲基成为了双键的“推电子”基团。在两个甲基的推电子作用下，双键电子云明显偏向远端的碳原子，因此，在异丁烯分子中，因为π电子的偏移，导致双键两端碳原子的电荷不同，其中一端带正电荷，一端带负电荷，如图 3-6 所示。

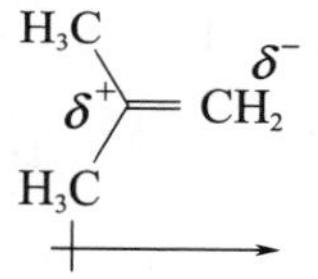

图 3-6 异丁烯分子中σ-π共轭导致的分子极化示意图

质子在进攻异丁烯双键π电子云时，因为电荷偏移的原因，导致质子接近端位碳原子，形成叔正碳。从π电子云密度的角度，质子进攻 2 号位置碳原子的概率较小（动力学因素）。

如图 3-7 所示，如果异丁烯加成时质子首先进攻的是端位碳，则形成的是叔正碳（Ⅰ），叔正碳进而和氯负离子反应生成最终马氏加成产物（Ⅲ）；如果质子首先进攻的是 2 号碳时，则形成伯正碳（Ⅱ），伯正碳进而和氯负离子反应生成反马氏加成产物（Ⅳ）。

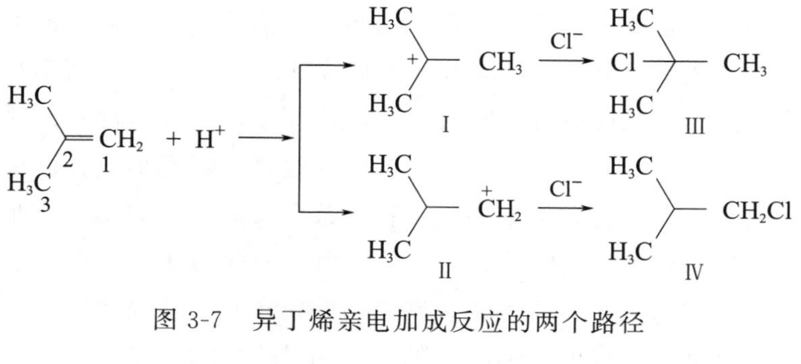

图 3-7 异丁烯亲电加成反应的两个路径

如图 3-8 所示，在叔正碳离子中，2 号碳的正电荷位于其中一个空轨道（p

轨道）上，2号正碳原子通过 sp^2 杂化方式分别与1号、3号和4号碳原子相连，这3个碳原子分别通过3个 σ 键和氢原子相连，因此，1号、3号和4号碳原子上的9个 σ 键上的电子云都可能和2号碳上的空轨道重叠，正电荷会通过这种重叠作用分散到整个分子中；相应地，在伯正碳离子中，正电荷的空轨道仅仅能和2号碳上的3个 σ 键（一个C—H键和两个C—C键）共轭。因此，伯正碳离子稳定性比叔正碳离子差的原因是 σ-p共轭作用导致。由于叔正碳离子的稳定性大于伯正碳离子，因而形成伯正碳离子路径的活化能要高于形成叔正碳离子的路径。基于活化能低的路径优先的原则，烯烃加成时，马氏加成的产物是主产物（热力学因素）。

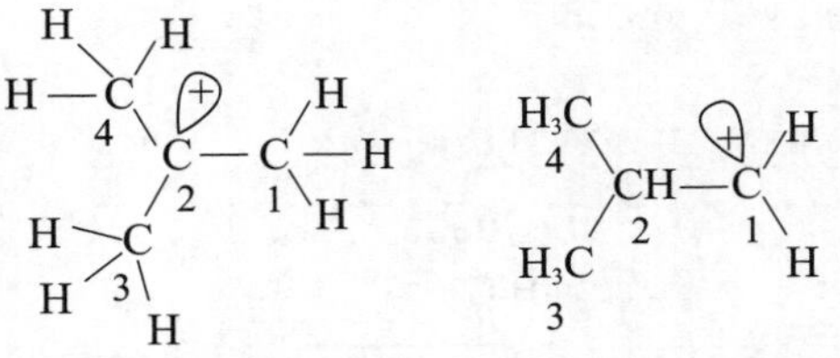

叔正碳离子　　伯正碳离子

图3-8　叔正碳离子和伯正碳离子的结构

导致马氏加成产物的因素是不对称烯烃的 σ-π 共轭和过度态正碳离子的 σ-p共轭两个因素决定的结果（分别是动力学因素和热力学因素）。单纯从一个角度去理解马氏加成的规律是不正确的。

在烯烃和溴的加成过程中，由于烯键 π 电子处于分子的外围，同时溴单质中溴原子的核外电子也分布于整个分子外围，因此溴分子和烯烃直接碰撞并发生化学反应的概率较低。与烯烃的稳定结构相比，由于溴分子电负性较高的原因，在外界力量作用下（极性分子的极化或者高温）溴分子首先极化为溴正离子和溴负离子。溴正离子在烯烃 π 电子的吸引下沿着电子云密度最大的方向对烯烃进行加成形成溴鎓离子。溴鎓离子因其特殊的三元环结构而不稳定，在环上烷基取代基的共轭效应（推电子效应）和溴原子本身电负性强的诱导效应作用下，三元环中2号碳原子和溴原子相连的 σ 键容易断键形成正碳中间体。该正碳离子和溴负离子结合后生成加成产物，整个反应过程如图3-9所示。

在这个机理过程中，鎓离子的三元环作为一种张力比较大的环之所以能够形成，是因为 π 键的电子云密度在碳碳之间的位置较大从而导致溴负离子在碳碳原子之间亲电进攻导致的。鎓离子的开环首先是由烷基的供电子特性导致，而在开环后形成稳定性较高的叔正碳离子也是开环位置的决定因素之一（分别

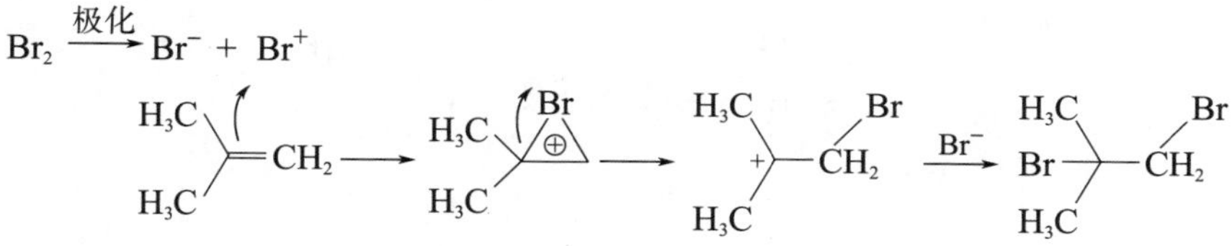

$$Br_2 \xrightarrow{极化} Br^- + Br^+$$

$$(H_3C)_2C{=}CH_2 \longrightarrow (H_3C)_2C\overset{\oplus}{-}Br\text{(三元环)} \longrightarrow (H_3C)_2\overset{+}{C}-CH_2Br \xrightarrow{Br^-} (H_3C)_2CBr-CH_2Br$$

图 3-9 异丁烯和溴的加成反应机理

是动力学和热力学两个控制因素）。因此，当反应在四氯化碳溶剂中进行时，溴分子缺少极化因素而较难以引发反应，通常情况下需要稍微加热或者加入极化试剂。

在烯烃和次卤酸的亲电加成反应中，次卤酸本身就可以极化为卤正离子和氢氧根，在形成了鎓离子并分解为正碳离子后，氢氧根负离子和正碳结合形成相应的卤代醇（图 3-10）。根据产物主要是 1 号碳上连接卤素、2 号碳上连接氢氧根的事实我们可以推测，在氢氧根碰撞三元环之前，三元环就分解为正碳了。

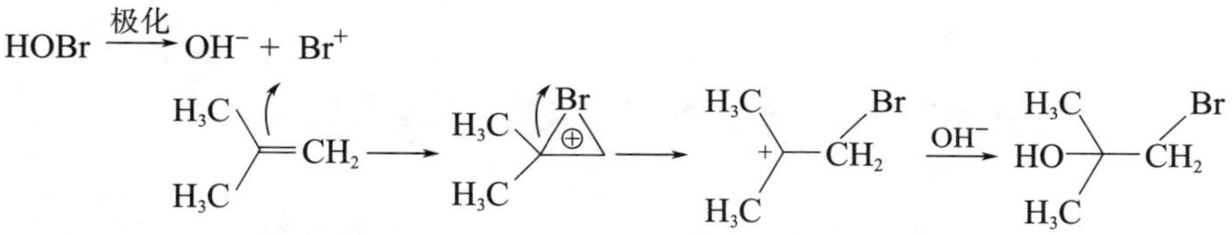

$$HOBr \xrightarrow{极化} OH^- + Br^+$$

$$(H_3C)_2C{=}CH_2 \longrightarrow (H_3C)_2C\overset{\oplus}{-}Br\text{(三元环)} \longrightarrow (H_3C)_2\overset{+}{C}-CH_2Br \xrightarrow{OH^-} (H_3C)_2C(OH)-CH_2Br$$

图 3-10 异丙烯和次溴酸的加成反应机理

第三节 烯烃的自由基加成反应

在过氧化物存在下，烯烃和溴化氢的加成是自由基机理历程。如果是不对称烯烃，则加成产物符合反马氏规则，如图 3-11 所示。

丙烯和溴化氢的自由基加成反应机理见图 3-12。首先过氧化物均裂为氧自由基，氧自由基夺取溴化氢的氢原子后生成溴自由基，溴自由基进攻烯键的 π 键后形成碳溴 σ 键和仲碳自由基，仲碳自由基和溴化氢反应生成反马氏加成产物和新的溴自由基。溴自由基重新和烯烃循环反应。

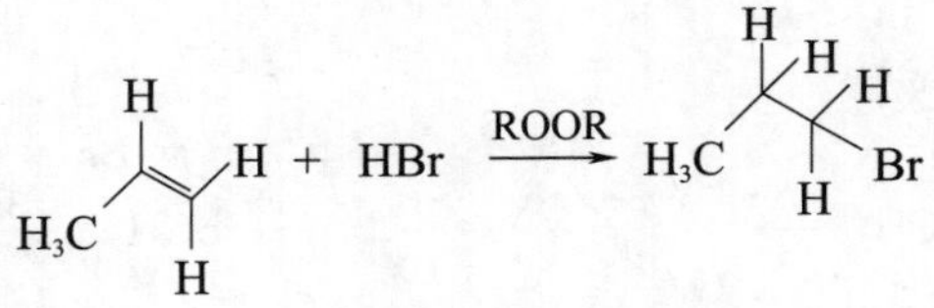

$$H_3C{-}CH{=}CH_2 + HBr \xrightarrow{ROOR} H_3C{-}CH_2{-}CH_2Br$$

图 3-11 丙烯的反马氏加成反应

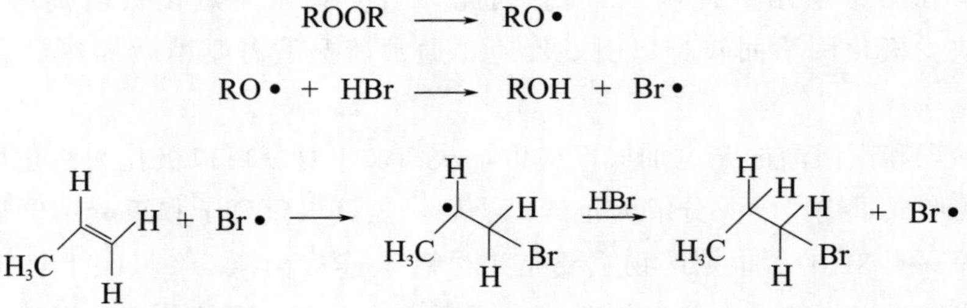

$$ROOR \longrightarrow RO\bullet$$

$$RO\bullet + HBr \longrightarrow ROH + Br\bullet$$

$$H_3C{-}CH{=}CH_2 + Br\bullet \longrightarrow H_3C{-}\dot{C}H{-}CH_2Br \xrightarrow{HBr} H_3C{-}CH_2{-}CH_2Br + Br\bullet$$

图 3-12 丙烯和溴化氢的自由基加成机理

1. 过氧化物在受热或者光作用下容易均裂生成自由基

过氧化物分子中的氧氧 σ 单键由于氧原子具有较强电负性而容易断裂，而在氧氧 σ 单键断裂时每侧氧完全获得对方的电子形成 8 电子稳定态的氧负离子比较困难。因此，在外加能量作用下，过氧化物的氧氧 σ 单键均裂，生成氧自由基。

越对称的过氧化物发生均裂的概率越大，因此，我们可以推测出，在不对称双键反马氏加成过程中，H_2O_2、CH_3OOCH_3 等对称过氧化物的催化效果比非对称型过氧化物（如 ROOH 等）好。

2. 氧自由基首先和溴化氢分子反应生成溴自由基

氧自由基的氧原子的最外层电子数是 7，因此，该自由基属于典型的缺电子体。此时在整个反应体系中，氧自由基可以选择溴化氢或烯烃进行反应。在氧自由基和溴化氢分子反应时，除了生成醇和溴自由基外，理论上还可以生成次溴酸酯和氢自由基，如图 3-13 所示。次溴酸酯分子中，溴原子和氧原子直接通过 σ 单键相连，两个电负性较强的非金属通过 σ 单键相连使该分子能量较高而不容易经反应得到。

$$RO\bullet + HBr \begin{cases} \longrightarrow ROH + Br\bullet \\ \longrightarrow ROBr + H\bullet \end{cases}$$

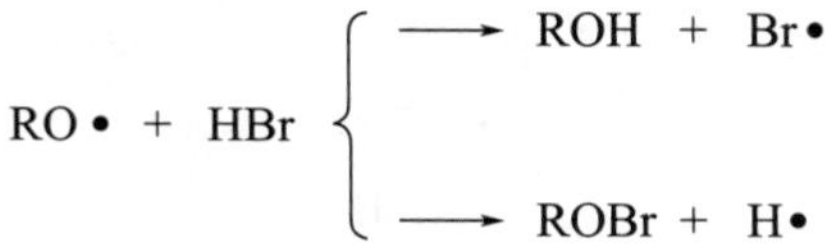

图 3-13 氧自由基和溴化氢反应的两种可能结果

在之前学习烷烃卤化反应时，在光照情况下，氯分子或者溴分子发生均裂生成氯自由基或溴自由基。但是在光照情况下，氢气分子很难均裂生成氢自由基，故在相同条件下，氢自由基比溴自由基能量高而不容易经反应得到。因此，在氧自由基和溴化氢反应时，生成醇和溴自由基的活化能比生成次溴酸酯和氢自由基的活化能低。

氧自由基如果首先和烯烃发生反应也不影响整个反应的进行，如图 3-14 所示。在丙烯分子中，因为甲基对烯键存在 σ-π 共轭作用，烯键的 π 电子被甲基“推”向 1 号碳原子，因此，1 号碳原子周围显部分负电荷，2 号碳原子周围显相应的正电荷。氧自由基作为缺电子体系首先和 1 号碳反应形成醚，在 2 号碳上形成相应的自由基，2 号碳的自由基中间体继续和溴化氢反应会生成溴自由基，接下来，溴自由基会和新的烯烃分子反应生成反马氏加成的产物。由于过氧化物属于自由基引发剂，在反应时加入的量很少，故产物醚的量非常少。

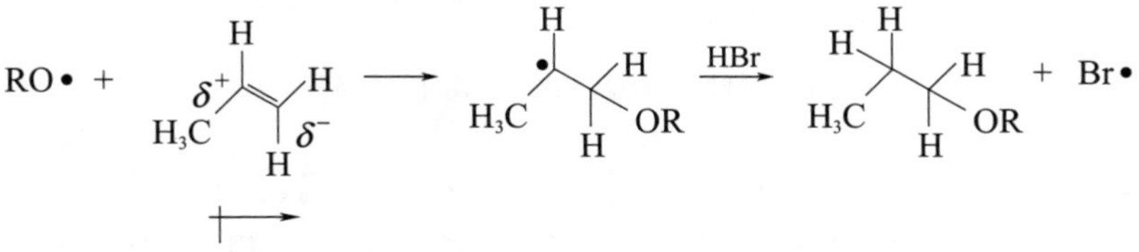

图 3-14 氧自由基首先和烯烃反应的可能机理

3. 溴自由基和烯键烷基取代基少的碳形成碳溴键是由烯烃本身结构决定的

如上所述，在丙烯分子中，因为甲基对烯键存在 σ-π 共轭作用，烯键的 π 电子被甲基“推”向 1 号碳原子，因此，1 号碳原子周围显部分负电荷，2 号碳原子周围显相应的正电荷，如图 3-15 所示。在溴自由基和丙烯反应时，丙烯本身的结构决定了溴自由基和丙烯1号碳原子反应产生反马氏加成产物。

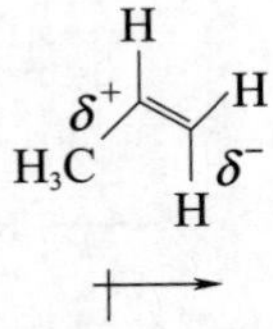

图 3-15　丙烯分子中甲基与烯键的σ-π共轭作用

第四节　烯烃的α-氢取代反应

与双键直接相连的碳原子上的氢称为烯烃的α-氢。该氢原子因为双键的作用而显得化学活性较高，容易发生取代反应。以丙烯和氯气在高温下反应为例，产物是α-氯代丙烯，如图3-16所示。

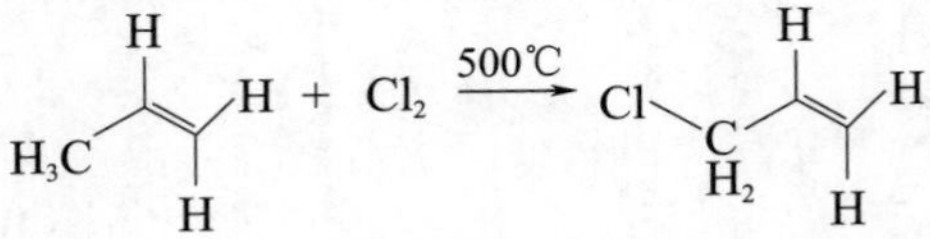

图 3-16　丙烯的α-氢取代反应

该反应是自由基反应历程，如图3-17所示。在高温下，氯气分子首先均裂为氯自由基，氯自由基进攻烯烃的α-氢生成氯化氢和相应的烯丙基自由基，烯丙基自由基和氯自由基结合生成α-氯代丙烯。

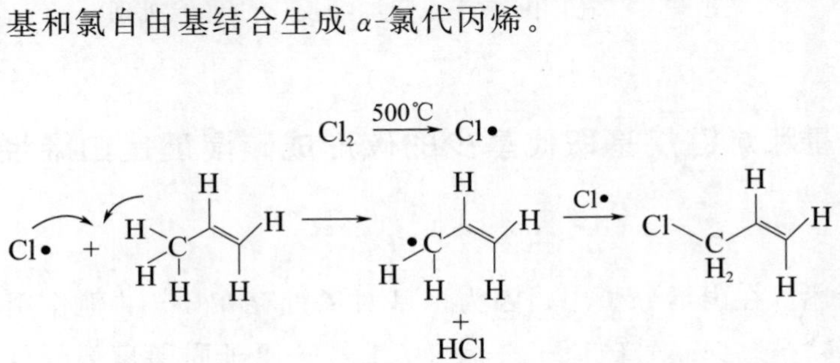

图 3-17　丙烯α-氢氯代反应的机理

1. 高温下生成的氯自由基引发烯烃的 α -氢取代反应

在 500℃高温下，两个通过 σ 单键相连的电负性较强的氯原子发生均裂。虽然丙烯分子在高温下也可能裂解并引发反应，但是氯分子与丙烯裂解相比，氯分子裂解的活化能较低。

2. 氯自由基进攻烯烃的 α -氢活化能较低

氯自由基生成后必然会和丙烯分子碰撞并发生化学反应。在丙烯分子中，甲基和双键之间的 σ-π 共轭导致 α-氢的活性升高，和氯自由基反应后生成的烯丙基自由基因 p-π 共轭而能量较低，因此，氯自由基进攻烯烃的 α-氢发生反应是由 α-氢较为活泼和生成烯丙基自由基的活化能较低两个因素决定的（分别是动力学和热力学两个因素）。如图 3-18 所示，烯丙基自由基结构中，每一个碳原子都有一个带有一个电子的 p 轨道，因此，该自由基存在一个共轭结构，该结构的存在也是烯丙基自由基较为稳定的原因之一。

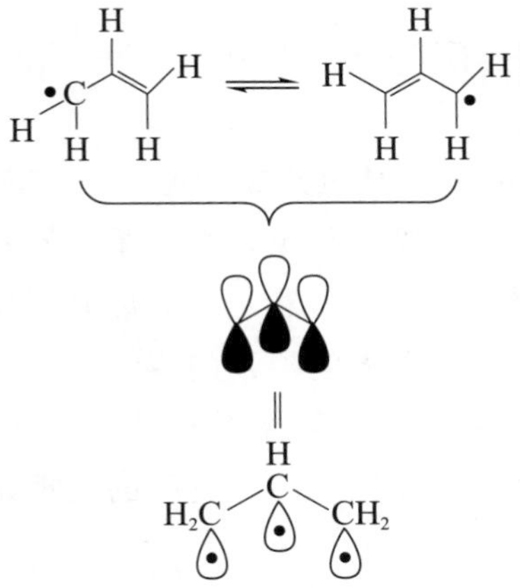

图 3-18　烯丙基自由基的共振结构

当然，在高温下，氯自由基首先亲电进攻双键电子也并非不可能，如图 3-19 所示，在甲基推电子作用下，丙烯 1 号碳原子周围的 π 电子云密度稍大一点，因此，氯自由基可以进攻 1 号碳原子形成碳氯 σ 键，相应地，丙烯转化为仲自由基，仲自由基如果和氯自由基结合则生成丙烯的加成产物 1,2-二氯丙烷。总体上看，生成 1,2-二氯丙烷的反应是一个氯分子和一个丙烯分子反应生成了 1 个二氯丙烷分子，这个过程明显是熵减过程，然而在 500℃高温下，经历这个熵减历程生成加成产物的可能性不大。

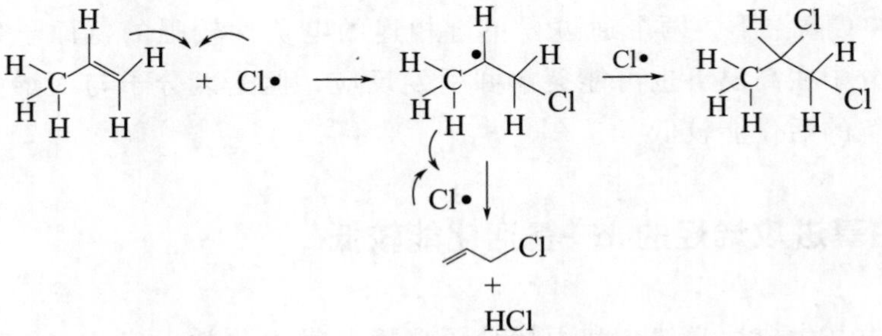

H H H H H + Cl• → H H H H H Cl Cl• → H Cl H H Cl H H H

Cl• ↓ Cl + HCl

图 3-19　丙烯和氯自由基反应的可能机理

在图 3-19 中，中间体氯代仲丙基自由基也可能在氯自由基的进攻下生成丙烯基氯和氯化氢。在仲丙基自由基中，缺电子的自由基能对其邻位甲基的电子产生一定的诱导作用，氯自由基进攻位阻较小的 3 号碳上的氢后生成氯化氢和相应的伯碳自由基，伯碳自由基和相邻的仲碳自由基成键即形成了丙烯基氯，这个过程是明显的取代过程。

3. 自由基反应的机理并不唯一

在 500℃下，氯气和丙烯的异裂并非不可能，如图 3-20 所示，丙烯在高温下脱除一个氢正离子后形成丙烯基负碳，丙烯基负碳和氯气分子异裂的产物氯正离子结合后可以生成丙烯基氯。当然，在丙烯分子中，因为烯键的吸电子作用，使和烯键相连的甲基上的碳氢电子云向双键 p 轨道上靠近，甲基上的氢具有一定的酸性，因此，在双键 α-氢解离时形成负氢和丙烯基正碳的可能性不大，故在高温情况下，丙烯异裂为丙烯基负碳的机理是可能的。

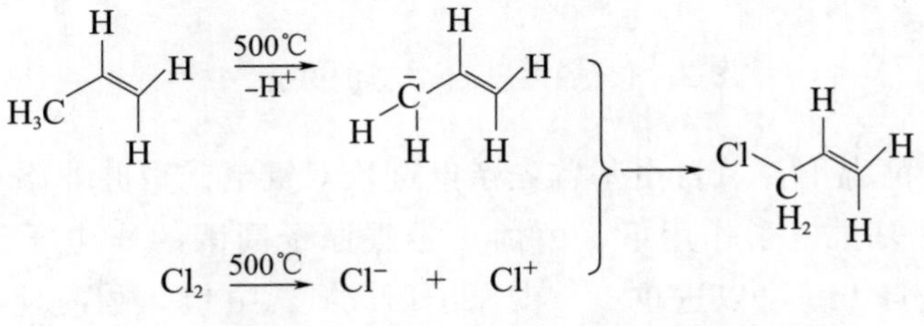

H_3C H H H $\xrightarrow[-H^+]{500℃}$ H $\bar{C}$ H H H H → Cl $C H_2$ H H H

$$Cl_2 \xrightarrow{500℃} Cl^- + Cl^+$$

图 3-20　丙烯和氯气高温反应的可能机理

因为氯气分子在高温下均裂相对较容易，因此，通常认为，烯键 α 位的取代反应是自由基机理。

第五节 道尔顿反应

烯烃在二甲基亚砜溶液中和 NBS 反应能够生成 α-溴醇或 α-溴酮，如图 3-21 所示。

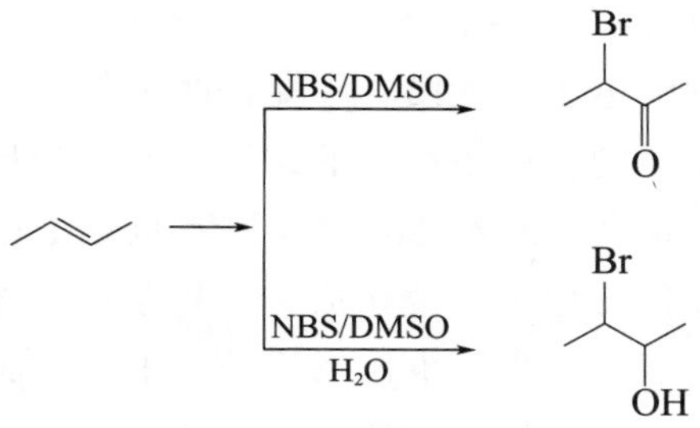

图 3-21 2-丁烯的道尔顿反应

如图 3-22，NBS 异裂生成的溴正离子与 2-丁烯的烯键结合生成溴𬭩中间体，DMSO 分子中氧上的孤对电子对𬭩环进行亲核开环生成的中间体可以无水脱除生成 α-溴酮，或者受到水中氢氧根离子的亲核取代生成 α-溴醇。

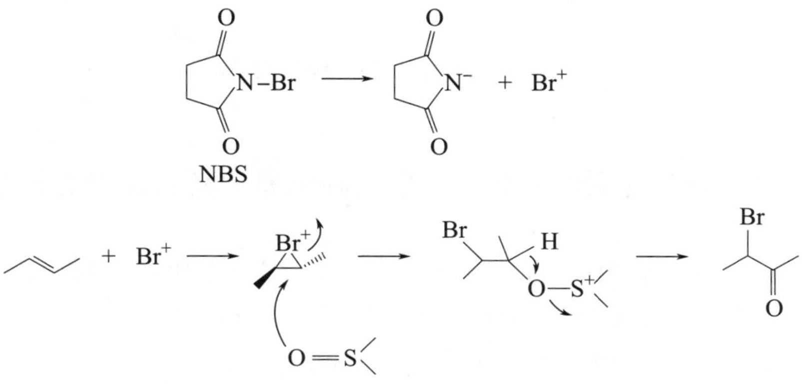

图 3-22

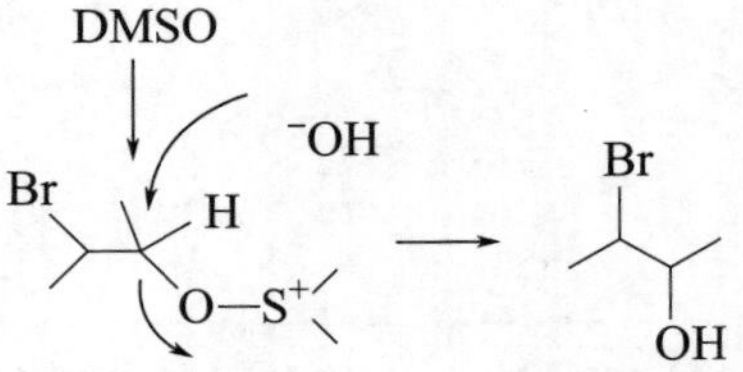

图 3-22 道尔顿反应的机理

1. NBS 的易异裂是由其本身结构造成的

如图 3-23，氮溴代丁二酰亚胺简称 NBS，在其分子中含有四个电负性较强的非金属原子（两个氧原子，一个氮原子，一个溴原子），氧原子和碳原子构成的羰基整体上是一种吸电子官能团，因此，两个羰基和电负性较强的同样连接有电负性较强的溴原子的氮原子相连的结构并不十分稳定。分子中，氮原子是 sp^2 杂化方式，其中氮原子未成键的最外层 p 轨道上填有一对孤对电子，这个 p 轨道和相邻羰基碳的 π 轨道重叠构成 p-π 共轭。此外，溴原子的核外电子比氮原子多出两层，溴原子的半径也比氮原子大很多，因此，溴原子最外层的 p 轨道和氮原子因半径差异较大而不能共轭。在 NBS 分子中，两个羰基和氮相连后因为共轭关系而显得比氮溴 σ 键稳定，在羰基的吸电子作用下，氮溴 σ 键异裂后生成溴正离子和相应的负氮离子。

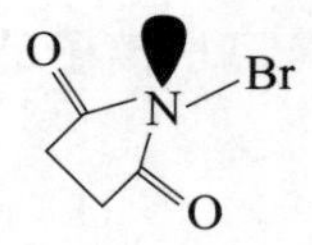

图 3-23 NBS 分子的结构

2. DMSO 亲核鎓环后的开环产物易消除也易被其他亲核试剂进攻

DMSO 亲核鎓环后的开环产物如图 3-24 所示，DMSO 在用氧的孤对电子亲核开环鎓环后，正电荷转移到硫原子上，此时，带正电荷的硫原子和电负性较强的氧原子直接相连而十分不稳定。

如图 3-25 所示，在水分子存在下，水中的氢氧根负离子可以和硫正离子

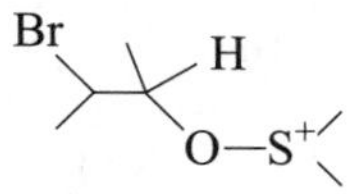

图 3-24　DMSO 亲核鎓环后的开环产物

直接结合生成图中的化合物 **1**。化合物 **1** 中，和氧相连的碳原子因整个硫氧结构的吸电子作用而有较强的亲电性，水中的氢氧根进攻该碳原子取代掉相应的硫氧结构后生成产物 α-溴醇和中间体 **2**。中间体 **2** 结合水中的质子后生成两个羟基连接在同一个硫原子上的水合亚砜，水合亚砜脱除一分子水后生成 DMSO。该反应过程在很多教材中简化为氢氧根直接进攻和氧相连的碳原子生成 α-溴醇和 DMSO 的过程，如图 3-26 所示。

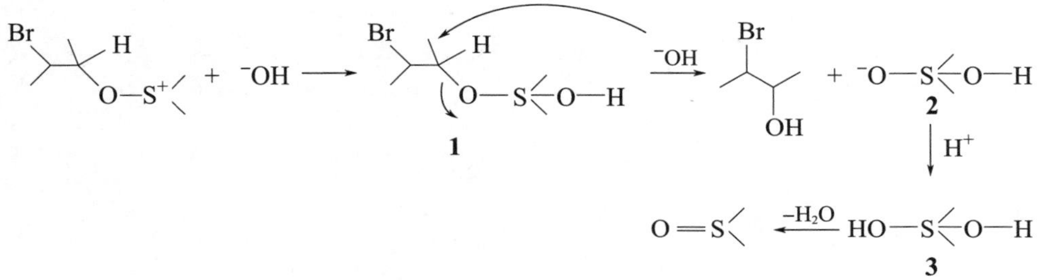

图 3-25　水存在下的道尔顿反应机理

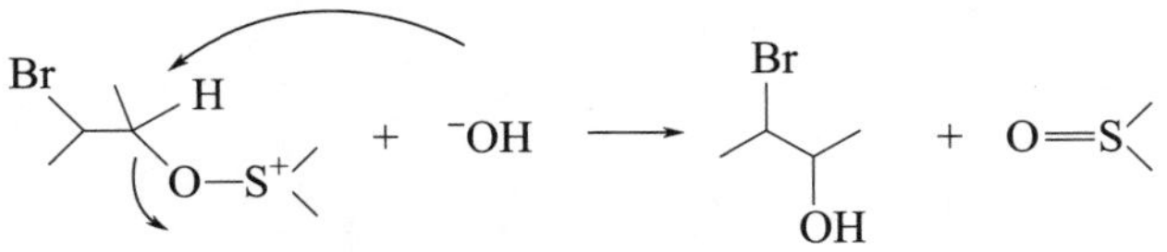

图 3-26　水存在下的简化道尔顿反应机理

在体系中没有水存在的情况下，如图 3-27 所示，开环中间体因电负性较强的氧原子和带正电荷的硫原子直接相连而容易断裂氧硫 σ 键，断键后生成二甲硫醚和相应的氧正离子（生成氧负离子和二价硫正离子的概率很小），氧正离子非常不稳定，很快脱除邻位的一个氢正离子后生成稳定的 α-溴酮。在很多教材中，整个无水道尔顿反应的机理简化为如图 3-28 所示的过程。

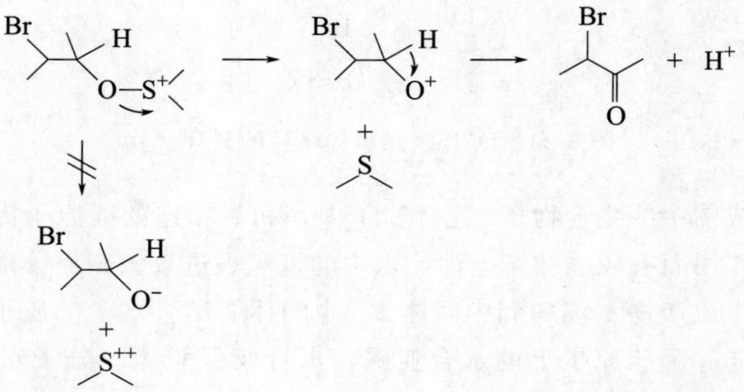

图 3-27 无水道尔顿反应机理

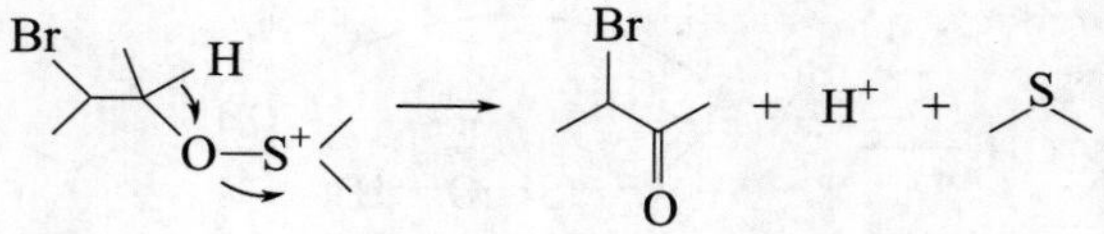

图 3-28 简化的无水道尔顿机理

第四章

炔烃、多烯烃

第一节 涉及端炔酸性的反应

炔键因为碳碳原子之间共用 3 对电子而显得非常缺电子，因此，炔基经常被视为吸电子基。端炔因为其炔基的吸电子作用导致碳氢键的活性升高，故端炔具有一定的酸性，如图 4-1，在金属钠作用下，端炔能生成炔基负碳离子和氢气。

$$R—\!\!\equiv\!\!—H \xrightarrow{Na} R—\!\!\equiv\!\!C^{-}Na^{+} + H_2\uparrow$$

图 4-1 端炔的酸性

端炔的酸性远远比不上醋酸等酸性物质，在正常情况下端炔并不能自己电离出质子。端炔作为较弱的酸，其对应的路易斯碱即炔负离子的碱性就比较强，碱性越强的物质，其对于带正电荷的酸性物质的亲核性就越强，因此，炔基负碳具有较强的碱性和亲核性。在炔基负碳参与的亲核取代反应中，其碱性也不可忽略。

炔基负碳可以和卤代烃反应生成碳链加长的产物。如图 4-2 所示，端炔可以和正溴丙烷反应生成炔键上增加 3 个碳的产物。

$$R—\!\!\equiv\!\!C^{-} + \diagup\!\!\diagdown\!\!\diagup Br \longrightarrow R—\!\!\equiv\!\!C—\!\!\diagdown\!\!\diagup$$

图 4-2 端炔和正溴丙烷的取代反应

如图 4-3，在正溴丙烷结构中，溴原子通过 σ 键和 1 号碳原子相连，分子中所有的碳原子都是 sp^3 杂化，由于溴原子的电负性比碳原子要强，因此，在溴原子的较强吸电子作用下，1 号碳上的两个氢原子都有一定的酸性，端炔负离子在进攻 1 号碳原子时，和碳原子相连的具有酸性的氢原子和端炔的反应不可忽略。

如图 4-4，如果端炔负离子接近正溴丙烷 1 号碳原子时，和碳原子上的氢原子发生了酸碱反应，生成了负碳中间体和炔烃，负碳中间体的 1 号碳原子上

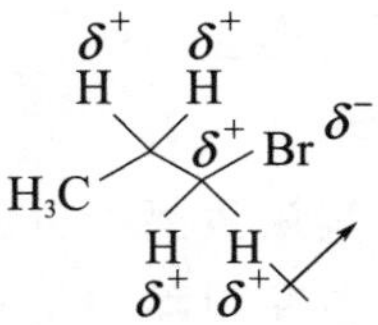

图 4-3 正溴丙烷分子的极化

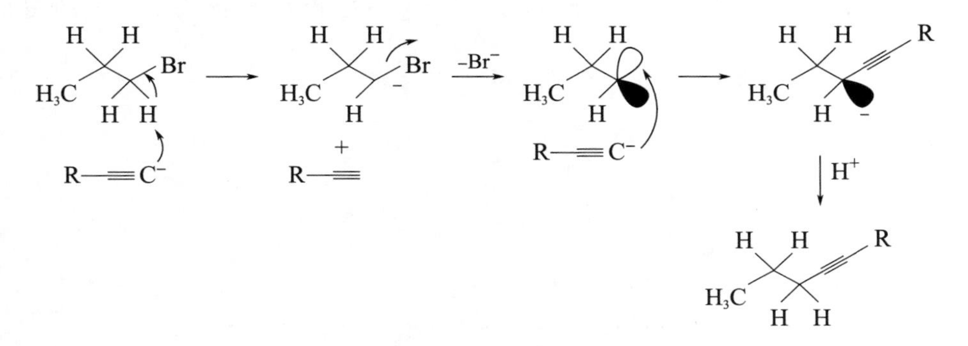

图 4-4 端炔作为碱和正溴丙烷反应的过程

还连接有一个电负性相对较强的溴原子，溴原子很容易成功夺取负碳的电子以稳定的溴负离子形式离去。此时在 1 号碳原子形成不带电荷的卡宾结构，卡宾虽然不带电荷，但是其中心碳原子的最外层只有 6 个价电子，因此卡宾属于不带电荷的缺电子体系，在新的端炔负碳亲核进攻下，卡宾重新转化为带有炔键的负碳离子，该离子在捕捉质子后形成亲核取代产物。如果端炔和正溴丙烷反应时经历了如图 4-4 的机理过程，则每生成一分子的产物就需要消耗两分子的端炔负离子。如果端炔作为碱拔除正溴丙烷 1 号碳上的氢不可避免的话，则在端炔和正溴丙烷的亲核取代反应中端炔的消耗量比正常消耗量（摩尔数）要大。

在图 4-4 中，卡宾因为中心碳原子的缺电子性也可能发生自身重排，如图 4-5 所示，1 号卡宾碳的吸电子性导致 2 号碳上的碳氢键活化，在失去 2 号

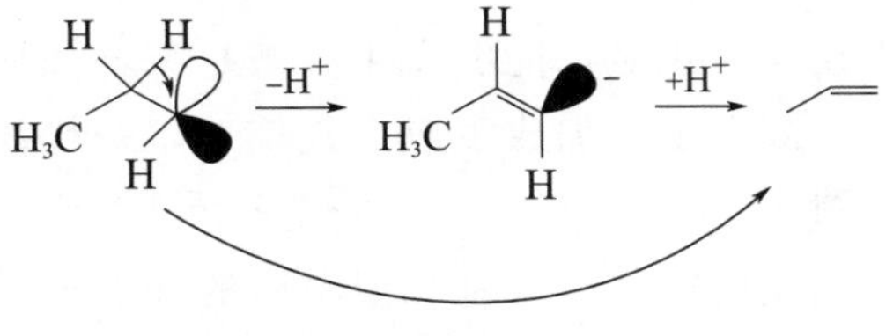

图 4-5 卡宾的重排反应

碳上的正氢离子后，1、2 号碳原子之间形成双键，同时 1 号碳转化为碳负离子，碳负离子捕捉一个正氢离子后形成丙烯。有的教材将该过程直接简化为正丙基卡宾直接重排生成丙烯的过程。

在整个生成丙烯的过程中，端炔负离子首先作为碱拔除正溴丙烷 1 号碳上的氢离子形成碳负离子，碳负离子在脱除溴负离子后最终形成丙烯，因此，端炔负碳相当于在正溴丙烷分子中脱除了一分子的溴化氢生成丙烯。在整个过程中，端炔仅仅相当于碱，在某些教材中，这个过程被简化为图 4-6 的反应历程。

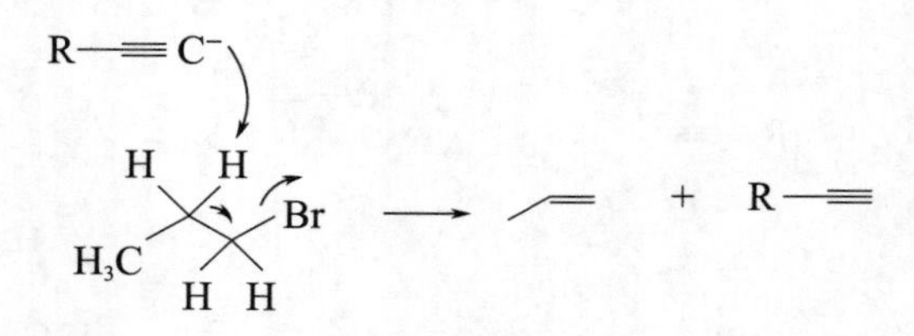

图 4-6　某些教材中简化后的端炔消除卤代烃反应历程

在如图 4-6 的反应机理中，需要明确的是在正溴丙烷分子中，和溴一起连在 1 号碳上的氢的酸性明显比 2 号碳上的氢的酸性要强，因此，端炔作为碱和酸性弱的 2 号碳上的氢反应而不和酸性稍强的 1 号碳上的氢反应是不符合事实的。

总之，端炔作为碱同时具有亲核性，任何和碱性无关的纯亲核取代反应都是不存在的。

第二节　炔烃的亲电加成反应

炔烃和卤素单质或者卤化氢都能够发生（被）亲电加成反应生成烯烃，加成后的烯烃可以继续（被）亲电加成生成卤代烷烃，一般我们将这种反应简称为亲电加成反应，如图 4-7 所示。

和烯烃的亲电加成反应类似，炔基和溴单质的亲电加成反应机理是在溴单质极化出的溴正离子亲电进攻下形成溴鎓正离子，溴鎓正离子在溴负离子的亲核进攻下开环生成产物，如果炔烃和溴化氢亲电加成，则首先进攻炔基的是氢

$$R—\equiv \quad + \quad Br_2 \longrightarrow RBrC{=}CHBr \xrightarrow{Br_2} RCBr_2CHBr_2$$

$$R—\equiv \quad + \quad HBr \longrightarrow RBrC{=}CH_2 \xrightarrow{HBr} RCBr_2CH_3$$

图 4-7　炔烃的（被）亲电加成反应

离子，如图 4-8 和图 4-9 所示。

$$Br_2 \longrightarrow Br^- + Br^+$$

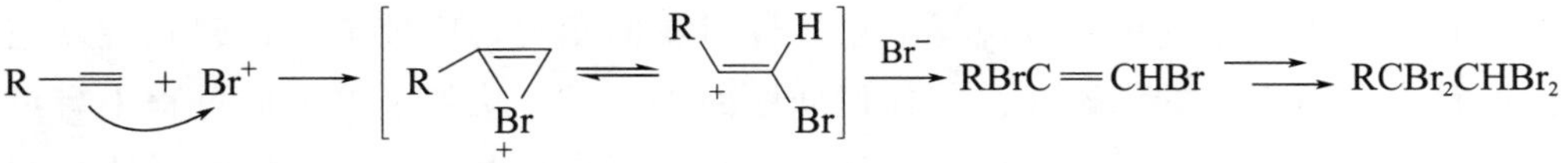

$$R—\equiv \; + \; Br^+ \longrightarrow \left[R\text{-溴鎓环}(Br^+) \rightleftharpoons \text{R(+)C=CH(Br)} \right] \xrightarrow{Br^-} RBrC{=}CHBr \longrightarrow RCBr_2CHBr_2$$

图 4-8　炔烃和溴的亲电加成反应

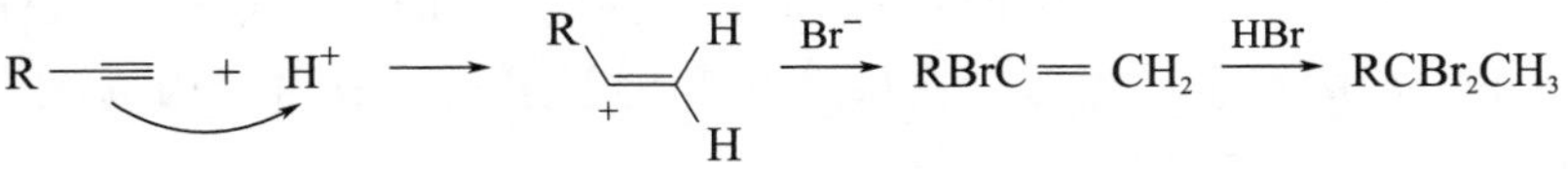

$$R—\equiv \; + \; H^+ \longrightarrow \text{R(+)C=CH}_2 \xrightarrow{Br^-} RBrC{=}CH_2 \xrightarrow{HBr} RCBr_2CH_3$$

图 4-9　炔烃和溴化氢的亲电加成反应机理

1. 炔烃的亲电加成反应较难停留在生成烯烃阶段

炔基因为中心碳原子是 sp 杂化方式，相应的碳碳键长比乙烯的碳碳键长要短，炔基中心碳原子 π 键的 p 轨道重叠度要大于乙烯中心碳原子 π 键的 p 轨道重叠度，因此在相同情况下，破坏炔基的一个 π 键形成烯基的活化能要大于破坏烯基的一个 π 键形成烷基的活化能，从热力学过程的角度来看，炔键的亲电加成反应比烯键要难。炔烃亲电加成反应启动后生成较为活泼的烯烃，烯烃很快继续发生亲电加成反应生成烷烃。一般情况下，炔烃通过亲电加成反应制备烯烃往往需要控制反应条件和在特殊的催化剂作用下才能成功。

很多教材中解释炔烃发生亲电加成反应比烯烃困难是从反应中间体正碳的稳定性角度进行分析的。如图 4-10，炔烃亲电加成反应过程中生成的是烯基正碳，而烯基发生亲电加成反应时生成的是烷基正碳，烯基正碳的正电荷处于烯基本身的平面上，烯基 π 键上的 p 轨道电子和正碳的空轨道处于垂直的方向而无法产生共轭现象，分子中的其他键因为空间关系也很难和该正碳发生共轭而降低其能量；在烯烃亲电加成反应是所形成的烷基正碳能够和邻位碳上的 σ 键形成 σ-p 共轭，电荷通过共轭分散后整个体系的能量降低。因此，在相同情况下，炔烃亲电加成反应中间体的能量大于烯烃亲电加成反应中间体的能量，中间体的能量越高反应的活化能越高，故炔烃的亲电加成反应比烯烃难。

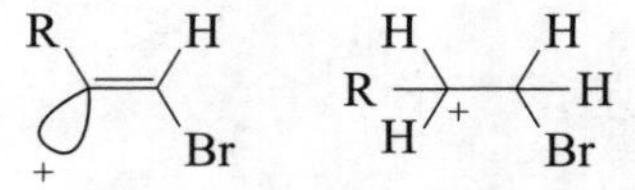

图 4-10 炔烃和烯烃与溴发生亲电加成反应时的正碳中间体

在思考上述中间体正碳离子的稳定性时我们发现，比较烯基正碳和烷基正碳的稳定性后形成的结论是没有任何问题的，但是在炔基亲电加成过程中有可能不经过烯基正碳的过程。如图 4-11，溴正离子在炔基的中心位置接近炔键时首先生成三元环的溴鎓离子结构，该结构中溴的 p 轨道上带有一个正电荷，该 p 轨道和三元环中的烯键 π 电子处于相同的方向，虽然溴原子的原子半径大于碳原子，但是溴的 p 轨道和碳的 p 轨道之间存在一定的共轭作用，这种共轭能够降低该正电荷的能量。当然，在炔烃和溴化氢亲电加成时，因为 H^+ 的半径较小而难以形成三元环过渡态。

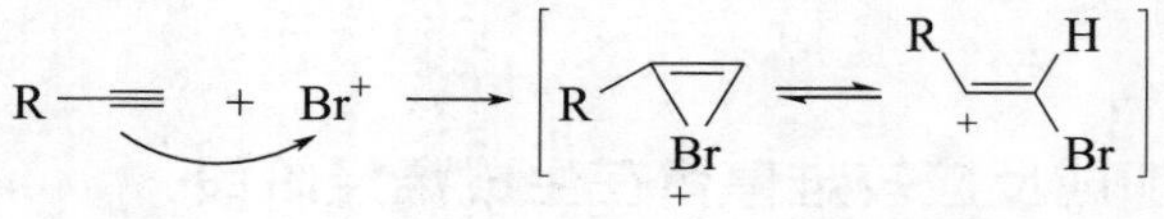

图 4-11 炔烃亲电加成反应的鎓离子中间体

整体上讲，炔键因其键长比烯键短而比烯键难以发生亲电加成反应的说法是正确的。

2. 端炔和溴化氢的亲电加成反应往往符合马氏加成规则

如图 4-12，因炔基相连的烷基上 σ 键电子和炔基 π 电子之间的 σ-π 共轭作用导致 σ 键电子朝 π 键转移，因而这种供电子作用导致炔基 π 电子向远离取代基的方向偏移，结果导致端炔中远离取代基的碳原子周围负电荷量升高而带一定的负电荷，相应地，和烷基相连的炔基碳原子周围电荷密度减小而带一定的正电荷。

质子在和端炔反应时自然会加成在端炔的 1 号碳原子上形成 2 号碳带正电

$R \overset{\delta^+}{—}\!\overset{\delta^-}{\equiv}$

$+\!\!\longrightarrow$

图 4-12 端炔的分子内极化

荷的加成中间体，溴负离子和带正电荷的 2 号碳相连后形成马氏加成产物。

如果炔基两端都连有不同的烷基取代基时，两侧的烷基对炔键的极化在一定程度上会抵消，此时产物将会是混合物，如图 4-13 所示。

$$R—\!\equiv\!—R' \xrightarrow{HBr} RHC=CBrR' + RBrC=CHR'$$

图 4-13 非端炔的溴化氢加成成烯反应

非端炔在加成一分子溴化氢形成烯烃后，继续和另一分子溴化氢加成时因溴原子和烯基 π 键的 p-π 共轭作用导致烯烃活化，此时氢离子只能进攻远离溴原子的烯键碳，结果生成两个溴原子连在同一个碳上的谐二卤代烷，如图 4-14 所示。

$$R—\!\equiv\!—R' \xrightarrow{HBr} RHC=CBrR' + RBrC=CHR' \xrightarrow{HBr}$$
$$RH_2C—CBr_2R' + RBr_2C—CH_2R'$$

图 4-14 非端炔的溴化氢亲电加成成烷反应

3. 端炔上连有吸电子基团时，亲电加成产物不符合马氏规则

如果与炔基相连的是吸电子基，例如硝基乙炔，其和溴化氢亲电加成时，因为硝基的吸电子作用，炔键上的 π 电子向硝基极化，此时远离硝基的碳原子带部分正电荷，和硝基相连的碳原子带部分负电荷，质子亲电进攻和硝基相连的碳原子导致反马氏加成产物的生成，如图 4-15 所示。

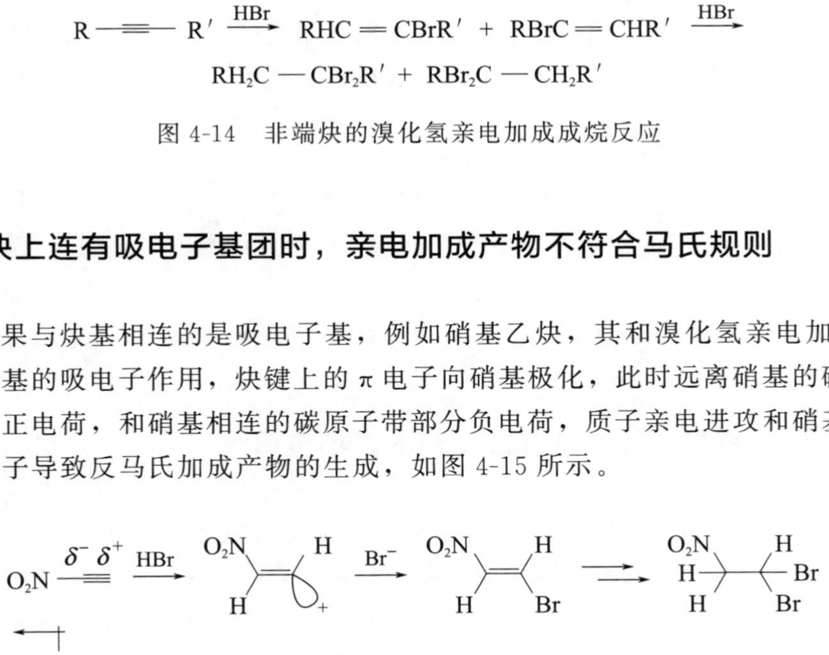

$$O_2N\overset{\delta^-}{—}\!\overset{\delta^+}{\equiv} \xrightarrow{HBr} (O_2N)(H)C=C^+(H) \xrightarrow{Br^-} (O_2N)(H)C=C(H)(Br) \rightleftharpoons O_2N(H)(H)C—C(H)(Br)(Br)$$

$\longleftarrow\!\!+$

图 4-15 硝基乙炔和溴化氢的亲电加成反应

硝基乙炔因硝基的强吸电子作用导致炔键上的电子云密度减小，这样的结构致使质子亲电进攻较为困难，因此，和吸电子基相连的炔键发生亲电加成较为困难。

第三节 炔烃的亲核加成反应

在碱存在下，炔烃可以和醇发生（被）亲核加成反应，简称炔烃的亲核加成反应。例如，乙炔、乙醇和氢氧化钾在加热加压条件下可以生成乙基乙烯基醚，如图 4-16 所示。

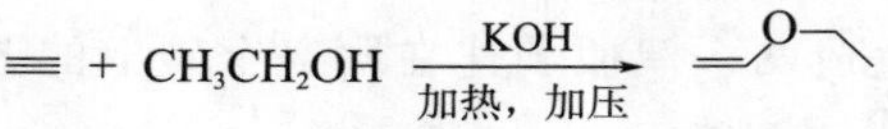

$$\equiv + CH_3CH_2OH \xrightarrow[\text{加热，加压}]{KOH} \text{乙基乙烯基醚}$$

图 4-16 乙炔和乙醇的亲核加成反应

如图 4-17，该反应的机理是乙醇在高温高压条件下先和碱反应生成醇氧负离子，该负离子对炔键进行亲核加成生成最终的产物。

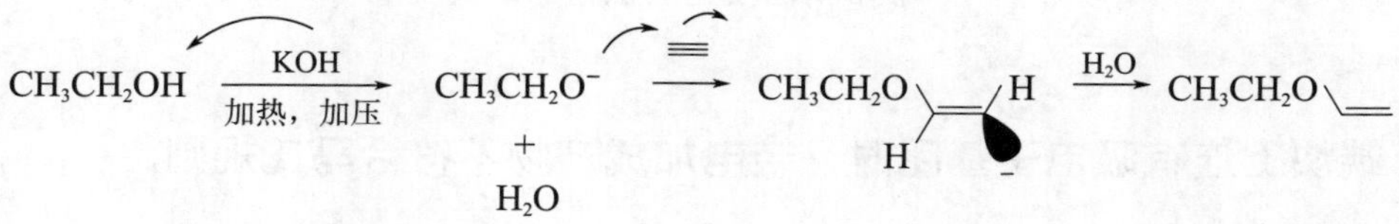

$$CH_3CH_2OH \xrightarrow[\text{加热，加压}]{KOH} CH_3CH_2O^- + H_2O \xrightarrow{\equiv} CH_3CH_2O\text{–CH=CH}^- \xrightarrow{H_2O} CH_3CH_2O\text{–CH=CH}_2$$

图 4-17 乙炔和乙醇的亲核加成反应机理

1. 乙醇中的氧是炔烃亲核加成反应的亲核位置

在常温常压情况下，因为乙醇的酸性较弱而不能和氢氧化钾发生酸碱反应。由于乙醇分子中的氧氢键是极化度较高的 σ 键，在氧元素较强的电负性作用下，氢离子具有一定的离去性，在高温条件下，乙醇氧氢 σ 键获得能量后容易异裂为醇氧负离子和质子，因此，乙醇分子随着温度的升高酸性升高，在高温高压情况下，乙醇和氢氧化钾能够反应生成醇氧负离子。

当然，乙醇在解离为醇氧负离子之前因其氧原子的电负性而具有一定的亲核性，在高温下，乙醇分子直接以其氧原子的孤对电子作为亲核中心进攻乙炔的可能性也很大，如图 4-18，乙醇在加热情况下首先亲核进攻乙炔生成加成中间产物（**1**），该中间体 **1** 中带有一个不稳定的鉾盐结构，在氢氧化钾作用下，鉾盐在生成水分子同时转化为负碳中间体（**2**），中间体 **2** 结合水分子中的质子后最终转化为乙基乙烯基醚。

$$CH_3CH_2OH + HC\equiv CH \xrightarrow{\text{加热，加压}} \underset{\mathbf{1}}{Et-\overset{+}{O}(H)-CH=CH^-} \xrightarrow{KOH} \left.\begin{matrix} \underset{\mathbf{2}}{Et-O-CH=CH^-} \\ + \\ H_2O \end{matrix}\right\} \longrightarrow H_3CH_2CO-CH=CH_2$$

图 4-18　乙醇亲核加成乙炔的可能机理

综合以上两种可能的机理，氢氧化钾在体系中起到提供氢氧根的作用，乙醇的氧原子是亲核基团的亲核中心。至于乙醇的氧在亲核前首先脱除质子转化为氧负离子还是亲核后再脱除质子，这两种可能在高温下都可以发生。

2. 炔键的缺电子性导致其比烯烃更容易发生亲核反应

对于炔键，其结构一般认为是圆柱形，π 电子处于圆柱形的外表面上，电子显负性的性质导致炔键发生亲核反应的难度较大，鉴于炔基本身缺电子的性质，在转化为烯键后其缺电子的状况会有所好转。所以，炔基发生亲核取代反应是能量降低的过程，炔基本身的结构决定其被亲核的位置不是很明确，因此，炔基发生亲核加成反应的活化能较高，高温高压是炔烃发生亲核取代的基本条件。

第四节　共轭二烯烃的加成反应

共轭二烯烃在发生亲电加成反应时可以是 1,2-加成也可以是 1,4-加成，以 1,3-丁二烯和溴化氢的加成反应为例，产物分别是 1-溴-2-丁烯和 3-溴 1-丁烯，如

图 4-19 所示。

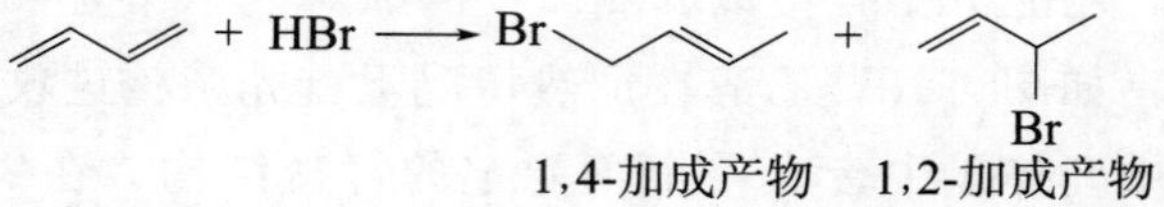

$$CH_2{=}CH{-}CH{=}CH_2 + HBr \longrightarrow BrCH_2CH{=}CHCH_3 + CH_2{=}CHCH(Br)CH_3$$

1,4-加成产物 1,2-加成产物

图 4-19 1,3-丁二烯的溴化氢加成反应

共轭烯烃的亲电加成时，1,2-加成产物符合马氏加成的规则，1,4-加成产物经历了双键重排的过程，机理如图 4-20 所示。在 1,2-加成过程中，1,3-丁二烯首先接收氢离子酸化生成烯丙基正碳，烯丙基正碳接收溴负离子的亲核后生成 1,2-加成产物。如果烯丙基正碳重排为伯正碳时则会生成 1,4-加成产物。

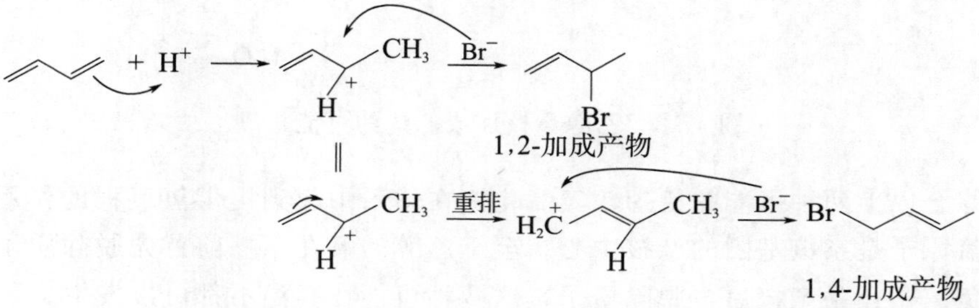

$+ H^+$ CH_3 Br^- H Br 1,2-加成产物 CH_3 重排 $H_2\overset{+}{C}$ CH_3 Br^- Br H H 1,4-加成产物

图 4-20 1,3-丁二烯加成反应机理

1. 1,3-丁二烯的共轭结构决定其分子中不存在标准的单键和双键

在 1,3-丁二烯分子中，两个双键互相共轭导致四个碳原子间的化学键有平均化的趋势，其分子结构可以描述为如图 4-21 所示的结构。传统的 1,3-丁二烯加成反应机理是基于双键本身的反应过程，这个机理仅仅是一种程式化的演示过程，理解该机理还应该从大共轭体系着手。

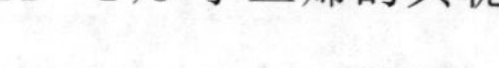

图 4-21 1,3-丁二烯的共轭结构

2. 氢正离子首先进攻最端位的碳而不是中间的碳主要是由过渡态的稳定性决定的（热力学控制过程）

1,3-丁二烯的大共轭体系导致其容易受到质子的亲核进攻，理论上氢离

子可以进攻 1 号或 2 号任何一个碳原子（因分子对称性，3 号、4 号碳原子等价于 2 号和 1 号碳原子），根据 1,3-丁二烯大共轭体系的结构分析，大 π 键的电子云在 2 号碳周围的密度比 1 号碳周围大，因此，氢离子优先亲电加成到 2 号碳上，但是，如图 4-22 所示，氢离子加成到 2 号碳上形成的是伯正碳离子，该正碳离子远离双键，不能形成有效的共轭作用而使能量降低；相反，当氢离子加成到 1 号碳时形成 2 号正碳离子，该正碳和双键形成 p-π 共轭而相对能量较低。从活化能角度，氢离子亲电加成到 1 号碳上的活化能小于加成到 2 号碳上形成伯正碳离子的活化能。因此，从热力学角度考虑，氢离子首先进攻最端位的碳而不是中间的碳主要是由过渡态的稳定性决定的。

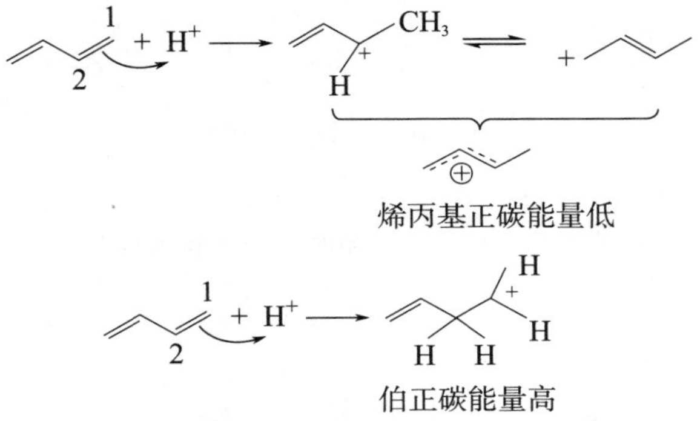

烯丙基正碳能量低

伯正碳能量高

图 4-22　1,3-丁二烯的两种酸化中间体

3. 分子轨道理论是解释 1,3-丁二烯加成的有效工具

分子轨道理论能够很好地解释 1,3-丁二烯加成反应的机理。图 4-23 展示了 1,3-丁二烯的分子轨道模型，四个碳原子分别提供 4 个 p 轨道形成大 π 键，4 个 p 轨道经过组合后形成四个分子轨道，根据能量从低到高的次序分别是 π_1，π_2，π_3^* 和 π_4^* 轨道。4 个 π 电子分别填充在能量最低的 π_1 和 π_2 轨道上，相应的这两个轨道称为成键轨道，π_3^* 和 π_4^* 轨道没有填充任何电子，称为反键轨道。π_1 轨道上的两个电子填充在 π 平面的同侧，因此用相同的符号表示，π_2 轨道上的两个电子在 1 号碳和 2 号碳之间符号相同，在 3 号碳和 4 号碳之间的符号也相同，但是 1、2 号之间的符号和 3、4 号之间的符号相反，可以将 π_2 轨道的电子填充视为双键单键双键的形式。综合 π_1 和 π_2 轨道，在 1,3-丁二烯分子中，1、2 号碳原子（3、4 号碳原子）间可以视为平均化了的双键，2、3 号碳原子间可视为具有一定双键化趋势的单键。在正常情况下，1,3-丁二烯可

以简化为如图 4-24 中的双键和单键交替的结构。

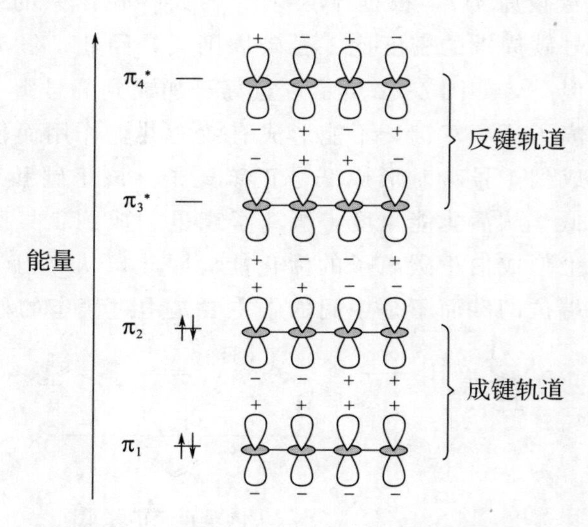

图 4-23　1,3-丁二烯的 π 分子轨道模型

图 4-24　简化了的 1,3-丁二烯的结构

将 1,3-丁二烯简化为如图 4-24 的结构后，1,3-丁二烯的加成反应机理便可以简化为图 4-20 所描述的过程。

第五节　狄尔斯-阿尔德（Diels-Alder）反应

1,3-丁二烯和乙烯在一定条件下可以发生反应生成环己烯，该反应称为狄尔斯-阿尔德反应，如图 4-25 所示。

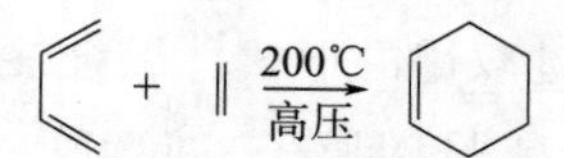

图 4-25　1,3-丁二烯和乙烯的狄尔斯-阿尔德反应

在现有的各类教材中，该反应的机理被分别描述为单电子转移（图 4-26）和双电子转移（图 4-27）机理。

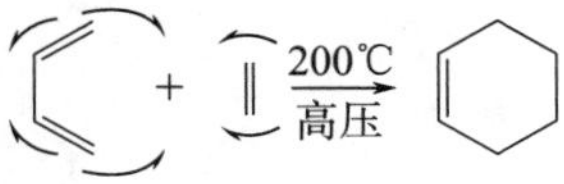

200℃
高压

图 4-26 现有教材中狄尔斯-阿尔德反应的单电子转移机理

200℃
高压

图 4-27 现有教材中狄尔斯-阿尔德反应的双电子转移机理

在单电子转移机理中，1,3-丁二烯和乙烯的双键上的 π 电子在高温下均裂为自由基，1,3-丁二烯的 2、3 号碳自由基可以成键为烯键，1,3-丁二烯的 1 号和 4 号碳自由基和乙烯的双自由基结合形成新的 σ 键。1,3-丁二烯的双自由基结构可以视为图 4-23 中 π 电子在高温作用下跃迁到 π_3^* 反键轨道时的结构，该结构中 2、3 号碳原子因 π 电子排布相同而形成双键，1、4 号碳是以自由基的形式存在。

在双电子转移机理中，高温情况下，无论是乙烯的 π 电子还是 1,3-丁二烯的共轭 π 电子都极化出正负电荷，正负电荷结合后形成最终产物，过程如图 4-28 所示。

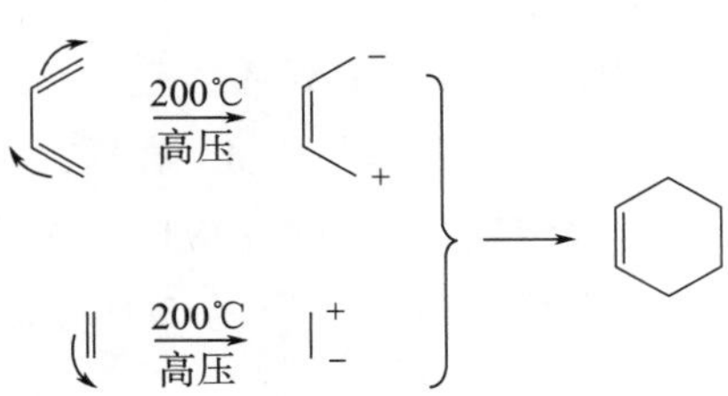

200℃
高压

200℃
高压

图 4-28 狄尔斯-阿尔德反应双电子转移机理的极化过程

1. 亲双烯体上连接有吸电子基团时狄尔斯-阿尔德反应较为容易进行的事实说明狄尔斯-阿尔德反应的机理可能以双电子转移的方式发生

我们将能和共轭双烯反应的双键化合物称为亲双烯体，众多文献表明，亲双烯的双键上连有吸电子基团（醛基、羰基、氰基、硝基等）时，狄尔斯-阿尔德反应较为容易发生，如图 4-29 所示。硝基乙烯能在温和条件下与 1,3-丁二烯反应生成 4-硝基环己烯。

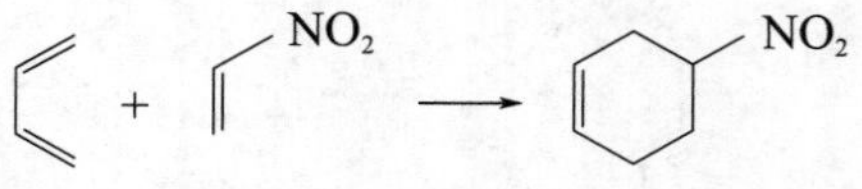

图 4-29 硝基乙烯和 1,3-丁二烯的狄尔斯-阿尔德反应

如图 4-30，在硝基乙烯分子中，在硝基的较强吸电子作用下双键 π 电子发生极化，导致和硝基相连的碳原子上带部分负电荷，远离硝基的双键碳原子带部分正电荷，2 号碳上的正电荷对 1,3-丁二烯亲电吸引引发狄尔斯-阿尔德反应，该过程如图 4-31 所示。

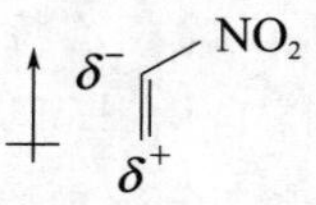

图 4-30 硝基乙烯的自身极化作用

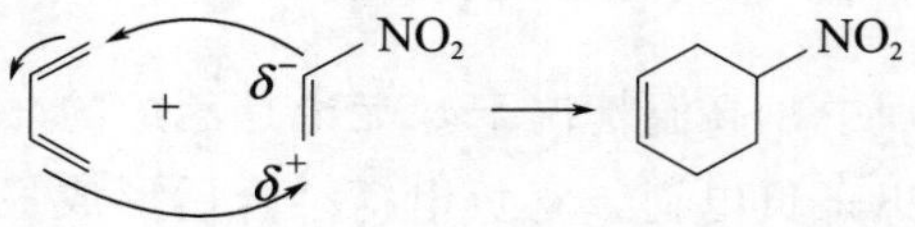

图 4-31 硝基乙烯和 1,3-丁二烯的反应机理

如果共轭双烯上连有推电子基同时亲双烯体连有吸电子基时，发生狄尔斯-阿尔德反应非常容易，并且反应产物单一，以硝基乙烯和 1,3-戊二烯反应为例，如图 4-32 所示。在发生狄尔斯-阿尔德反应时，硝基乙烯和 1,3-戊二烯反应只生成 3-甲基-4-硝基环己烯而不生成 3-甲基-5-硝基环己烯。

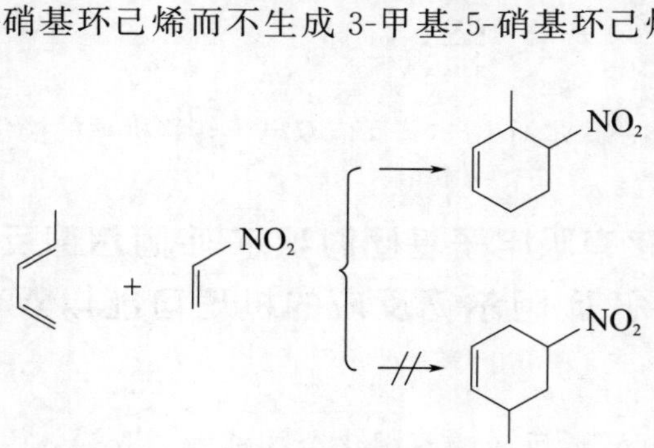

图 4-32 硝基乙烯和 1,3-戊二烯的反应

如图 4-33，在 1,3-戊二烯分子中，因为与共轭双键相连的甲基的供电子作用，共轭双键发生极化产生一端带部分正电荷另一端带负电荷的结果，结合图 4-30 所示的硝基乙烯的极化，图 4-32 所示反应的结果就很容易理解，其机理如图 4-34 所示。

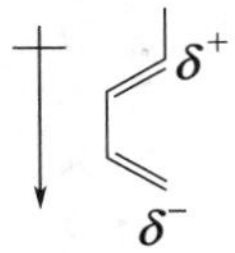

δ^+

δ^-

图 4-33　1,3-戊二烯的极化示意图

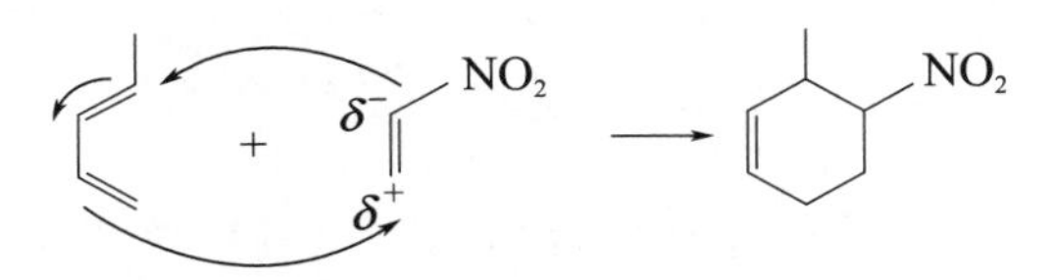

图 4-34　硝基乙烯和 1,3-戊二烯的反应机理

综合以上分析，狄尔斯-阿尔德反应的双电子转移机理是比较合理的。

2. 分子轨道理论能很好地解释狄尔斯-阿尔德反应的机理

乙烯的分子轨道如图 4-35 所示，两个 π 电子填充在成键的 π_1 轨道上，其反键轨道在常态下没有填充电子，如果电子跃迁到反键轨道上则在两个碳原子周围的符号相反。

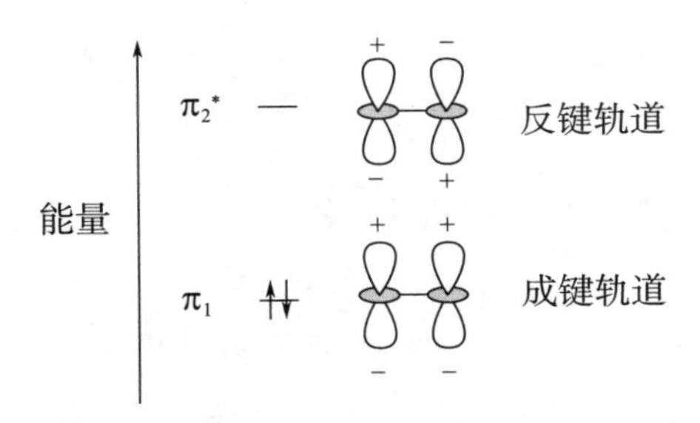

图 4-35　乙烯分子的 π 轨道模型

结合图 4-23 所示 1,3-丁二烯的 π 分子轨道模型，1,3-丁二烯要想和乙烯发生反应则其成键 π 电子必须要流入到乙烯的空轨道上，反之也可以理解为乙烯

的成键 π 电子必须要流入到 1,3-丁二烯的空轨道上才能发生化学反应。乙烯的 π_1 轨道（乙烯的最高能态电子所在的轨道）的符号和 1,3-丁二烯的 π_3^* 轨道（最低能态空轨道）符号相同，反之，1,3-丁二烯的 π_2 轨道（最高电子能态轨道）和乙烯的 π_2^* 轨道（最低能态空轨道）符号也相同，电子能够顺利地进行转移，在整个反应过程中仅仅需要提供活化能即可以促使狄尔斯-阿尔德反应的发生，因此狄尔斯-阿尔德反应又称为双烯和烯烃的热反应。

第六节　环烷烃的开环反应

小环环烷烃（三元环或四元环）容易和卤化氢发生开环反应生成链式卤代烃，如图 4-36，环丙烷和溴化氢反应生成正溴丙烷。

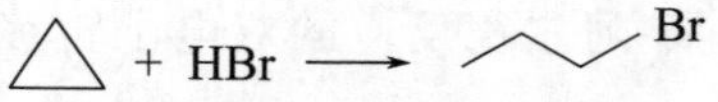

$$\triangle + HBr \longrightarrow \text{CH}_3\text{CH}_2\text{CH}_2\text{Br}$$

图 4-36　环丙烷和溴化氢的开环反应

该反应的机理如图 4-37 所示，环丙烷在质子的亲电下开环生成正碳离子中间体，正碳离子和溴负离子结合后生成正溴丙烷。

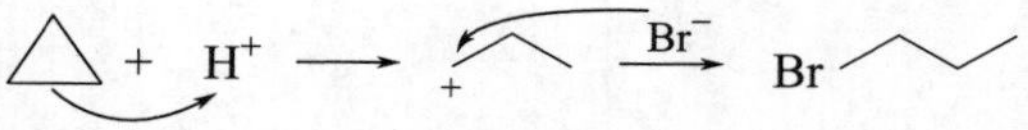

$$\triangle + H^+ \longrightarrow {}^{+}\text{CH}_2\text{CH}_2\text{CH}_3 \xrightarrow{Br^-} \text{Br}\text{CH}_2\text{CH}_2\text{CH}_3$$

图 4-37　环丙烷和溴化氢反应机理

1. 环丙烷的结构决定其容易被质子化

如图 4-38 所示，环丙烷分子中的碳原子虽然也是 sp^3 杂化，但是三个碳原子所形成的环夹角远远小于 109.5°。虽然三个碳原子的原子核的连线是正三角形，但是每两个碳原子杂化后形成的碳碳键的轨道夹角比 60°大，因此，碳碳键之间的 σ 电子裸露在碳碳原子核连线的环外侧，该结构特征导致环丙烷容易被质子化。

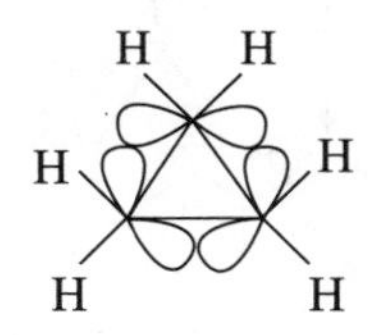

图 4-38　环丙烷的碳碳键模拟图

2. 环丙烷的分子内张力决定其质子化后容易开环生成正碳离子

环丙烷这种环内被压缩的 sp^3 杂化夹角导致其分子内张力较大，在其碳碳 σ 键电子被质子化后，正氢离子的吸电子作用很容易导致三元环开环，开环后形成的正碳离子和溴负离子结合后生成正溴丙烷。

3. 多取代环丙烷烃的开环位置取决于取代基

当环丙烷结构上连有烷基取代基时，三元环的断键开环就有选择性。一般来讲，在取代基最多和取代基最少的碳碳键之间的 σ 键容易断裂开环，以 1,1,2-三甲基环丙烷和溴化氢反应为例，产物为 2-溴-2，3-二甲基丁烷，如图 4-39 所示。

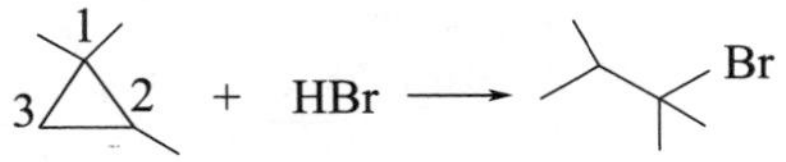

图 4-39　1,1,2-三甲基环丙烷和溴化氢反应

在 1,1,2-三甲基环丙烷分子中，三个甲基作为供电子基团导致三元环中碳碳 σ 键的极化，极化的结果是 3 号碳周围的电子云密度增大而显部分负电荷（图 4-40），正氢离子在酸化该三元环时结合 3 号碳原子，由于 1 号碳上两个甲基的供电子作用比 2 号碳上的单个甲基供电子基作用强，1 号和 3 号碳原子间的 σ 键断裂的可能性最大，环断键后生成的正碳离子结合溴负离子后最终生成了 2-溴-2,3-二甲基丁烷，整个过程如图 4-41 所示。整体看，溴连在取代基较多的碳上，这个结果也符合马氏加成规律。

在教材中把这种马氏加成的结果归因于正碳离子中间体的稳定性。例如 1,1,2-三甲基环丙烷在酸化开环时唯有符合马氏规则的正碳中间体最稳定，如图 4-42 所示。

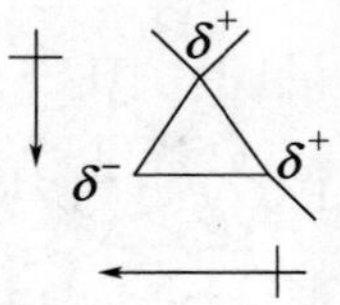

δ+ δ+ δ−

图 4-40　1,1,2-三甲基环丙烷的极化

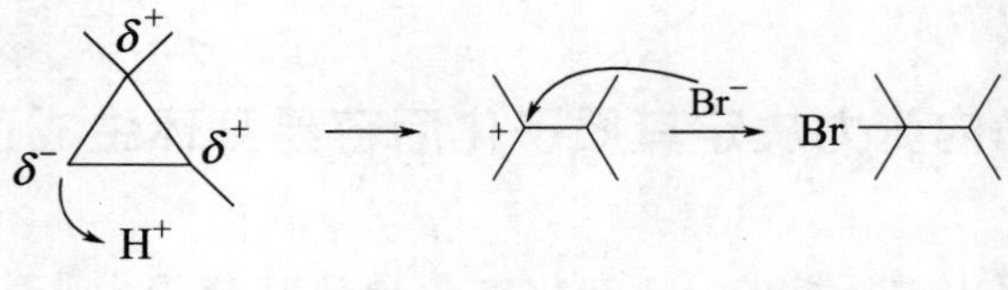

δ+ δ+ δ− H^+ Br^- Br

图 4-41　1,1,2-三甲基环丙烷和溴化氢的反应机理

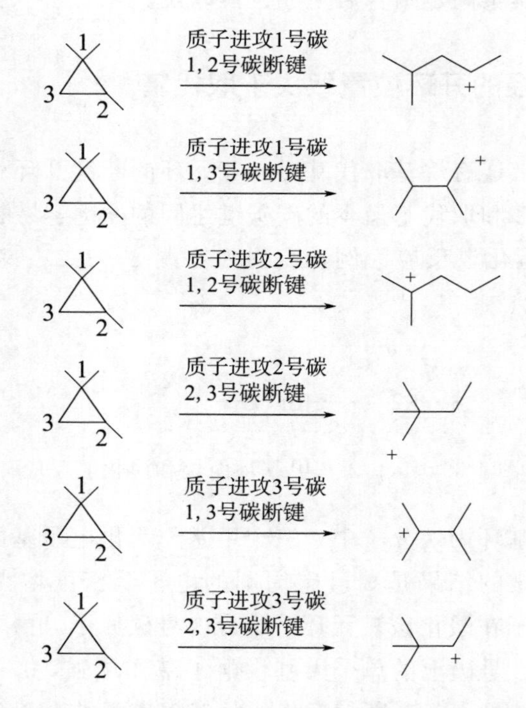

图 4-42　1,1,2-三甲基环丙烷质子化开环后所有的可能正碳中间体

从质子进攻 3 号碳导致 1、3 号 σ 键断裂生成的叔正碳最稳定可以推测出，该断裂方式的活化能最小，因而该反应最容易以 1、3 号 σ 键断裂方式生成最终马氏加成产物。当然，1,1,2-三甲基环丙烷本身结构导致的分子极化也是该反应机理的决定因素之一。由此可知，在烷基取代的三元环开环过程中，热力

学效应和动力学效应的结果一致。

如果环丙烷上连接吸电子基，如硝基环丙烷，因硝基的吸电子作用，质子化在和硝基相连的碳原子上，最终生成反马氏加成产物，如图 4-43 所示。

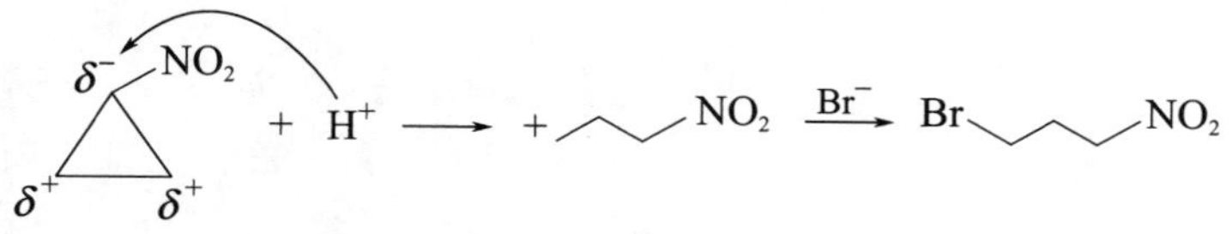

$$\text{(}\delta^-\text{)}C(NO_2)\text{-环丙烷}(\delta^+,\delta^+) + H^+ \longrightarrow {}^+CH_2CH_2CH_2NO_2 \xrightarrow{Br^-} BrCH_2CH_2CH_2NO_2$$

图 4-43　硝基环丙烷的溴化氢加成反应

第五章

单环芳烃

第一节 苯环的亲电取代反应和定位规则

苯环的卤化反应、硝化反应和磺化反应等都属于苯环的（被）亲电取代反应，简称苯环的亲电取代反应，如图 5-1 所示。

$$C_6H_6 + X_2 \xrightarrow{FeCl_3} C_6H_5X + HX \quad X=Br或Cl$$

$$C_6H_6 + HNO_3 \xrightarrow{H_2SO_4} C_6H_5NO_2 + H_2O$$

$$C_6H_6 + H_2SO_4 \longrightarrow C_6H_5SO_3H + H_2O$$

图 5-1 苯环的亲电取代反应（卤化、硝化和磺化反应）

苯环的亲电取代反应事实上是亲电试剂对苯环的加成和消除反应过程，如图 5-2 所示，苯环的亲电取代反应机理经历了带正电荷的亲电试剂对苯环 π 电子的亲电过程。在卤化反应中，卤素分子在三氯化铁的极化作用下生成卤素正离子和四卤合铁负离子；在硝化反应中，硝酸分子在硫酸的质子作用下生成质子化的硝酸分子，该分子在脱除一分子水后形成二氧化氮正离子，整个过程可以看成是浓硫酸脱除硝酸分子中的一个羟基的过程；在磺化反应中，浓硫酸中含有三氧化硫分子，三氧化硫的中心硫原子和其中的一个氧以配位键的形式相连，硫原子带正电荷。卤素正离子、二氧化氮离子和三氧化硫都含有带正电荷的部位，我们可以将这三种部分带正电荷微粒用 E^+ 表示。E^+ 具有一定的亲电性，苯环的 π 电子和 E^+ 结合后生成 π 络合物，在 E^+ 加成苯环的双键后 π 络合物转化为 σ 络合物。在 σ 络合物中，和 E 相连的苯环碳原子转化为 sp^3 杂化，其余五个苯环碳继续以 sp^2 杂化的形式共用五个 π 电子，此时苯环的大共轭结构遭到部分破坏而能量升高，σ 络合物在脱除一个正氢离子后恢复苯环的大共轭形成取代苯。

$$X{-}X + FeCl_3 \longrightarrow X^+ + [XFeCl_3]^- \quad X=Br或Cl$$

$$O{\leftarrow}N(=O){-}O{-}H \xrightarrow{H^+} O{\leftarrow}N(=O){-}O^+(H){-}H \text{ 或 } O{\leftarrow}N^+(OH){-}O{-}H \xrightarrow{-H_2O} O{=}N^+{=}O$$

$$H_2SO_4 \rightleftharpoons O{=}S^+(O^-){=}O + H_2O$$

$$E^+=X^+或O{=}N^+{=}O 或O{=}S^+(O^-){=}O$$

$$苯 + E^+ \longrightarrow \pi络合物 \longrightarrow \sigma络合物 \longrightarrow 苯{-}E$$

图 5-2 苯环的亲电取代反应机理

1. 生成带正电荷的中间体是苯环发生亲电取代反应的前提

在苯环的卤化反应中，催化剂三氯化铁的作用是极化卤素单质形成卤素正离子。从“能够接收电子的物质都是酸”的路易斯酸碱理论出发，所有的路易斯酸都能接收卤素负离子从而极化卤素单质，因此，三氯化铝、氯化铜等常见路易斯酸都能催化苯环的卤代反应。在如 DMF（*N*,*N*-二甲基甲酰胺）或 DMSO（二甲基亚砜）等强的非质子性溶剂中，卤素也容易被溶剂极化出卤素正离子，因此，在无催化剂的条件下，苯环在 DMSO 溶液中也能够和氯气发生反应生成氯苯。与三氯化铁催化剂相比，三氯化铁分子和极化出的卤素负离子结合生成四卤代络合物，一定程度上相当于使卤素单质极化出的负离子脱离体系，根据勒夏特列原理（Le Chatelier's principle），反应向正向移动；相反，在极性非质子性溶剂中，虽然溶剂能够极化出卤素正离子，但是卤素负离子并未脱离出体系，由此可以理解，能够较好的催化苯环卤化反应的催化剂是和卤素负离子有较强结合性的微粒。例如，硝酸银能够高效催化苯环的卤化反应，如图 5-3 所示。

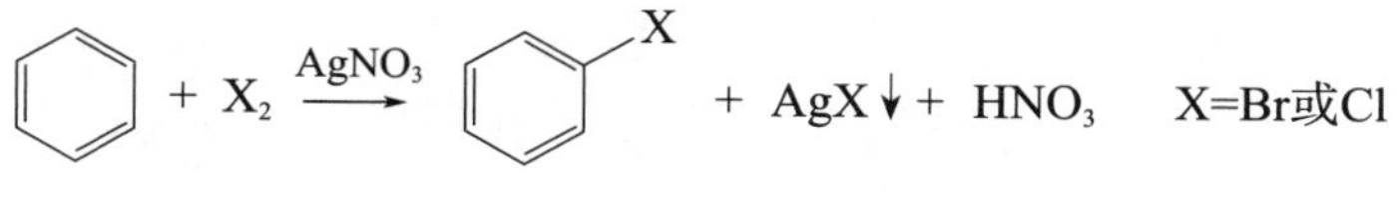

$$C_6H_6 + X_2 \xrightarrow{AgNO_3} C_6H_5X + AgX\downarrow + HNO_3 \quad X=Br或Cl$$

图 5-3　硝酸银催化苯环的卤化反应

在苯环的磺化反应中，对苯环亲电加成的是三氧化硫分子，该分子通过带部分正电荷的硫对苯环进行亲电加成，同时与硫相连的带部分负电的氧原子对苯环起到一定的电斥作用，因此与卤化反应相比，苯环的磺化反应较为困难。磺化反应是可逆反应。

2. 苯环亲电反应的活化能相对较高

在苯环的亲电取代过程中，因为经历了苯环大共轭体系被破坏形成 σ 络合物的过程，因此活化能较高，一般情况下，苯环的亲电取代反应都需要加热。

3. 苯环亲电取代反应的定位效应

当苯环上有取代基时，继续发生亲电取代反应生成多取代产物时新的取代基取代苯环的位置决定于已有取代基。如图 5-4 所示，甲苯硝化时主要生成邻硝基甲苯和对硝基甲苯，而硝基苯硝化时主要生成间二硝基苯。

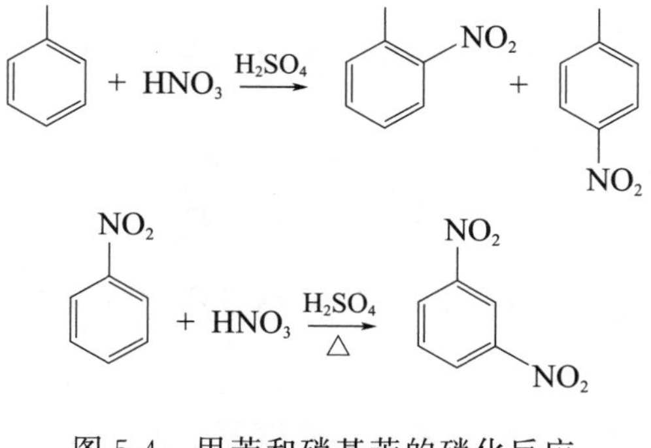

$$C_6H_5CH_3 + HNO_3 \xrightarrow{H_2SO_4} o\text{-}CH_3C_6H_4NO_2 + p\text{-}CH_3C_6H_4NO_2$$

$$C_6H_5NO_2 + HNO_3 \xrightarrow[\triangle]{H_2SO_4} m\text{-}C_6H_4(NO_2)_2$$

图 5-4　甲苯和硝基苯的硝化反应

大多数教材对于定位效应是通过中间体的稳定性决定反应活化能高低进而决定产物的类型（热力学控制过程）来解释的，如图 5-5 所示，甲苯在硝化时二氧化氮正离子可以在甲基的邻位、间位或者对位加成形成 σ 络合物，根据双键的共振情况，每种加成位置都有三个共振结构，其中邻位加成和对位加成中间体的共振结构中都含有一个正电荷和供电子的甲基直接相连的结构，该结构因供电子的甲基对正电荷的 σ-p 共轭而更稳定。因此，二氧化氮正离子亲核取代甲苯的邻位或对位活化能较低导致甲苯的硝化反应主要在邻、对位发生。

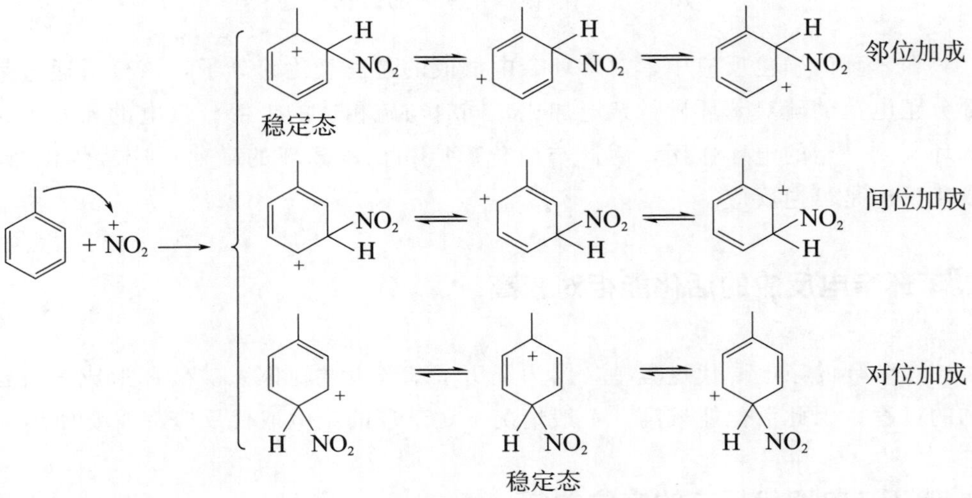

图 5-5 甲苯硝化过程中的三种加成（即 σ 络合物形成）方式

如图 5-6 所示，在硝基苯的硝化反应中，二氧化氮正离子如果进攻硝基的邻位或者对位，在所形成的 σ 络合物中间体的共振结构中都含有一个正电荷和吸电子的硝基直接相连的结构，该结构在所有的共振结构中能量最高；如果二氧化氮正离子进攻硝基的间位，在所形成的 σ 络合物中间体的共振结构中，碳正离子都远离吸电子的硝基，因此，硝基苯硝化时生成间二硝基苯的活化能最低，故硝基是间位定位基。

在该解释过程中用到了苯环上双键的共振结构，根据鲍林的苯环共振轮，苯环上不存在所谓的碳碳双键和碳碳单键，苯环上所有的碳碳键长都相等，它们既不是单键也不是双键。因此苯环的结构可以用六边形加一个圈（ 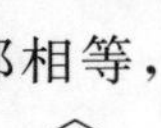 ）表示。基于这个背景知识，硝基苯的硝化过程中，在所谓的最不稳定态的共振结构中，正电荷并不是集中在和硝基相连的碳原子上，被加成的碳原子之外的其他五个碳原子还是一个大的共轭体系，因此苯环的定位效应运用双键的共振结构来解释就显得存在一定的漏洞。

有的教材运用取代苯环的本身结构来解释官能团的定位效应。如图 5-7 所示，在甲苯中，因甲基的供电子作用，在外加能量作用下，和甲基相连的双键极化为碳正电荷和碳负电荷，碳负电荷因和其他双键的共轭而能够重排到甲基

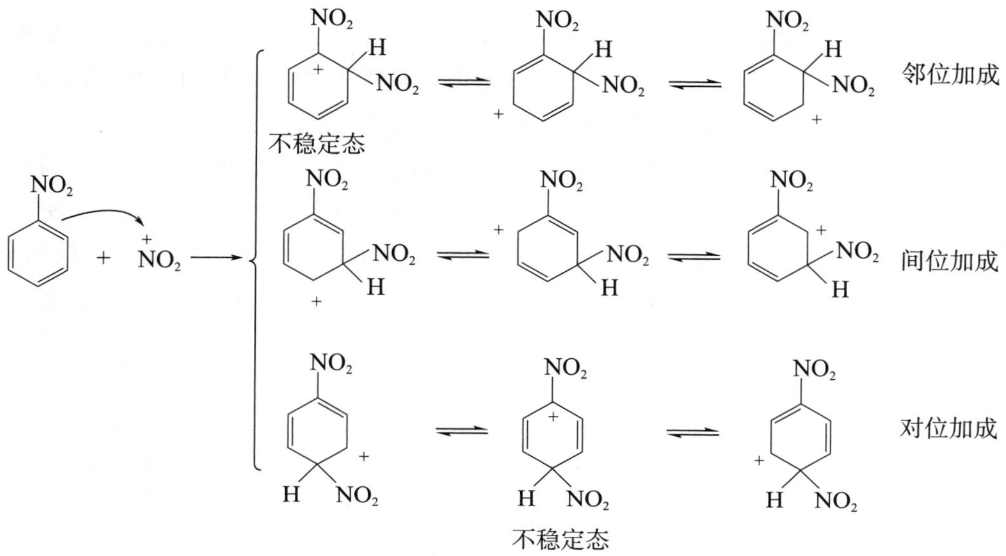

图 5-6 硝基苯硝化过程中的三种加成（σ络合物的形成）方式

的对位和另一个邻位，总体上看，因为甲基的供电子作用使得极化的碳负电荷主要集中在甲基的邻位和对位碳上；相反，在硝基苯中，硝基的极化作用使得和硝基相连的双键极化为和硝基相连的碳带负电荷，硝基的邻位碳带正电荷，碳的正电荷可以通过双键的共轭重排到硝基的对位和另一个邻位碳上。综合来看，甲苯中甲基的邻对位负电荷密度相对较大，硝基苯中硝基的间位负电荷密度相对较大。因此，在苯环的亲电取代反应中，甲基是苯环的邻对位定位基；硝基是苯环的间位定位基。

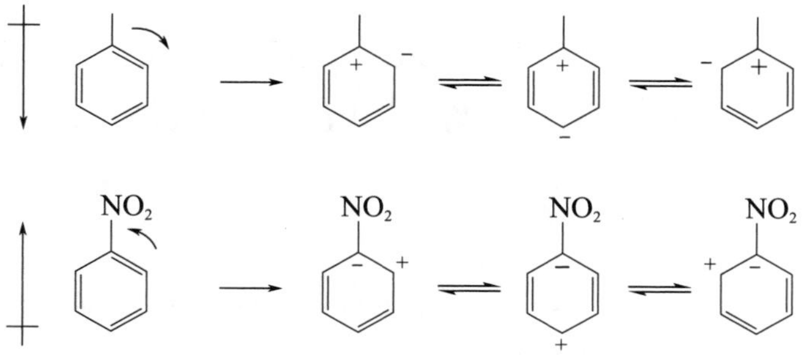

图 5-7 甲苯和硝基苯的共振结构

该解释也运用到了苯环的双键重排而显得有一定漏洞。

结合以上对苯环亲电取代机理的解释，我们应该从甲苯和硝基苯本身的结构进行思考。如图 5-8 所示，在甲苯中，甲基的供电子作用导致苯环上的电子整体向甲基最远端的苯环碳周围排斥，因此甲基对位的碳带负电荷而与甲基相连的苯环碳带一定正电荷，在大共轭体系内，从甲基相连的碳到甲基邻位碳、甲基间位碳到甲基的对位碳的电子云密度不应该是逐渐增加的过程，其电子云的分布应该满足波的形式，即甲基间位碳周围的电子云密度低而邻位碳周围电子云密度相对较高；硝基苯中因为硝基的吸电子作用而导致苯环上电子云密度规律和甲苯相反。综合来看，甲苯中甲基的邻位和对位电子云密度相对较高，硝基苯中硝基的间位电子云密度相对较高，因此，甲基是苯环的邻对位定位基，硝基是苯环的间位定位基。

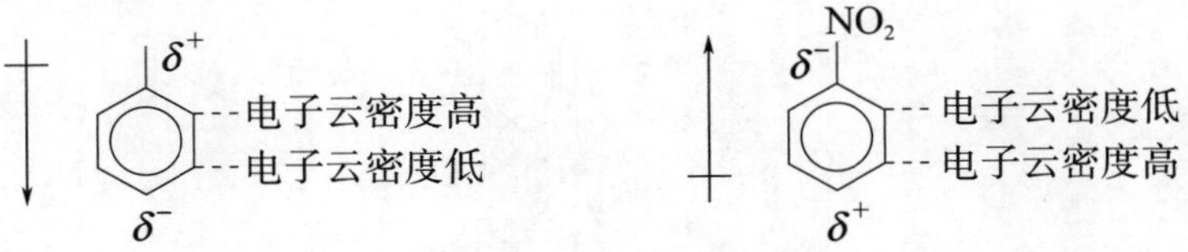

图 5-8 甲苯和硝基苯的结构分析

化学是一门以实验为基础的学科，已有供电子基和吸电子基对苯环亲电取代反应的位置的规律是实验事实，如果在解释其规律时遇到和之前的知识产生前后矛盾，应该从新的角度理解和解释该实验事实。

需要说明的是，作为苯环的取代基，硝基是吸电子基而甲基是供电子基，硝基苯的苯环上电子云密度远远小于甲苯中苯环的电子云密度，故硝基苯的硝化反应条件比甲苯硝化反应的条件要苛刻。

第二节 傅-克烷基化反应

芳烃和卤代烷在无水三氯化铝作用下可以生成烷基取代的芳烃，该反应称为傅-克烷基化反应，如图 5-9 所示。

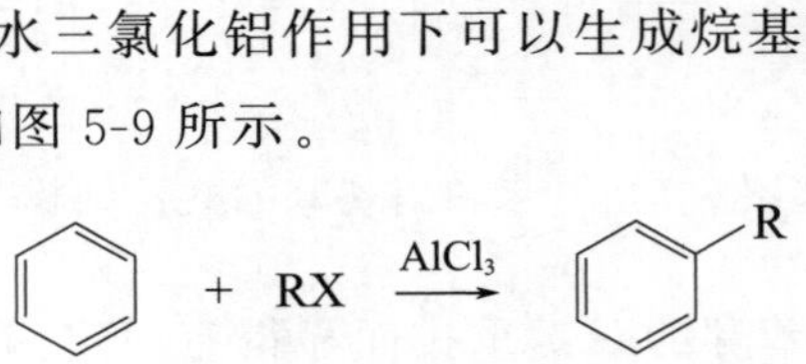

图 5-9 苯的傅-克烷基化反应

该反应的机理公认经历了正碳对苯环的亲电取代过程。如图 5-10 所示，卤代烃首先在三氯化铝作用下生成烷基正碳，烷基正碳和苯环发生亲电加成-消除反应得到烷基苯。

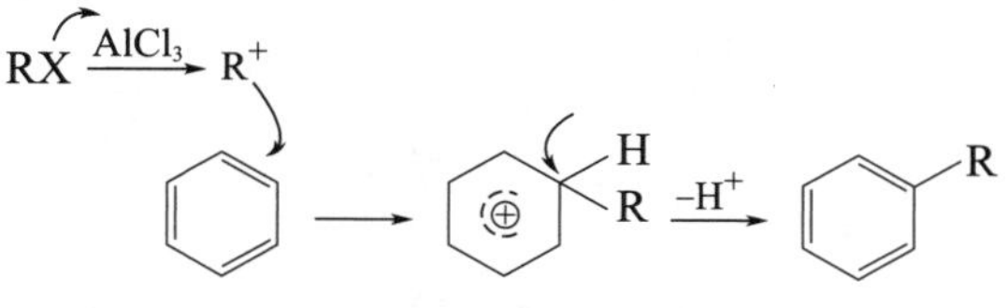

$$RX \xrightarrow{AlCl_3} R^+$$

图 5-10　苯的傅-克烷基化反应的机理

1. 只要能够拔除卤代烃的卤离子形成正碳的物质都可以作傅-克烷基化反应的催化剂

傅-克烷基化反应的第一步是在三氯化铝的作用下卤代烃脱除卤素负离子形成正碳，三氯化铝的铝离子接受脱除下来的卤素负离子形成四卤合铝负离子的络合物。常见的路易斯酸都对卤素负离子有一定的亲电作用而具有一定的傅-克反应催化活性，如氯化铁、氯化锌等都是傅-克烷基化反应的常见催化剂。

如图 5-11，在卤代烃分子中，因为卤素较强的吸电子作用，碳卤间的 σ 键电子偏向于卤素而远离碳原子，卤素带有一定的负电荷而相邻的碳原子带一定的正电荷，活性质子遇到卤代烃时因正负电荷的吸引也能脱除卤化氢生成正碳离子，因此，常见的无机酸也能催化傅-克烷基化反应。

$$\underset{\delta^+}{R}-\underset{\delta^-}{X} + H^+ \longrightarrow R^+ + HX$$

图 5-11　无机酸催化卤代烃生成正碳离子

在高温情况下，极化的碳卤 σ 键可获得能量而异裂，此时生成正碳离子和卤素负离子，因此，在不加催化剂的情况下，卤代烃和苯环在高温条件下也能发生傅-克烷基化反应。

2. 傅-克烷基化反应历程中可能发生正碳中间体的重排

傅-克烷基化反应经历了正碳离子中间体生成的过程，不稳定的正碳离子很容易重排为相对较为稳定的正碳离子，因此，在傅-克烷基化反应中经常得到烷基重排后的产物。如图 5-12 所示，正常条件下，正溴丙烷和苯环的傅-克烷基化反应的产物是异丙苯。在反应过程中产生的正丙基正碳因正电荷和邻位的碳氢 σ 键间的 p-σ 共轭而导致邻位负氢的重排产生较为稳定的异丙基仲正碳，重排过程如图 5-13 所示。

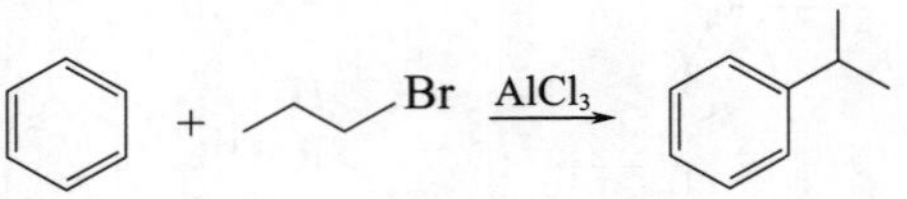

图 5-12　溴代正丙烷的傅-克烷基化反应

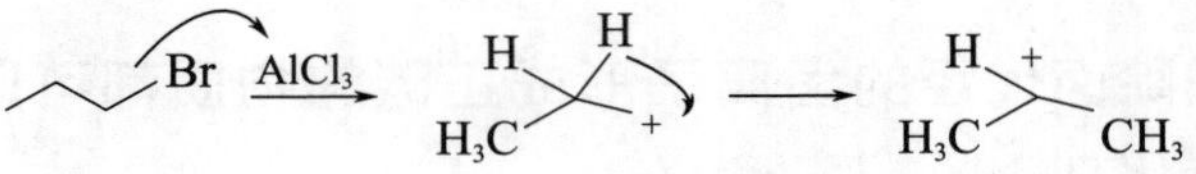

图 5-13　正丙基正碳的重排过程

3. 凡是能够生成正碳的条件都能发生傅-克烷基化反应

乙醇在酸的催化下也能够生成正碳。如图 5-14 所示，在醇分子中，因氧比与其相连的碳原子和氢原子的电负性都大，因此氧带部分负电荷，在质子酸或者路易斯酸（如金属阳离子）作用下脱除羟基形成烷基正碳，烷基正碳和苯环继续反应生成傅-克烷基化产物。

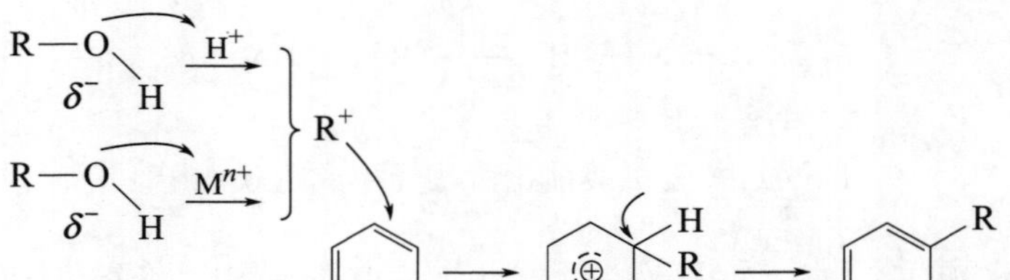

图 5-14　醇的傅-克烷基化反应

烯烃因其 π 电子的亲核性，在质子酸或者路易斯酸（如金属阳离子）作用下也可以生成正碳离子，因此，烯烃也可以发生傅-克烷基化反应，如图 5-15 所示。烯烃如果连有烷基等供电子基团时，在共轭效应作用下，烯烃极化为一端带部分正电荷另一端带负电荷，在质子酸或者正价金属（路易斯酸）的亲电进攻下，烯烃 π 键断键形成正碳离子，该正碳离子继续和苯环反应生成傅-克烷基化产物。

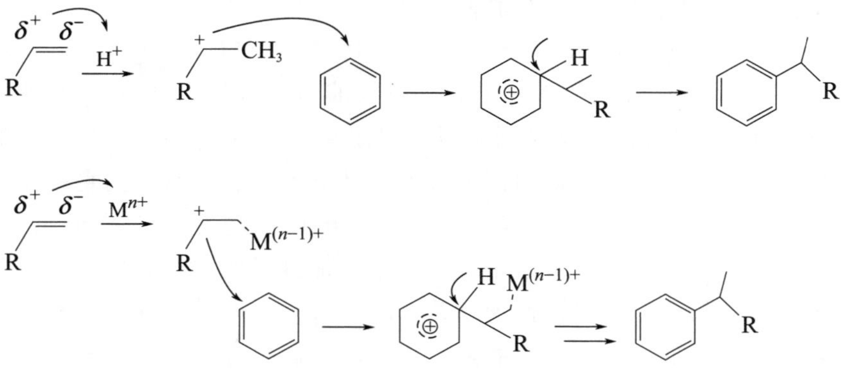

图 5-15　烯烃的傅-克烷基化反应

第三节　傅-克酰基化反应

芳烃在三氯化铝作用下能够和酰卤反应生成芳酮，该反应称为傅-克酰基化反应，如图 5-16 所示。

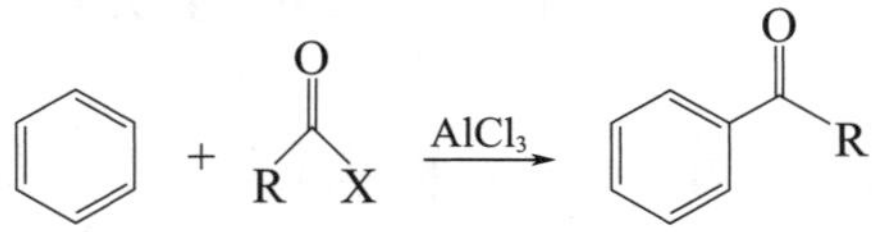

图 5-16　傅-克酰基化反应

如图 5-17，该反应的机理是在三氯化铝作用下酰卤首先生成酰基正碳，该正碳对苯环的亲电加成-消除反应后生成芳酮。

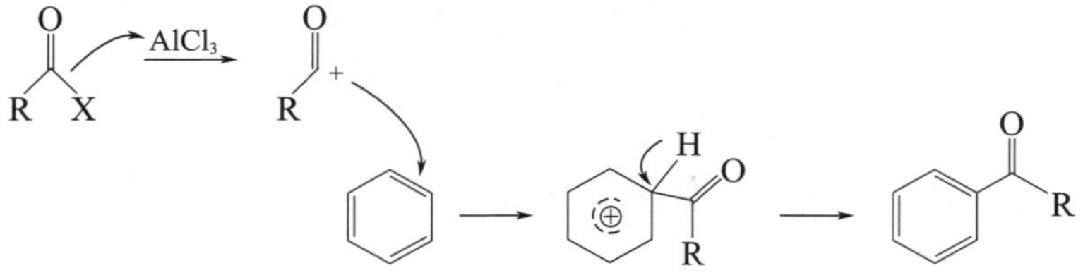

图 5-17　傅-克酰基化反应的机理

1. 常见的酸都可以催化傅-克酰基化反应

作为傅-克酰基化反应的常见原料，酰卤非常不稳定，如图 5-18 所示，卤素原子电负性比与其相连的碳原子的电负性强，在羰基结构中，氧原子的电负性也比相连的碳原子强。卤素和作为常见的吸电子官能团的羰基直接相连在一起，当卤素原子是氯、溴或者碘时，其原子半径比与其相连的碳原子要大，氯、溴和碘原子 p 轨道上的电子难以和羰基的 π 键形成共轭，因此，酰氯、酰溴和酰碘稳定性较差；当然，作为酰氟，因氟原子的半径和碳原子相近，氟原子和羰基之间可以形成较为稳定的 p-π 共轭，酰氟的这种稳定性导致其难以发生傅-克酰基化反应。

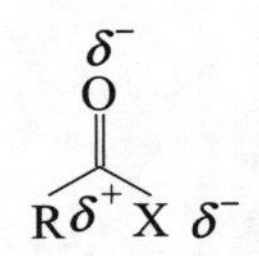

图 5 1-8 酰卤分子结构

结构不稳定的酰卤在酸的作用下可以脱除卤素负离子而形成羰基正碳，而酸的作用就是对酰卤中卤素的亲电作用，因此，常见的质子酸和路易斯酸都可以催化傅-克酰基化反应。

2. 凡是能生成羰基正碳的过程都可以生成傅-克酰基化反应产物

酰卤在脱除一个卤素负离子后形成羰基正碳，在酸作用下，羧酸、酯和酸酐都可以形成羰基正碳，因此，羧酸、酯和酸酐都能发生傅-克酰基化反应。如图 5-19 所示。

无论在酯还是在羧酸或酸酐分子中，因碳氧双键 π 电子比其他 σ 键易极化的特点导致羰基氧上的电子云密度偏大而带有一定的负电荷，在酸的作用下，三种分子都能产生正碳中间体，正碳中间体在脱除部分结构后生成羰基正碳离子，羰基正碳离子和苯环反应后生成傅-克酰基化产物。

3. 傅-克酰基化反应一般没有重排产物

在傅-克酰基化反应中，中间体是羰基正碳，该正碳因结构原因很少发生

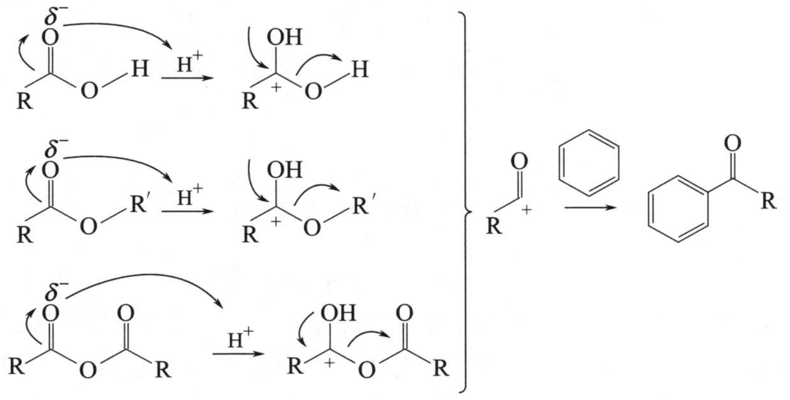

图 5-19　羧酸、酯和酸酐的傅-克酰基化反应

重排反应。如图 5-20 所示，羰基所形成的正碳位于羰基碳的一个 sp^2 杂化轨道上，该轨道位于羰基平面上，该正碳和羰基的烷基取代基分别位于双键同侧的两边，烷基上的碳氢 σ 键难以和羰基正碳产生重叠而导致无法迁移。

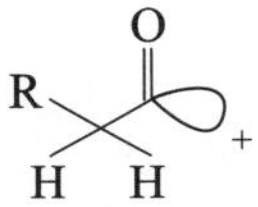

图 5-20　羰基正碳离子

第四节　瑞默-替曼（Reimer-Tiemann）反应

具有活性取代基的苯和氯仿在强碱水溶液中加热能生成芳醛，该反应是瑞默-替曼（Reimer-Tiemann）反应。苯酚是常见的瑞默-替曼反应的底物，如图 5-21 所示。

苯酚的瑞默-替曼反应机理见图 5-22，氯仿分子中三个氯原子的强吸电子作用导致与碳相连的氢具有一定的酸性，在碱的作用下，氯仿易转化为三氯甲基负离子，三氯甲基负离子中的一个氯成功夺取电子转化为氯负离子后剩下一个连接有两个氯原子的不带电荷的碳，在这个二氯化碳中间体中，碳原子的最

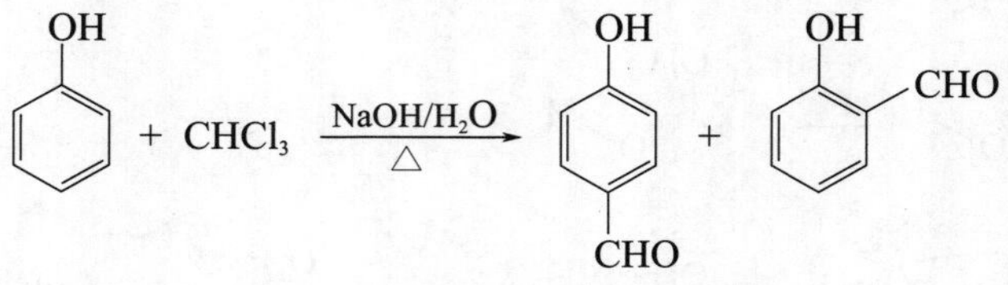

图 5-21　苯酚的瑞默-替曼反应

外层电子只有 6 个，这个物质被称为二氯卡宾。苯酚在碱性情况下生成酚氧负离子，氧负离子的供电子作用导致氧的邻对位电子云的密度较大，缺电子的卡宾对苯环上氧的邻位或者对位进行亲电取代反应后生成邻位/对位带有二氯甲基的苯酚，二氯甲基苯酚在碱性情况下水解为二醇，两个连在同一个碳上的羟基脱除一分子水后生成醛基。

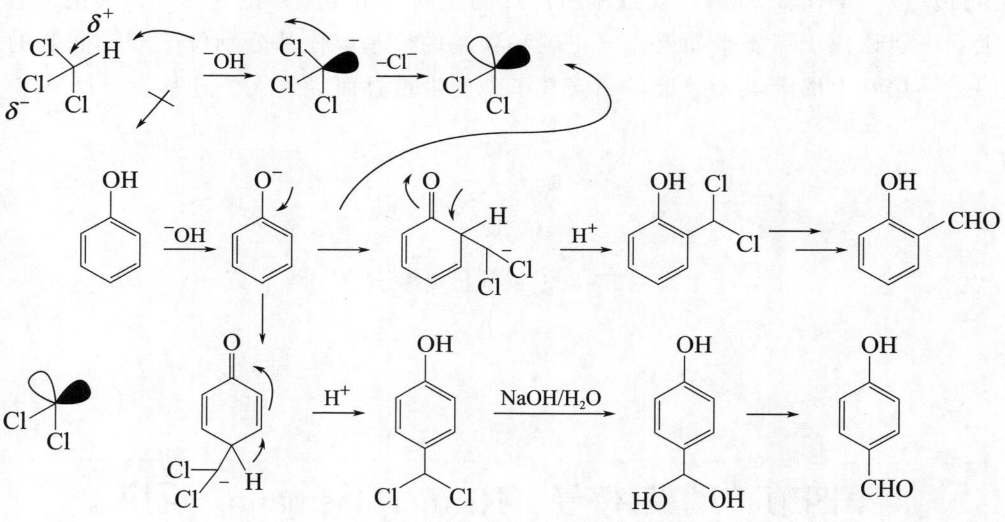

图 5-22　苯酚的瑞默-替曼反应机理

1. 氯仿中氯的电负性是不稳定的二氯卡宾形成的原因

氯仿分子中，氯原子的半径比碳原子大很多，氯原子的电负性又比碳原子大很多，三个体积庞大的氯原子和中心碳原子同时形成极性 σ 键，在位阻和电负性的作用下，氯仿的碳氢键的酸性比较强，在氢氧化钠作用下，氯仿转化为三氯甲基负碳，在带负电荷的碳原子周围，三个氯原子的强吸电子作用导致其中一个碳氯 σ 键异裂为氯负离子和正碳离子，正电荷和负电荷同时集中在中心碳原子时电荷抵消，但是碳的最外围电子数仅为 6。因此，二氯卡宾是缺电子的中性基团。

2. 二氯卡宾作为缺电子体系和苯环的亲电取代反应类似于傅-克烷基化反应

二氯卡宾作为缺电子体系能够对苯环进行亲电反应，如果把二氯卡宾看成同时带正电荷和负电荷的离子时，其用正电荷部位和苯环的反应就类似于傅-克烷基化反应。二氯卡宾的结构如图 5-23 所示。

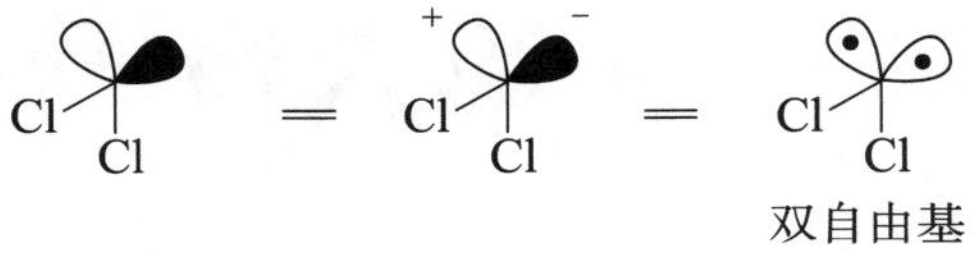

双自由基

图 5-23　二氯卡宾的结构

3. 连在同一个碳上的两个羟基不稳定的原因是由氧的电负性较大造成的

在反应过程中会产生两个羟基连在同一个碳原子上的中间体（谐二羟基），如图 5-24 所示，谐二羟基拥有一个同一个碳原子上连有两个较强电负性的氧原子的不稳定结构，在其中一个羟基脱除掉一个质子后形成氧负离子，氧负离子在羟基的诱导下形成碳氧双键进而脱除一个羟基形成较为稳定的醛。

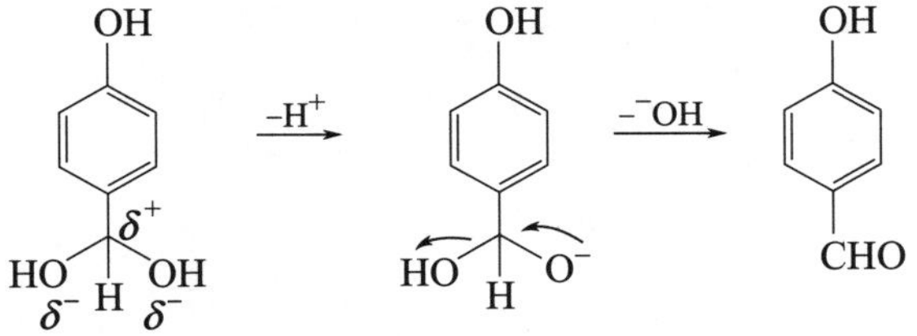

图 5-24　谐二羟基的脱水过程

第六章

卤代烃

第一节 卤代烃的亲核取代反应

卤代烃分子中卤素被别的亲核试剂取代形成新的官能团的反应称为卤代烃的（被）亲核取代反应，如图 6-1 所示。因绝大多数卤代烃的取代反应都是（被）亲核取代机理，因此卤代烃的（被）亲核取代反应简称为卤代烃的取代反应。

$$R—X+Nu^- \longrightarrow R—Nu+X^-$$

图 6-1 卤代烃的亲核取代反应

图 6-1 中 Nu^- 是亲核试剂，如 ^-OH、^-CN、S^{2-} 等常见带负电荷的离子和 NH_3 等具有孤对电子的分子都可以取代卤代烃中的卤素，如图 6-2 所示。

$$R—X+{}^-OH \longrightarrow R—OH+X^-$$
$$R—X+{}^-CN \longrightarrow R—CN+X^-$$
$$R—X+S^{2-} \longrightarrow R—S—R+X^-$$
$$R—X+NH_3 \longrightarrow R—NH_2+NH_4X$$

图 6-2 卤代烃的常见取代反应

卤代烃亲核取代反应的机理分为单分子亲核取代反应（S_N1）和双分子亲核取代反应（S_N2）两种机理，分别如图 6-3（S_N1）和图 6-4（S_N2）所示。

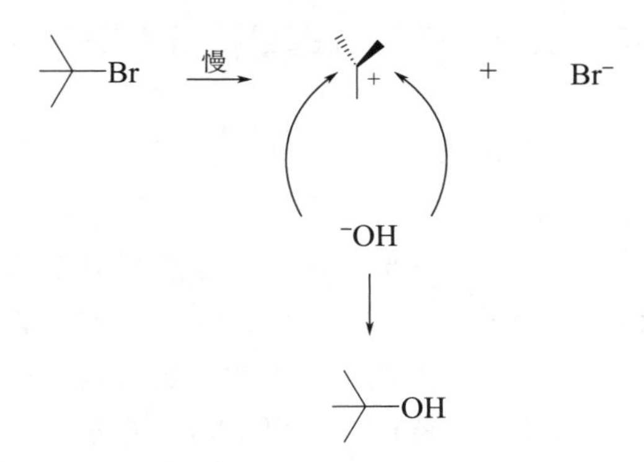

图 6-3 叔丁基溴水解的 S_N1 机理

$$^{-}OH + H_3C^{\delta^+}\!-\!Br^{\delta^-} \longrightarrow CH_3OH + Br^-$$

图 6-4 一溴甲烷水解的 S_N2 机理

1. 卤代烃分子中卤素的电负性较强决定了卤代烃可以发生亲核取代反应

在卤代烃分子中，卤素原子和碳原子直接以 σ 键相连，卤素原子的电负性比碳原子强，因此两个原子间 σ 键的电子云靠近卤素而远离碳原子，这种极化作用导致卤代烃分子中卤素原子带部分负电荷而碳原子带部分正电荷，相应地，因为碳原子的电负性和相连的氢原子电负性接近，当碳原子带部分正电荷时，碳原子会吸引自己周围的碳氢和碳碳 σ 键的电子云向自己靠近，因此这种正电荷会传递到稍远的碳或者氢原子上，当然，离卤素原子越远的地方正电荷越少，如图 6-5 所示。

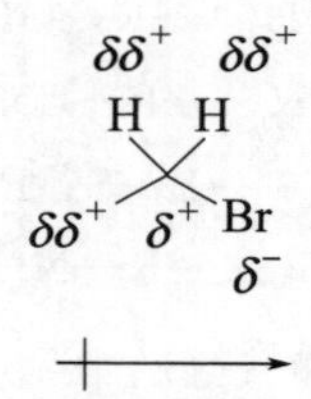

图 6-5 溴乙烷分子的极化示意图

2. 卤代烃的亲核取代反应的两种机理是极端情况下的两种反应路径

在 S_N1 反应机理中，卤代烃先分解为正碳离子和卤素负离子，相应地，底物中与卤素相连的碳原子由 sp^3 杂化转变为 sp^2 杂化，亲核试剂可以在正碳原子及其相连的原子所构成的平面两侧分别亲核进攻形成新的化学键，因此，如果卤代烃中与卤素相连的碳有手性时，经历 S_N1 反应机理后，产物是外消旋的。在 S_N2 反应机理中，亲核试剂进攻与卤素相连的碳原子，因卤代烃上卤素带有一定量的负电荷，因此，亲核试剂在卤素相反的方向亲核进攻，与碳原子相连的其余三个 σ 键在亲核试剂的排斥下翻转，新形成的化合物上与中心碳原子相连的未发生化学反应的三个化学键的空间构型相应地发生了变化。这种翻转称为瓦尔登翻转。

在 S_N1 反应机理中，卤素原子和中心碳原子之间化学键的断裂需要一定的能量（活化能），在外界提供能量下，亲核试剂和中心碳原子没有理由不发生碰撞从而引发 S_N2 反应机理；相应地，在 S_N2 反应机理过程中，亲核试剂进攻中心碳原子时也需要一定的能量（活化能），在能量作用下，碳卤间的 σ 键没有理由不继续极化并断键从而引发 S_N1 反应机理。因此，在亲核取代反应过程中，很少有100％的单纯经历 S_N1 反应机理或 S_N2 反应机理的亲核取代反应过程。在这两种反应历程的讨论中，我们只能比较底物分别发生两种反应历程的可能性。例如，在叔丁基溴分子中，因其与中心碳原子相连的三个甲基和溴之间的排斥（原因1），碳溴之间 σ 键断裂后形成的叔丁基正碳因 σ-p 共轭而相对有一定的稳定性（原因2），亲核试剂在进攻中心碳原子引发 S_N2 反应机理时因三个甲基的立体位阻而显得困难（原因3），因此，叔丁基溴分子在水解时经历 S_N1 反应比经历 S_N2 反应的活化能低，叔丁基溴水解时主要经历 S_N1 反应历程。

3. 瓦尔登翻转不一定意味 *R*/*S* 构型的转化

瓦尔登翻转仅仅是指在卤代烃亲核取代过程的 S_N2 反应机理中与中心碳原子相连的未发生化学反应的三个 σ 键经历了翻转的过程，虽然该过程反应前后底物的 *R*/*S* 构型经常转化，但是并不意味手性卤代烃在经历瓦尔登翻转后构型必然翻转。如图6-6所示，*S* 构型的3-溴-3-苯基己烷和甲基负离子反应时经历瓦尔登翻转后还是 *S* 构型，产物为（*S*）-3-甲基-3-苯基己烷。

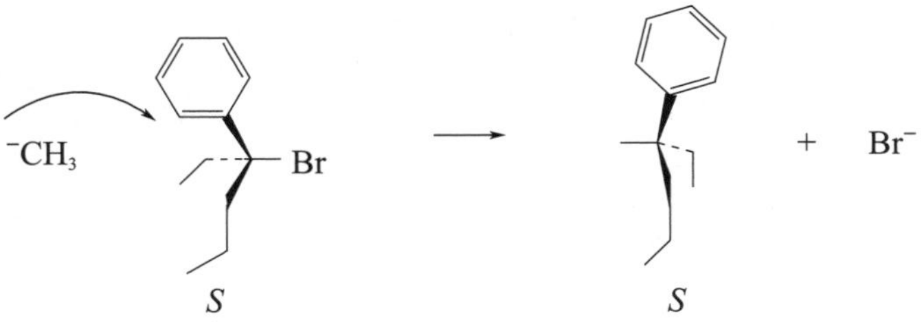

图6-6　3-溴-3-苯基己烷的瓦尔登翻转

4. S_N2 机理是一种简化了的反应过程

在 S_N2 反应机理过程中，亲核试剂进攻中心碳原子时，亲核试剂和与碳原子相连的带部分正电荷的氢原子的反应不可忽略，如果亲核试剂作为碱和与中心碳原子相连的氢发生了化学反应，如图 6-7 所示，氢氧根可以首先和一溴甲烷中带部分正电荷的氢原子发生反应生成溴甲基负碳离子，溴甲基负碳在溴的较强电负性作用下断裂碳溴化学键形成不带电荷的卡宾中间体，卡宾中间体中心碳原子最外层只有六个电子，因此，氢氧根很容易亲核进攻卡宾形成甲醇负碳离子，甲醇负碳离子结合水中的质子后转化为甲醇。综合反应前后，溴离子在氢氧根的作用下离去并被取代，因此，S_N2 反应机理过程是一种简化了的反应历程。

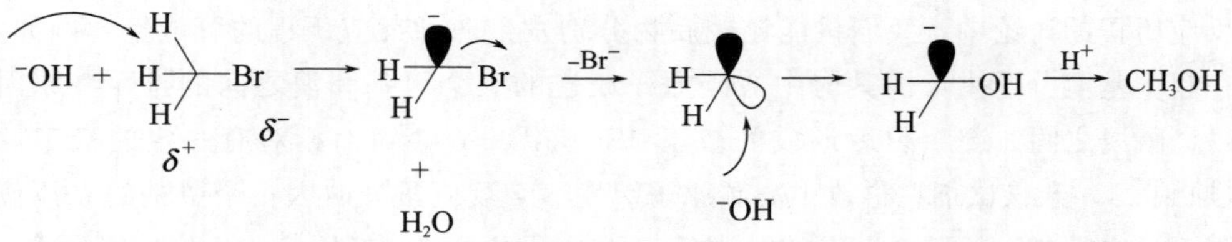

图 6-7 溴甲烷水解时的卡宾历程

第二节 卤代烃的消除反应

卤代烃在碱的作用下除了能反应生成亲核取代产物外，还能够脱除卤化氢生成烯烃，这种反应被称为卤代烃的消除反应，如图 6-8 所示。

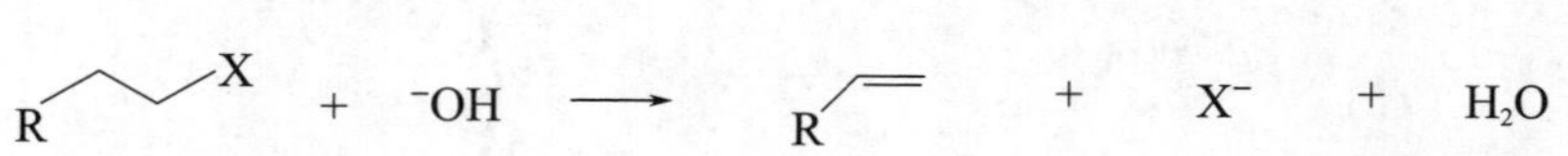

图 6-8 卤代烃的消除反应

卤代烃的消除反应机理分为单分子消除反应（E1）和双分子消除反应（E2）两种机理，如图 6-9（E1）和图 6-10（E2）所示。

1. 卤代烃分子中卤素较强的电负性决定了卤代烃可以发生消除反应

卤代烃分子中，卤素原子和碳原子直接以 σ 键相连，卤素原子的电负性比

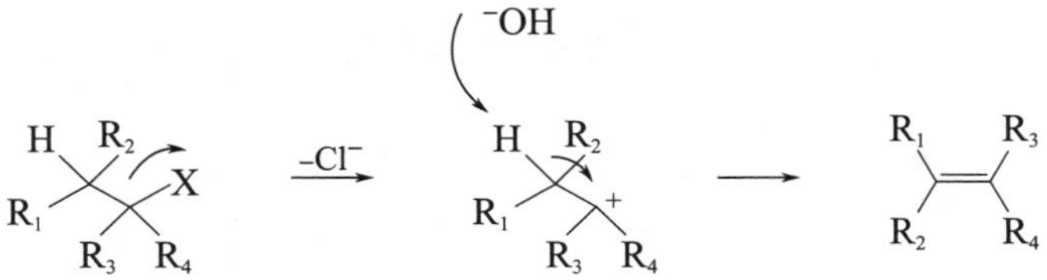

图 6-9　卤代烃的单分子消除反应（E1）机理

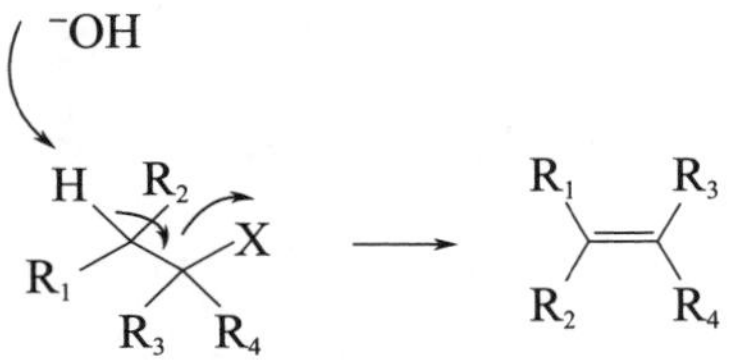

图 6-10　卤代烃的双分子消除反应（E2）机理

碳原子强，因此两个原子间 σ 键的电子云靠近卤素而远离碳原子，这种极化作用导致卤代烃分子中卤素原子带部分负电荷而碳原子带部分正电荷，相应地，因为碳原子的电负性和相连的氢原子电负性接近，当碳原子带部分正电荷时，碳原子会吸引自己周围的碳氢和碳碳 σ 键的电子云向自己靠近，因此这种正电荷会传递到稍远的碳或者氢原子上，当然，离卤素原子越远的地方正电荷量越小，因此，氢氧根进攻卤素的 β 位氢生成烯键是可能的。氢氧根亲核进攻发生在碳卤键断裂后的是 E1 机理，氢氧根亲核进攻发生在碳卤键断裂前的进攻是 E2 机理。需要说明的是，在 E1 机理中，氢氧根和正碳直接结合就生成醇，排除位阻作用，氢氧根对正碳的亲核性比和正碳 α 位氢的亲核性强；在 E2 机理中，氢氧根直接进攻和卤素相连的碳也直接生成醇，排除位阻效应，氢氧根对与卤素相连的碳的亲核性比卤素 β 位氢的亲核性强，因此，消除反应最主要的副产物就是取代产物。

2. 卤代烃的消除反应机理是极端情况下的两种反应路径

排除取代反应的干扰，卤代烃的消除反应往往同时进行 E1 和 E2 两种机理。单纯经历一个反应机理的消除反应非常罕见。如图 6-11 所示，在卤代烃中，卤素的离去会产生相应的正碳，正碳中心正电荷的吸电子性会促进正碳邻位的碳氢键断裂，同样，如果氢氧根直接进攻卤素 β 位的氢原子时会生成负碳，该负碳的亲核性会促进邻位碳氢键断裂，因此，正常情况下，氢氧根对 β

位氢原子的进攻和碳卤键的断裂是互相促进的，真实的情况可能是反应经历了图 6-11 中过渡态的过程，E1 和 E2 两种机理是卤代烃消除反应的两种极端机理。

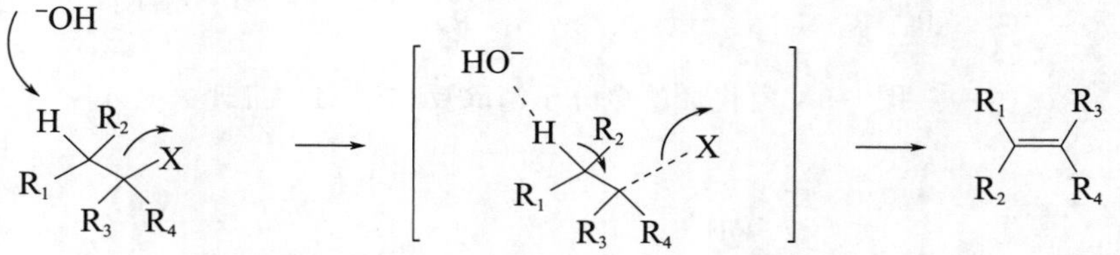

图 6-11 简化的消除反应可能的真实过程

3. E2 机理是一种简化了的反应过程

除了特殊情况（见图 6-12）外，若和卤素相连的碳上有氢原子时，氢氧根进攻酸性较弱的 β 位氢而不和 α 位氢反应的可能性不大。如图 6-13 所示，氢氧根首先进攻酸性较强的与卤素相连在同一个碳原子上的氢原子生成负碳，负碳的排电子性导致与其相连的碳卤键断裂生成卡宾中间体（卤素的电负性较强也是断键因素之一），卡宾中心碳原子因其最外层只有 6 个电子而具有较强的亲电性，卡宾碳吸引相邻碳原子上的碳氢键（σ-p 共轭）导致卡宾离子脱除氢离子后形成烯烃负碳，烯烃负碳接受水中的氢离子后生成乙烯。这个过程可以简化为氢氧根直接进攻卤素的 β 位氢的 E2 机理过程。

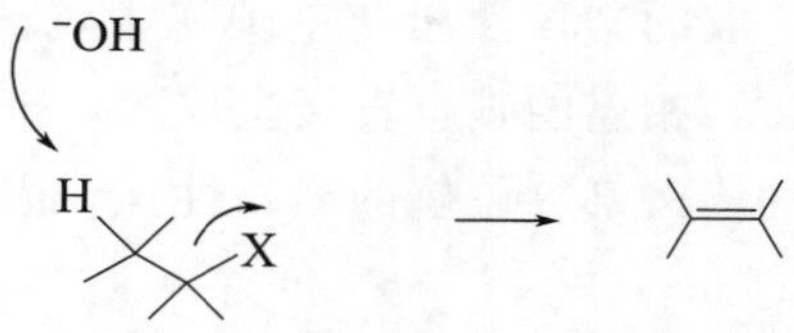

图 6-12 2,3-二甲基-2-卤丁烷的消除反应机理

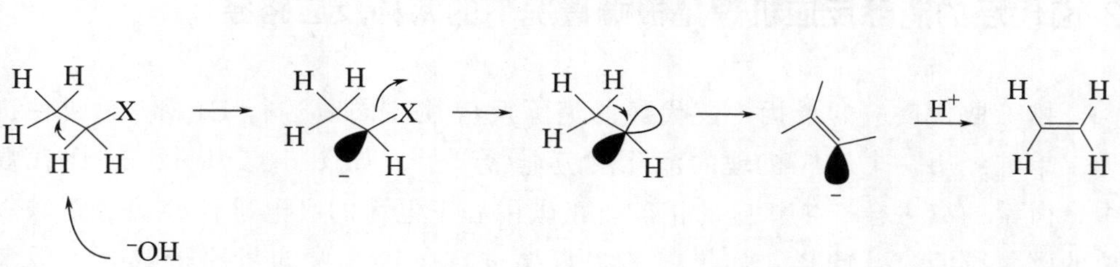

图 6-13 E2 机理的可能路径

第三节 格氏试剂的制备和伍兹反应

卤代烃和金属镁在绝对乙醚（无水无醇的乙醚）中作用生成有机金属镁化合物，这种金属镁的有机化合物称为格利亚试剂，简称格氏试剂，如图 6-14 所示。卤代烷在金属钠作用下生成烷烃的反应称为伍兹（Wurtz）反应，如图 6-15 所示。

$$RX + Mg \xrightarrow{\text{绝对乙醚}} R^{-}Mg^{2+}X^{-}$$

图 6-14 格氏试剂的制备反应

$$RX + Na \longrightarrow R{-}R + NaX$$

图 6-15 伍兹反应

卤代烃制备格氏试剂的反应机理如图 6-16 所示，极性的碳卤键接收金属镁的电子后断键形成烷基负离子和卤素负离子。伍兹反应的机理如图 6-17 所示，极性的碳卤键接收金属钠的电子后生成烷基负碳，烷基负碳作为亲核试剂进攻体系中剩余的卤代烃发生亲核取代反应生成新的烷烃。

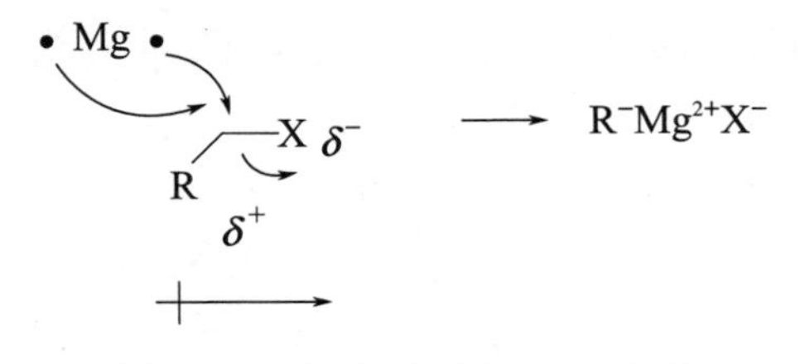

图 6-16 格氏试剂的生成过程

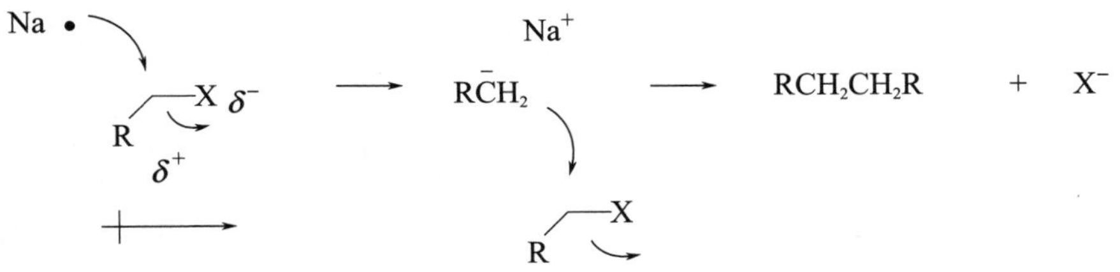

$Na\cdot$ ；$R{-}X$ （δ^{+}，δ^{-}） $\longrightarrow$ $R\bar{C}H_2$ Na^{+} ；$R{-}X$ $\longrightarrow$ $RCH_2CH_2R + X^{-}$

图 6-17 伍兹反应的机理

1. 格式试剂的生成需要绝对乙醚或者绝对四氢呋喃作溶剂

理论上，在格氏试剂制备过程中，带负电荷的烷基亲核取代尚未反应的卤代烃的可能性是存在的，这种情况就是伍兹反应的过程，因此在格氏试剂制备反应中，需要绝对乙醚或者绝对四氢呋喃作溶剂，大量溶剂的存在降低了格氏试剂分子碰撞尚未反应的卤代烃分子的概率。格氏试剂中加入卤代烃可以生成新的烷烃，同时根据格氏试剂能够和醛酮等分子发生亲核反应的事实，在绝对乙醚或者四氢呋喃溶液中，卤代烃在金属镁作用下发生伍兹反应是不可避免的。

2. 一般情况下伍兹反应不需要溶剂

在伍兹反应中，金属钠首先和卤代烃反应生成负碳离子，负碳离子继续和尚未反应的卤代烃反应生成烷烃，溶剂的存在会稀释反应体系从而降低负碳离子和卤代烃的碰撞概率，同时负碳离子的溶剂化作用会降低负碳离子的亲核性。因此，在卤代烃本身就是液体的情况下，直接投入金属钠则发生伍兹反应的概率会升高。如果卤代烃是固体，则需要将其溶解在溶剂中，此时，苯等和负碳离子溶剂化作用力较弱的非极性溶剂是伍兹反应的首选溶剂。

3. 常见活泼金属都能制备格氏试剂和发生伍兹反应

无论在格氏试剂的制备反应中还是伍兹反应中，金属的作用都是提供电子，因此常见的活泼金属都能在这两个反应中起到还原剂的作用。例如，铝试剂和锌试剂的制备就属于广义的格氏试剂制备反应，同时，金属铝也能替代金属钠发生伍兹反应，如图 6-18 所示。

$$RX + Al \xrightarrow{\text{绝对乙醚}} R_3Al$$

$$RX + Zn \xrightarrow{\text{绝对乙醚}} R_2Zn$$

$$RX + Al \longrightarrow R—R$$

$$RX + Zn \longrightarrow R—R$$

图 6-18 铝试剂和锌试剂的制备以及金属铝和锌参与的伍兹反应

第四节 亲核取代反应（S_N1，S_N2）和消除反应（E1，E2）的机理比较

在各种版本的中学《有机化学基础》教材中都展示了溴乙烷分别在碱的醇溶液和水溶液中反应生成乙烯和乙醇的反应，如图 6-19 所示。

$$CH_3CH_2Br + KOH \xrightarrow[\triangle]{\text{醇}} H_2C{=}CH_2\uparrow + HBr + H_2O$$

$$R{-}X + NaOH \xrightarrow[\triangle]{\text{水}} R{-}OH + NaX$$

图 6-19 中学《有机化学基础》中关于卤代烃转化为烯烃和醇的反应

学生在接下来学习乙醇的性质时，教材中展示了乙醇在浓硫酸作用下分别在 140℃和 170℃反应生成乙醚和乙烯的反应，如图 6-20 所示。

$$CH_3CH_2OH \xrightarrow[170℃]{\text{浓硫酸}} H_2C{=}CH_2\uparrow + H_2O$$

$$CH_3CH_2OH \xrightarrow[140℃]{\text{浓硫酸}} CH_3CH_2OCH_2CH_3 + H_2O$$

图 6-20 中学《有机化学基础》中关于乙醇转化为醚和烯烃的反应

在各类大学《有机化学》教材中都给出了上述反应的机理。根据教材展示，像溴乙烷这样的简单分子消除生成烯烃时经历双分子消除反应（E2）的机理，如图 6-21 所示。

在该机理中，氢氧根作为碱进攻卤素 β 位的氢，经历中间态后卤代乙烷消除一分子卤化氢生成乙烯。根据诱导效应，结合溴原子电负性较强的性质可以得知溴乙烷分子中与溴原子直接相连的碳原子上的两个氢的酸性明显比溴原子 β 位上的氢原子酸性强得多，为什么氢氧根负离子会进攻酸性较弱的氢而不直接进攻酸性较强的氢呢？基于这样的矛盾，我们进行如下分析思考。

$$HO^- + H-\overset{H_2}{C}-\overset{H_2}{C}-X \longrightarrow \left[HO\cdots H\cdots CH_2 \overset{\cdots}{=\!=} CH_2\cdots X \right] \longrightarrow H_2C=CH_2 + H_2O + X^-$$

图 6-21　卤代烃经 E2 历程脱水成烯过程

1. 卤代烃和碱的反应历程取决于溶液中自由氢氧根离子的浓度

水溶性的氢氧化钠或者氢氧化钾是可以溶解于乙醇的，但是其溶解于水和乙醇的最大区别是碱在水中可以电离出自由的氢氧根离子，因此，根据碰撞理论，在加热情况下，水中的氢氧根离子和溴乙烷中酸性最强的氢（与溴连在共同的碳原子上的氢）发生反应生成负碳离子的概率最大，该负碳离子（**2**）因为溴原子的强吸电子作用很容易转化为卡宾（**3**）并脱除一个溴离子，卡宾是一个缺电子体系，在存在大量氢氧根离子的溶液环境中，氢氧根和卡宾反应生成负碳离子（**4**），该负碳离子捕获水中的氢离子后生成醇（**5**），如图 6-22 所示。

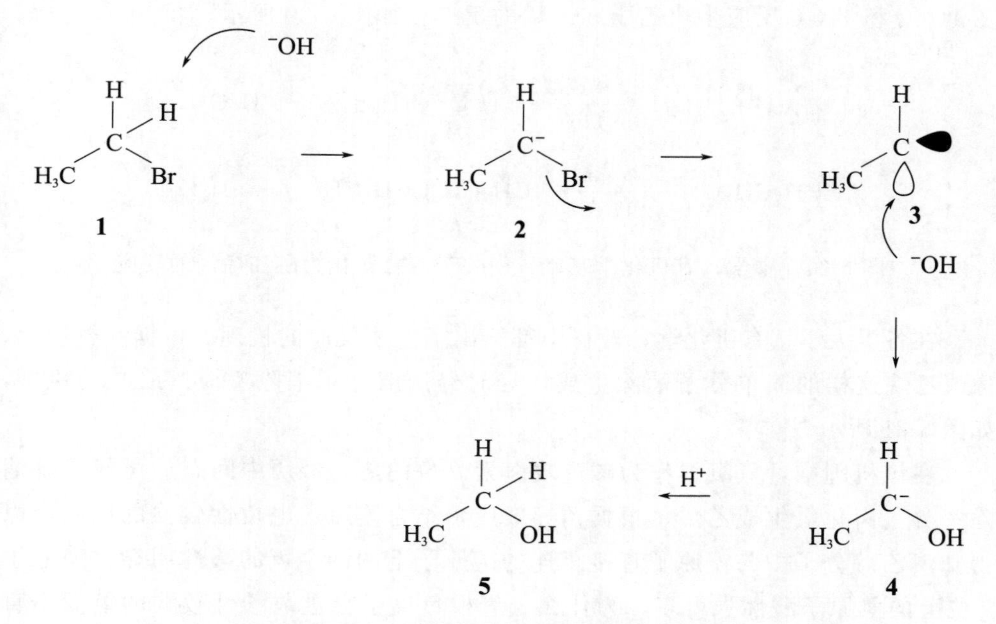

图 6-22　溴乙烷取代成醇的机理

在醇溶液中，氢氧化钾并未电离出自由的氢氧根离子，因此，在加热情况下溴乙烷首先分解为乙基正碳（**6**）和溴负离子，如果此时溶液中存在明显带负电荷的离子时该正碳即会被淬灭，氢氧化钾因为未电离出自由氢氧根离子因此亲核性较小，而溶剂醇的氧原子因具有孤对电子虽然具有亲核性，但其亲核性也较弱，因此，在高温情况下，乙基正碳通过诱导效应脱除一个氢离子生成稳定的乙烯（**7**），脱除的氢离子和氢氧化钾中和导致该脱除向正方向移动，如图 6-23 所示。在该机理过程中，不能排除生成乙醚的可能性。

$$H_3C{-}CH_2Br\ (\mathbf{1}) \xrightarrow[\triangle]{-Br^-} H_3C{-}CH_2^+\ (\mathbf{6}) \xrightarrow[\triangle]{-H^+} H_2C{=}CH_2\ (\mathbf{7})$$

图 6-23 溴乙烷消除成烯的历程

通过以上的机理探讨我们发现，在卤代烃分别转化为醇和烯烃的反应中，导致产物不同的原因是溶液中氢氧根离子的浓度：在水中，氢氧根离子浓度大，反应生成醇；而在醇溶液中，氢氧根离子浓度非常小，因此反应生成了乙烯。

2. 乙醇和酸的反应历程取决于外加能量的高低

乙醇在酸性体系中，首先因为氧原子的孤对电子的亲核性导致乙醇被酸化为中间体（**8**），在加热情况下，中间体 **8** 脱除一分子水形成乙基正碳（**9**），该正碳可以在加热情况下消除成烯，也可以在乙醇的亲核性作用下生成乙醚。分子内自身脱除氢离子生成乙烯需要更高的能量，而乙醇亲核正碳反应是简单的亲核反应（酸碱反应），所需要的活化能较低，因此乙醇脱水成烯的反应温度较高，如图 6-24 所示。

通过对图 6-23 和图 6-24 的机理比较我们发现，无论是溴乙烷在碱的醇溶液中反应成烯还是乙醇在浓硫酸作用下成醚和烯的机理都经历了乙基正碳的中间态，乙基正碳经过不同的路径分别生成乙醚和乙烯，且前者的熵变小于后者，因此，在温度较高时，生成乙烯的可能性增加。在碱的醇溶液中，溴乙烷除了可以生成乙烯之外，也可能生成乙醚，而如果需要得到较高产率的乙烯，

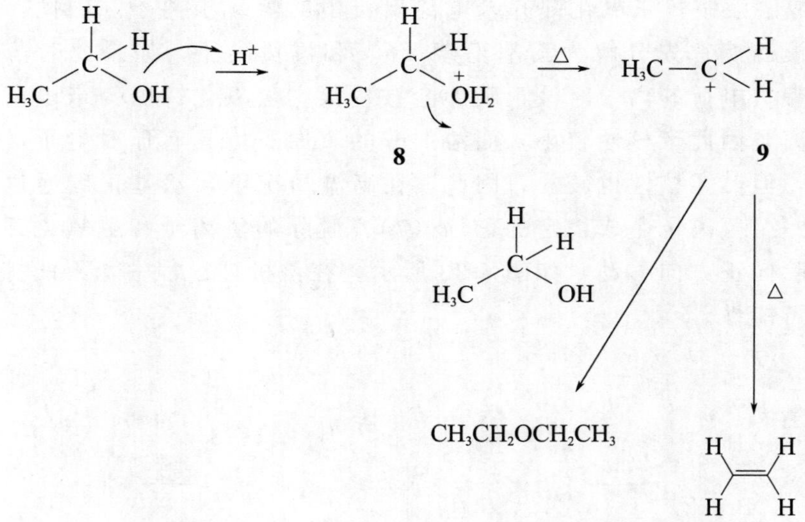

图 6-24　乙醇酸性体系成醚和成烯的机理

则需要较高的温度。

第七章

醇、酚、醚

第一节　醇和金属的反应

醇和活泼金属能够反应生成醇氧负离子和氢气。以乙醇和金属钠为例，反应生成乙醇钠和氢气，如图 7-1 所示。

$$CH_3CH_2OH + Na \longrightarrow CH_3CH_2O^-Na^+ + H_2\uparrow$$

图 7-1　乙醇和金属钠的反应

一般教材中很少展示该反应的机理，金属钠作为能给出电子的金属还原剂，将乙醇中和氧相连的氢原子还原为氢气，相应地，乙醇放出氢气后自身转化为乙醇氧负离子，如图 7-2 所示。

$$\text{(乙醇键线式, } O^{\delta^-}\text{—}H^{\delta^+}\text{, Na}\bullet) \longrightarrow CH_3CH_2O^-Na^+ + H\bullet$$

$$H\bullet + H\bullet \longrightarrow H_2\uparrow$$

图 7-2　乙醇和钠反应的机理

1. 乙醇能和钠反应的主要原因是由乙醇中氧原子的电负性导致的

在乙醇分子中，氧原子的电负性要大于和它相连的氢原子和碳原子，无论是碳氧 σ 键还是氧氢 σ 键的电子云都靠近氧原子而远离相应的氢原子和碳原子，因此，乙醇分子中氧原子的周围带部分负电荷，与氧相连的碳原子和氢原子都带有部分正电荷，这种极化作用导致乙醇分子中的羟基氢能够对金属钠的最外层电子因亲电作用而获得电子，氢原子获得电子后促进了氧氢 σ 键的电子更加靠近氧而断裂，这种断裂的结果就是生成氢原子和乙醇氧负离子。两个氢原子结合生成氢气脱离体系后促进了上述过程的进行。

2. 金属钠也能够断裂碳氧 σ 键

在乙醇分子中，与氧相连的氢原子和碳原子都带部分正电荷，因此，理论上，金属钠也可以将电子转移给与氧相连的碳原子上导致碳氧键断裂，碳氧键断裂后除了生成了氢氧根离子外剩下的片段是乙基自由基，乙基自由基继续获得金属钠的电子后生成乙基负碳，乙基负碳再夺取另一分子乙醇的活性质子后生成乙烷和相应的乙氧基负离子（图 7-3）。综合来看，金属钠断裂乙醇中的碳氧键后生成乙烷和乙醇钠。

图 7-3　金属钠首先断裂乙醇的碳氧键的可能机理

在整个过程中，无论是乙基自由基还是乙基负碳的能量都比较高，因此，金属钠将乙醇还原为乙烷的反应活化能较高，而在金属钠断裂氧氢键形成氢气过程中，所形成乙氧基负离子的能量比乙基自由基和乙基负碳离子都低。故在活性金属和乙醇的反应中，主要生成氢气和醇氧负离子。

第二节　卢卡斯（Lucas）试剂

浓盐酸和无水氯化锌所配制的溶液称为卢卡斯（Lucas）试剂。卢卡斯试剂能取代醇分子中的羟基将醇转化为卤代烃，因小分子醇（甲醇、乙醇和丙醇等）和水是混溶的，加入卢卡斯试剂后形成的卤代烃不溶于水而变得浑浊，这种浑浊能够鉴别小分子醇，且伯醇、仲醇和叔醇分别与卢卡斯试剂反应的条件也不相同，因此，卢卡斯试剂也能区分不同种类的醇。如图 7-4 所示，卢卡斯试剂和乙醇的反应一般需要加热，在常温下，卢卡斯试剂和仲醇的反应需要 10min 时间；与叔醇的反应则要的时间短很多。

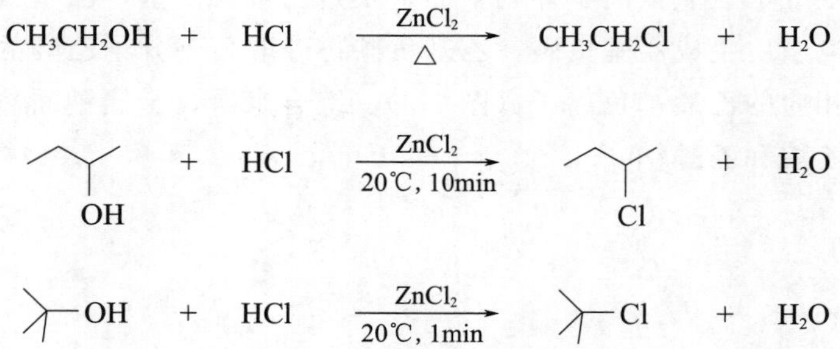

$$CH_3CH_2OH + HCl \xrightarrow[\triangle]{ZnCl_2} CH_3CH_2Cl + H_2O$$

图 7-4 卢卡斯试剂鉴别不同种类的醇的反应条件

通常情况下，卢卡斯试剂和醇的反应机理也有 S_N1 和 S_N2 两个路径，但是公认羟基在酸的作用下离去性变得更好。以 S_N2 机理为例，如图 7-5 所示，带有部分负电荷的羟基氧和正氢离子（也可以是锌离子）结合后形成氧正离子，与带正电的氧相连的碳原子因正氧的强吸电子作用而带正电荷，在氯负离子进攻下，氧正离子中间体脱除一分子水后形成卤代烃。

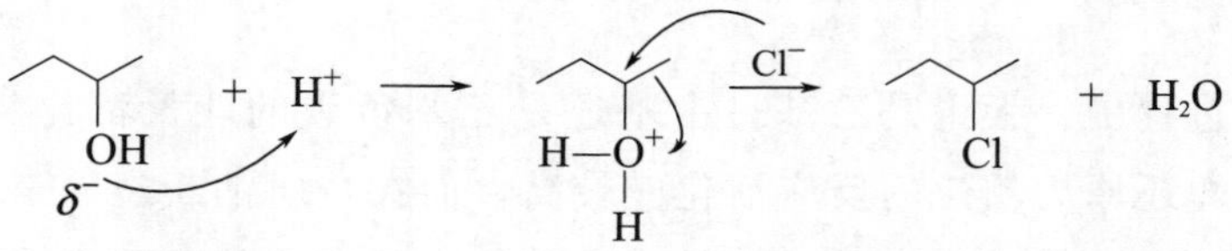

图 7-5 2-丁醇和卢卡斯试剂的 S_N2 反应机理

1. 酸性条件能促进醇分子中碳氧键的断裂

整体上看，卢卡斯试剂和醇的反应就是氯负离子亲核取代羟基的过程。在碳氧键的断裂和碳氯键的形成过程中，离去的羟基和亲核的氯负离子对中心碳都有明显的亲核作用，面对同样的正电荷，氢氧根离子的亲核作用比氯负离子的亲核作用要强（氯化氢分子在水中很容易断裂氯氢键而水分子在水中较难断裂氧氢键，说明氯离子对氢离子的亲核性比氢氧根对氢离子的亲核性弱），这种亲核性一定程度上就是碱性，因此，如图 7-6 所示，在反应过程中，破坏碳氧键的能量比生成碳氯键放出的能量要高，氯离子取代羟基的过程较为困难。

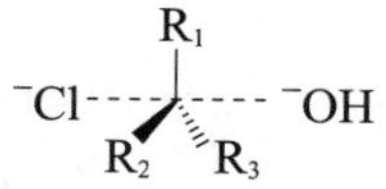

图 7-6 醇和卢卡斯试剂反应的中间体

然而在质子酸的作用下，反应过程由羟基的离去转化为水的离去，中性水分子的亲核性没有氯负离子的亲核性强，因此，氯负离子的亲核取代变得较为容易。当然路易斯酸能够接收羟基上氧的孤对电子，这样的作用促进了羟基的离去，因此，理论上，任何酸都能促进氯负离子取代羟基的反应。在类似亲核取代反应中，一般教材中总结的“碱性越强官能团离去性越差”的规律其实是亲核性的体现，官能团的碱性和亲核性在大多数情况下是一致的。

2. 碳氧键容易断裂的醇和卢卡斯试剂反应时容易形成重排产物

在结构特殊的醇发生氯取代时可能经历 S_N1 反应历程，这种情况下因中间体正碳有重排的可能而会产生结构变化的氯代烃。如图 7-7 所示，1,1,1-三苯基异丙醇和氯化氢反应时，如果经历了 S_N1 反应历程则主要产物是重排产物。

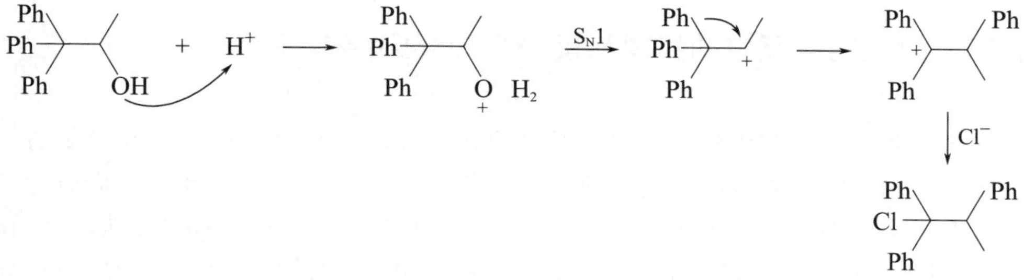

图 7-7 1,1,1-三苯基异丙醇和氯化氢的 S_N1 反应重排历程

第三节 无机酸酯的生成反应

醇和无机酸之间脱水能生成相应的无机酸酯。如图 7-8 所示，硫酸和硝酸都

能和乙醇反应生成酯。作为二元酸，硫酸能够和乙醇反应分别生成硫酸单乙酯和硫酸二乙酯。

$$CH_3CH_2OH + HNO_3 \longrightarrow CH_3CH_2ONO_2 + H_2O$$

$$CH_3CH_2OH + H_2SO_4 \longrightarrow CH_3CH_2OSO_3H + H_2O \xrightarrow{H_2SO_4} CH_3CH_2OSO_3CH_2CH_3 + H_2O$$

图 7-8 乙醇分别与硝酸和硫酸的酯化反应

无机酸酯的生成机理经历了羟基的酸化离去和酸根的亲核取代过程。如图 7-9 所示，乙醇在接受了酸的质子后形成酸化乙醇正离子，酸根用带负电荷的氧进攻酸化乙醇的 1 号碳的位置形成酯。

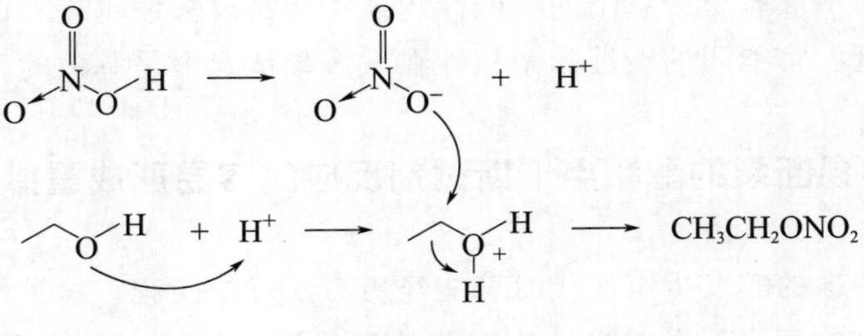

$CH_3CH_2ONO_2$

图 7-9 硝酸乙醇酯的生成过程

1. 无机酸和乙醇反应的机理与反应物加料顺序有关

在之前学习苯的硝化反应时，其反应机理显示硝酸分子首先接收质子后形成酸化硝酸，酸化硝酸脱水后形成二氧化氮正离子。在乙醇和硝酸反应时，如果预先将硝酸中加入硫酸后再加入乙醇，则其反应机理可能转变为如图 7-10 所示的机理过程。首先在质子的作用下硝酸分子转化为酸化硝酸，该结构中的两个羟基脱除一分子水后生成二氧化氮正离子，二氧化氮正离子接收乙醇分子的亲核进攻后脱除一个质子生成最终产物酯。

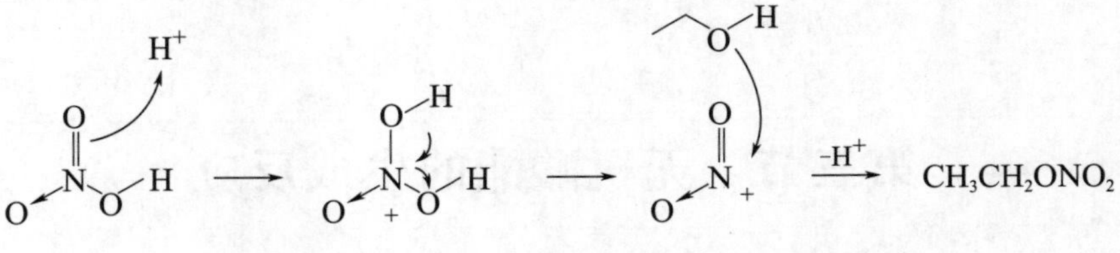

$-H^+$ $CH_3CH_2ONO_2$

图 7-10 乙醇和硝酸成酯反应的可能机理

从上述反应机理中可以看到，同样的反应可能经历的反应历程不同。

2. 无机酸结构书写的原则

以硫酸的结构为例，在有机化学教材中有两种常见画法，如图 7-11 所示。一种是中心硫原子分别和两个氧原子以双键相连，同时和两个羟基以单键相连；另一种是中心硫原子除了与两个羟基以 σ 键相连外，还以两个配位键的形式和两个氧原子相连。

```
    O              O
    ‖              ↑
HO—S—OH       HO—S—OH
    ‖              ↓
    O              O
```

图 7-11　常见有机化学教材中硫酸的两种结构画法

根据硫酸是二元酸的事实，硫酸分子中应该具有两个羟基，因此我们可以先画出这两个羟基和硫原子相连的结构（图 7-12）。因为硫原子的最外层具有六个价电子，在硫和羟基形成 σ 键时各用了一个价电子，此时硫原子还具有两对孤对电子，总体看，因为羟基氧的共用电子，此时硫原子最外围的电子数已经达到 8 电子稳定态，故在和新的氧原子成键时，硫只能采用配位键的形式与氧成键，因此，硫酸的合理结构应该是如图 7-13 所示的结构。

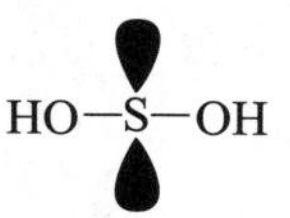

图 7-12　硫原子和两个羟基相连的结构

```
    O
    ↑
HO—S—OH
    ↓
    O
```

图 7-13　硫酸分子的合理结构

根据上述方法，我们能够得到常见的几种无机酸的分子结构，如图 7-14 所示。

```
    O          O            O
    ↑          ‖            ↑
HO—S—OH        N        O←Cl—OH       Cl—OH
                \           ↓
                 OH         O
 亚硫酸       亚硝酸       高氯酸        次氯酸
```

图 7-14　常见的几种无机酸的结构

第四节 醇的成醚和成烯反应

在硫酸催化下，乙醇分别在 140℃和 170℃下转化为乙醚和乙烯。反应如图 7-15 所示。

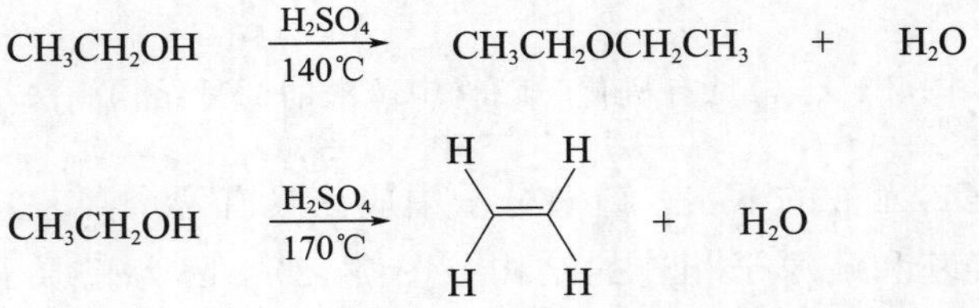

$$CH_3CH_2OH \xrightarrow[140℃]{H_2SO_4} CH_3CH_2OCH_2CH_3 + H_2O$$

$$CH_3CH_2OH \xrightarrow[170℃]{H_2SO_4} H_2C=CH_2 + H_2O$$

图 7-15 乙醇的成醚和成烯反应

乙醇成醚和成烯反应的机理如图 7-16，乙醇在质子作用下生成酸化乙醇，酸化乙醇可以脱水（S_N1 过程）形成乙基正离子，乙基正离子脱除正碳 α 位的氢后生成乙烯；酸化乙醇也可以接收乙醇分子的亲核取代生成乙醚（S_N2 过程）。

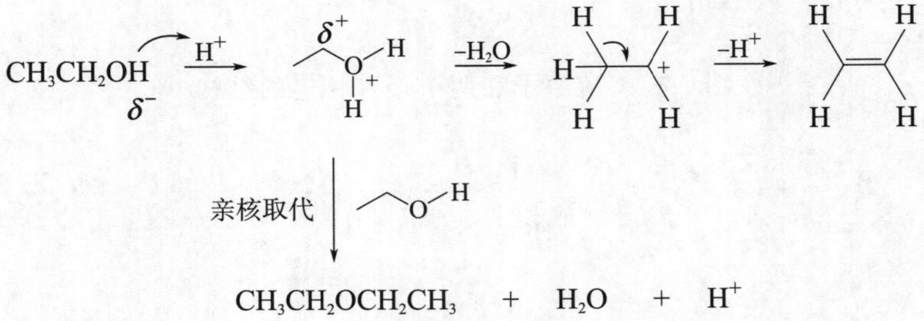

$$CH_3CH_2\overset{\delta^-}{O}H \xrightarrow{H^+} CH_3CH_2\overset{\delta^+}{O^+}H_2 \xrightarrow{-H_2O} H_3C\text{-}CH_2^+ \xrightarrow{-H^+} H_2C=CH_2$$

$$CH_3CH_2O^+H_2 \xrightarrow[\text{亲核取代}]{CH_3CH_2OH} CH_3CH_2OCH_2CH_3 + H_2O + H^+$$

图 7-16 乙醇成醚和成烯反应的机理

1. 乙醇的成醚和成烯反应是竞争反应

从图 7-16 所示的乙醇分别生成醚和烯烃的反应机理中可以看到，酸化乙醇是反应关键中间体，该中间体既可以经历 S_N1 反应过程生成乙烯，也可以经历 S_N2 反应过程生成乙醚。酸化乙醇因氧原子所带正电荷的强吸电子作用导致碳氧键容易断键生成正碳离子，中性的水分子作为离去基团，因其碱性较弱而离去性较好，在水分子的离去过程中，溶液中的乙醇分子因其氧原子上的孤对电子而具有亲核性，乙醇亲核性进攻的作用也可以促进水的离去，故有无乙醇分子的亲核作用是决定生成物是乙烯还是乙醚的关键。正常情况下，生成烯烃的过程不可避免乙醇分子的亲核取代作用而生成乙醚，生成乙醚的过程不可避免地经历 S_N1 反应过程而产生乙烯。

2. 温度是决定乙醇生成醚还是烯的关键因素

在乙醇生成乙烯的过程中，反应经历了乙基正碳中间体的生成过程，该中间体作为伯正碳离子其能量较高；在乙醇生成乙醚的过程中，乙醇分子亲核取代酸化乙醇离子中的水。相比这两个路径，乙醇生成乙烯的活化能高于乙醇生成乙醚的活化能。在乙醇生成乙烯过程中，每分子乙醇生成一分子水和一分子乙烯，这个过程是明显的熵增过程；在乙醇生成乙醚的过程中，两分子乙醇转化为一分子乙醚和一分子水，整体分子个数没有变化，因此，在高温下，乙醇达到了生成乙烯的活化能时便倾向于这条熵增的路径生成乙烯；在温度较低的情况下，乙醇尚未达到生成乙烯而达到了生成乙醚的活化能时，主要生成乙醚。温度是决定乙醇生成醚还是烯烃的关键因素。

3. 乙醚在酸催化下可以生成乙烯

因氧原子上孤对电子的亲核性，乙醚分子也可以被酸化生成酸化乙醚（鉾盐），鉾盐的正电荷集中在电负性较强的氧原子上，在这种正电荷以及氧元素的强电负性作用下，碳氧 σ 键容易断键生成正碳离子和乙醇，正碳离子脱除一个正氢离子后生成乙烯。在整个过程中虽然生成了能量较高的伯正碳离子，但因为单分子乙醚转化为一分子乙烯和一分子乙醇而是一个熵增过程，因此，在高温下乙醚也可以被酸催化转化为乙烯，如图 7-17 所示。

$CH_3CH_2OCH_2CH_3$ (δ^-) $\xrightarrow{H^+}$ $CH_3CH_2\overset{+}{O}(H)CH_2CH_3$ $\longrightarrow$ $H_3C\text{-}\overset{+}{C}H_2$ + CH_3CH_2OH $\xrightarrow{-H^+}$ $H_2C{=}CH_2$

图 7-17　乙醚酸催化生成乙烯的机理

第五节 醇和氯化亚砜的反应

醇和氯化亚砜反应可生成卤代物。乙醇和氯化亚砜混合在常温下生成氯乙烷，同时放出氯化氢和二氧化硫气体，如图 7-18 所示。

$$CH_3CH_2OH \xrightarrow{SOCl_2} CH_3CH_2Cl + HCl\uparrow + SO_2\uparrow$$

图 7-18 乙醇和氯化亚砜的反应

乙醇和氯化亚砜反应的机理如图 7-19 所示。乙醇亲核取代氯化亚砜的氯离子并脱除一个氢离子后生成亚硫酸单乙酯酰氯，生成的氯离子亲核进攻酯分子中与氧相连的碳原子后生成氯乙烷，同时生成氯化氢和二氧化硫气体。

$$CH_3CH_2OH \longrightarrow \cdots \longrightarrow \cdots \longrightarrow CH_3CH_2Cl + HCl\uparrow + SO_2\uparrow$$

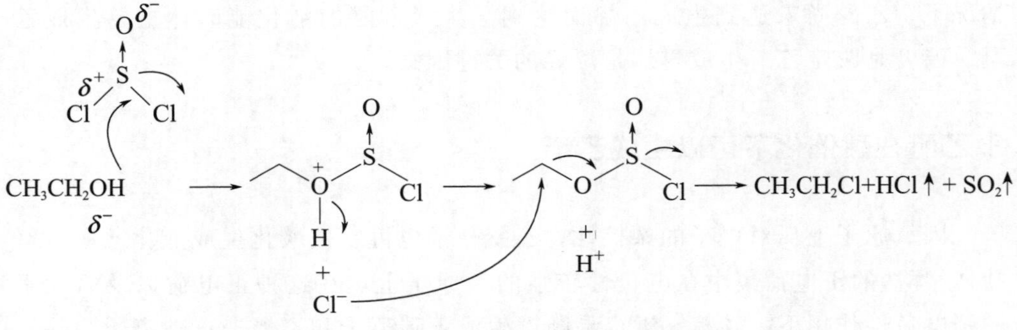

图 7-19 乙醇和氯化亚砜反应的机理

1. 氯化亚砜的特殊结构决定其化学反应活性较高

如图 7-20 所示，在氯化亚砜分子中，所有的原子都是非金属性的电负性较强的原子，硫原子以配位键的形式和氧原子成键，因此硫带正电荷而氧带负电荷，同时，氯的电负性比硫也要强，在周围三个原子的吸电子作用下，中心硫原子所带的正电荷较多而具有较强的亲电性（被亲核性）。这种活性较高的分子结构即使遇到空气中少量的水分子也能（被亲核）分解，氯化亚砜遇到水后转化为氯化氢和二氧化硫，如图 7-21所示。

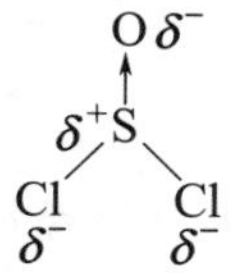

图 7-20 氯化亚砜的分子结构

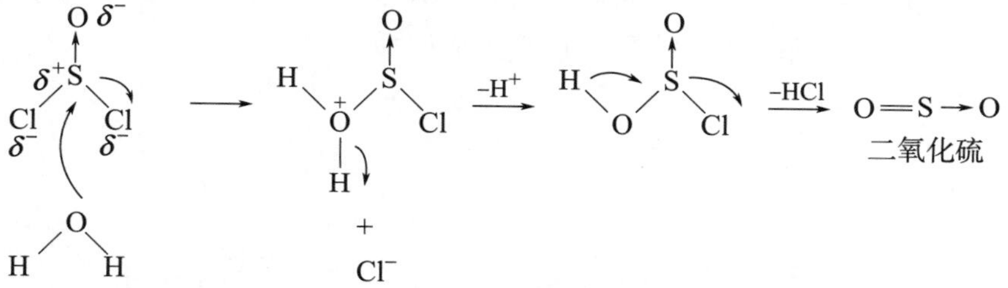

图 7-21 氯化亚砜和水的反应

2. 醇的氯化在使用氯化亚砜时产率较高

因氯化亚砜的特殊结构，其遇到醇之后很容易被醇分子中的氧亲核取代生成中间体酯，该酯的结构中因为有四个非金属原子集中相连也非常不稳定，在氯负离子的亲核进攻下进一步分解为二氧化硫和氯化氢并产生氯代烃，整个过程属于典型的熵增过程，故醇的氯化在使用氯化亚砜时产率较高。因副产物二氧化硫和氯化氢都是气体，易于分离，因此，醇的氯化在使用氯化亚砜时产物纯度也较高。

3. 五氯化磷作为醇的氯化试剂的反应机理和氯化亚砜相似

五氯化磷也是醇的氯化试剂，其结构如图 7-22 所示。磷原子的最外层电子数为 5，在其与 3 个氯原子形成 3 个 σ 键后即达到最外层 8 电子的稳定态，因此三氯化磷分子中磷原子最外层有一对孤对电子，当三氯化磷继续和氯原子成键时，氯原子最外层只缺少一个电子，因此，三氯化磷中心磷原子分别将自己最外层孤对电子拆开各给一个氯原子，形成类似于配位键的化学键，不过此时的配位键为单电子配位。因此图中的五个磷氯键中的两个以单箭头表示单电子配位。

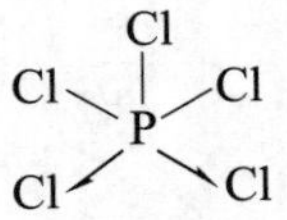

$$PCl_5$$

图 7-22 五氯化磷的分子结构

乙醇和五氯化磷反应的机理如图 7-23 所示。乙醇亲核取代五氯化磷的一个氯原子并脱除一个氢离子后形成磷酸酯中间体，该中间体中与氧相连的碳原子接收氯离子的亲核进攻后生成氯乙烷和三氯氧磷分子。三氯氧磷分子作为乙醇的氯化试剂可以继续和乙醇反应直到生成磷酸。

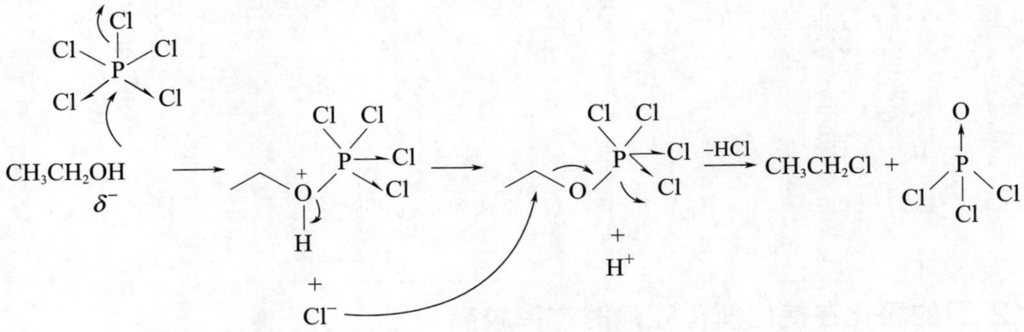

$$CH_3CH_2OH + PCl_5 \longrightarrow CH_3CH_2\overset{+}{O}(H)PCl_4 + Cl^- \longrightarrow CH_3CH_2OPCl_4 + H^+ \xrightarrow{-HCl} CH_3CH_2Cl + POCl_3$$

图 7-23 乙醇和五氯化磷的反应机理

第六节 鎓盐的生成

在所有的教科书中都指出醚因其氧上的孤对电子的亲核作用而具有微弱的碱性，浓盐酸和浓硫酸都能够和乙醚反应生成鎓盐，因此乙醚能够溶解在浓盐酸或者浓硫酸中。鎓盐作为弱酸强碱盐遇到水后会水解生成醚和酸，如图 7-24 所示。

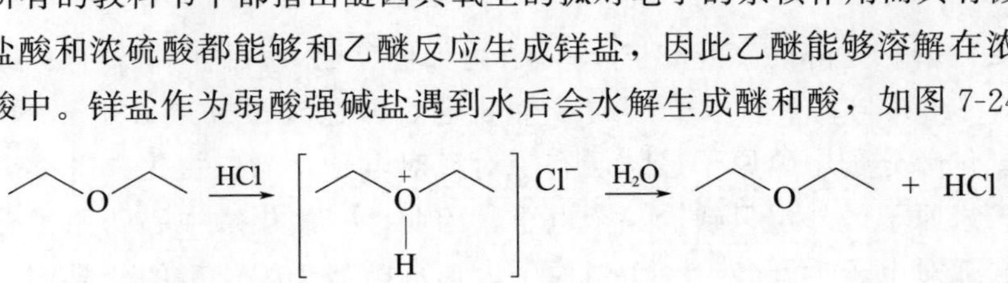

$$CH_3CH_2OCH_2CH_3 \xrightarrow{HCl} [CH_3CH_2\overset{+}{O}(H)CH_2CH_3]Cl^- \xrightarrow{H_2O} CH_3CH_2OCH_2CH_3 + HCl$$

图 7-24 乙醚溶解于浓盐酸和鎓盐的水解过程

1. 锌盐的结构决定其极其不稳定

如图 7-25 所示，在锌盐的结构中，氧原子将自己的孤对电子以配位键的形式填充在氢的空轨道上，因此正电荷转移到氧原子上，电负性较强的氧原子带正电荷的结构非常不稳定。这种结构和水合质子的结构类似（图 7-26），氢离子亲电接近水分子的氧时形成配位键，此时正电荷从氢离子上转移到水的中心氧原子上，之前水分子的氧氢 σ 键就因为氧元素的电负性比氢强而容易断键（水的自电离）。在氢离子的亲电性作用下，水分子的氧氢键断键又释放出氢离子并生成新的水分子，因此水合质子并不是稳定存在的离子结构。在酸溶液中，水合质子快速地生成和分解达到一种类似于共振的宏观平衡，这个过程可以看成氢离子在不同的水分子间快速交换和转移，因此，氢离子也并未单独存在，水合质子也未单独存在过。

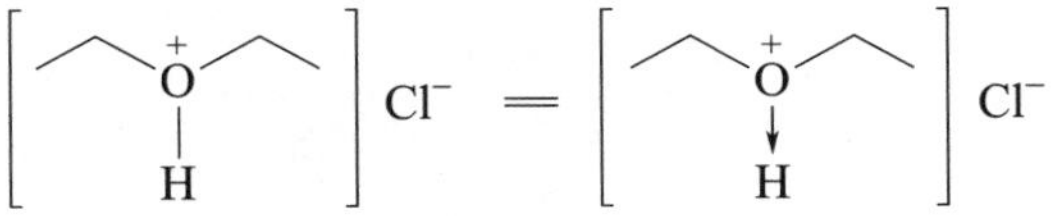

图 7-25 乙醚氯化氢锌盐的结构

水合质子

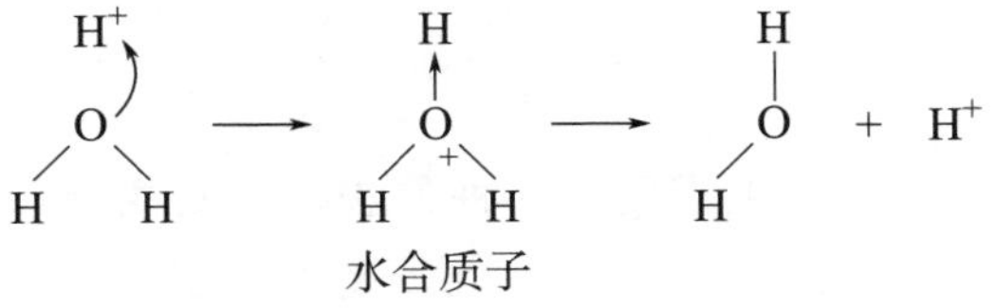

图 7-26 水合质子的形成和分解过程

结合水合质子的状态，我们有理由怀疑乙醚的锌盐是否真的能稳定存在，带正电荷的氧原子的强吸电子作用导致碳氧键极其容易断键，尤其是在亲核性的氯负离子进攻下锌盐能够转化为乙醇和氯乙烷，如图 7-27 所示。在常温情况下，乙醇和氯乙烷不太容易反应生成乙醚，因此如果锌盐在常温下可以分解，那该反应不是可逆反应。

2. 乙醚“溶解”于强酸的过程不是“溶解”过程

结合锌盐的形成过程，醚在强酸溶液中发生化学反应生成锌盐，姑且不论

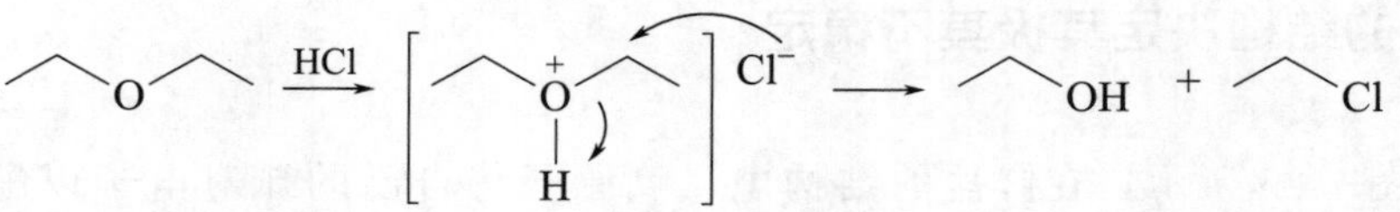

$$CH_3CH_2OCH_2CH_3 \xrightarrow{HCl} [CH_3CH_2O^+(H)CH_2CH_3]Cl^- \longrightarrow CH_3CH_2OH + CH_3CH_2Cl$$

图 7-27 乙醚的盐酸鎓盐的可能分解过程

鎓盐是否可以自动分解产生醇和卤代烃（硫酸酯），这种过程不是简单的溶解过程，因此很多教材中说“乙醚可以溶解于浓硫酸和浓盐酸”是不恰当的描述。

3. 久置的鎓盐溶液加水后并不能分出醚

鎓盐在常温下缓慢分解生成醇和卤代烃（硫酸酯）的过程是不可避免的，因此久置的鎓盐溶液因其分解而不可能因加水水解重新生成醚。

第七节 威廉姆森醚的合成反应

醇钠和卤代烷反应可以生成醚，这种方法称为威廉姆森醚合成方法，如图 7-28 所示，乙醇钠和碘甲烷反应可以生成甲基乙基醚。

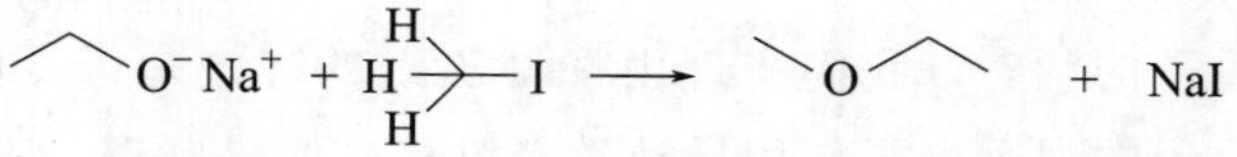

$$CH_3CH_2O^-Na^+ + CH_3I \longrightarrow CH_3OCH_2CH_3 + NaI$$

图 7-28 甲基乙基醚的威廉姆森合成法

1. 理论上任何醚的威廉姆森合成法都有两种方法

在上述甲基乙基醚的合成中，理论上也可以选择甲醇钠和碘乙烷反应，如图 7-29 所示。

$$CH_3O^-Na^+ + \text{CH}_3\text{CH}_2\text{I} \longrightarrow \text{CH}_3\text{OCH}_2\text{CH}_3 + NaI$$

图 7-29 甲醇钠和碘乙烷的成醚反应

碘甲烷分子中因碘吸电子性导致整个分子极化，碘原子周围电子云密度较大而带负电荷，相应地，碘甲烷中碳原子和氢原子都带正电荷，如图 7-30 所示。

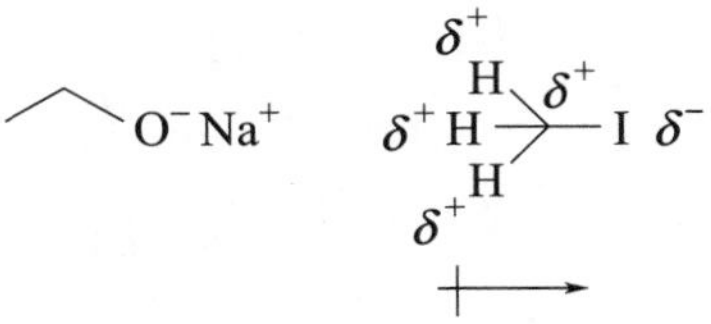

图 7-30 乙醇氧负离子和碘甲烷分子中的电荷

在图 7-28 的反应过程中，理论上乙醇钠可以进攻碘甲烷的碳原子发生 S_N2 过程生成产物醚，也可以进攻碘甲烷的氢，发生酸碱反应后得到碘甲基负碳，碘甲基负碳在脱除碘负离子后生成甲基卡宾，甲基卡宾作为缺电子中心接收醇氧负离子亲核进攻后生成乙氧基甲基负碳，乙氧基甲基负碳在捕捉氢离子后生成甲基乙基醚，因此，乙醇钠和碘甲烷反应时无论乙醇钠首先进攻碘甲烷的中心碳原子（图 7-28）还是首先进攻碘甲烷的氢原子（图 7-31）都最终生成甲基乙基醚。

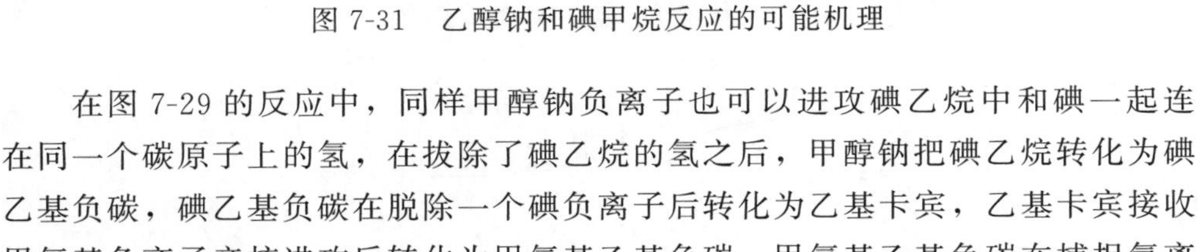

图 7-31 乙醇钠和碘甲烷反应的可能机理

在图 7-29 的反应中，同样甲醇钠负离子也可以进攻碘乙烷中和碘一起连在同一个碳原子上的氢，在拔除了碘乙烷的氢之后，甲醇钠把碘乙烷转化为碘乙基负碳，碘乙基负碳在脱除一个碘负离子后转化为乙基卡宾，乙基卡宾接收甲氧基负离子亲核进攻后转化为甲氧基乙基负碳，甲氧基乙基负碳在捕捉氢离子后生成甲基乙基醚，整个过程如图 7-32 所示。乙基卡宾和之前图 7-31 中的甲基卡宾不同，乙基卡宾有可能重排，如图 7-33 所示，卡宾碳原子因其缺电子的特性可以吸引隔壁碳上的氢原子发生负氢迁移而生成乙烯，因此，甲醇钠和碘乙烷反应中，甲醇钠可能脱除碘乙烷的碘化氢而产生乙烯。

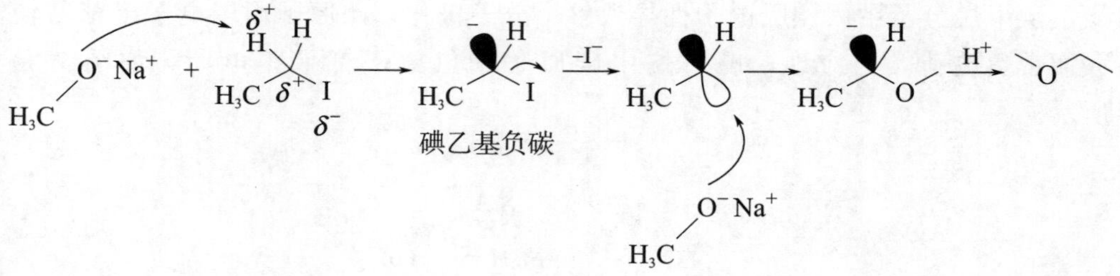

H_3C O^-Na^+ + δ^+ H H H_3C δ^+ I δ^- → H H_3C I 碘乙基负碳 $-I^-$ → H H_3C → H H_3C O H^+ → O

H_3C O^-Na^+

图 7-32 甲醇钠和碘乙烷的可能反应机理

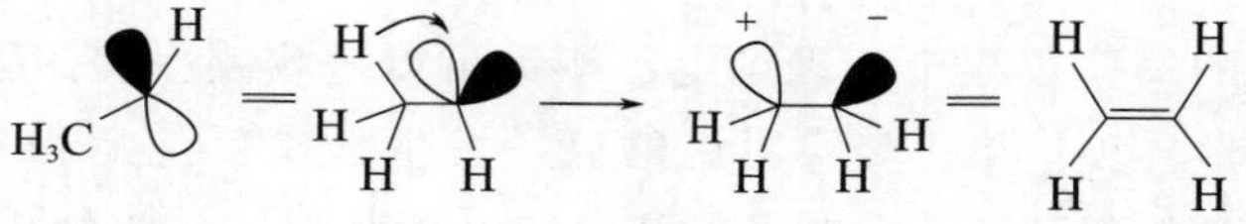

H H_3C = H H H H → H H H H = H H H H

图 7-33 乙基卡宾的脱氢重排

综合以上结论，在醚的两个威廉姆森合成法中，因中间体的结构不同进而导致副产物的量和结构都不同，因此在选择威廉姆森合成醚方法时要注意两种合成法的比对和选择。

2. 醇钠既是亲核试剂也是强碱

在对甲基乙基醚的两种威廉姆森合成方法比对过程中我们发现，如果采用甲醇钠和碘乙烷反应时，甲醇钠可能作为碱脱除碘乙烷的碘化氢形成乙烯。因此，在醇钠和卤代烷烃反应时，卤原子的 β-碳上有氢时，此时的产率不高，如图 7-34，醇钠和含有 β-氢的碘代物的反应生成了烯烃。

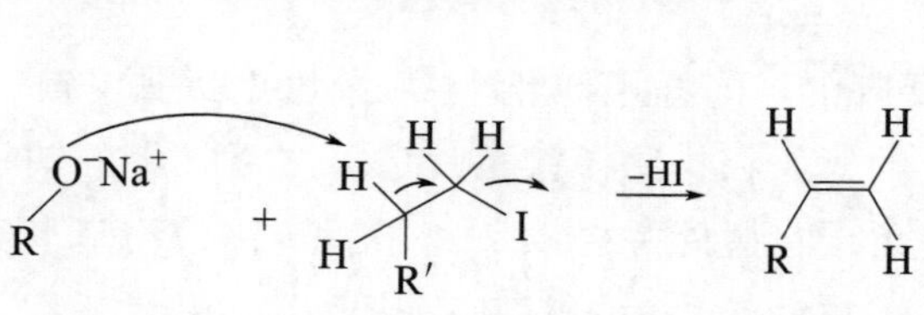

R O^-Na^+ + H H H H R′ I $-HI$ → H H R H

图 7-34 醇钠和含有 β-氢的碘代物的消除反应

第八节 醚键的断裂反应

醚和浓酸（常用氢碘酸）共热会生成碘烷和醇，以甲基乙基醚为例，断键后主要生成碘甲烷和乙醇，乙醇和氢碘酸可以继续反应生成碘乙烷，如图 7-35 所示，在整个反应过程中经历鎓盐的生成过程，碘负离子进攻鎓盐和氧相连的碳原子生成碘甲烷和乙醇。

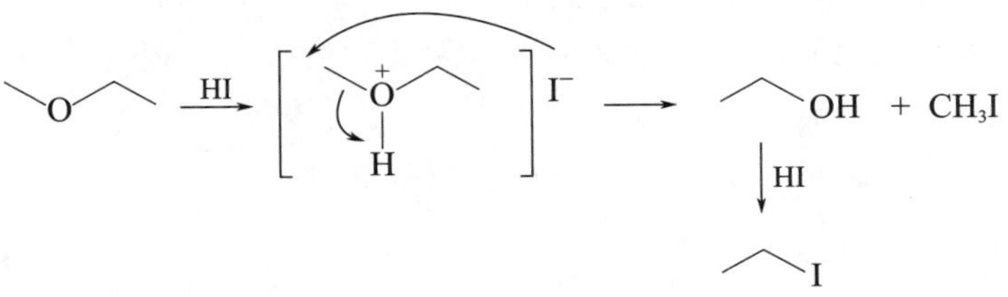

图 7-35 甲基乙基醚的断裂反应

1. 不对称醚断裂时往往有选择性

在不对称醚键断裂时，理论上可以生成两种不同的产物。以甲基乙基醚的断裂为例，除了能够生成碘甲烷和乙醇外，理论上还可以生成碘乙烷和甲醇，如图 7-36 所示，但是实验结果表明，在甲基乙基醚和氢碘酸作用下，主要生成碘甲烷和乙醇。

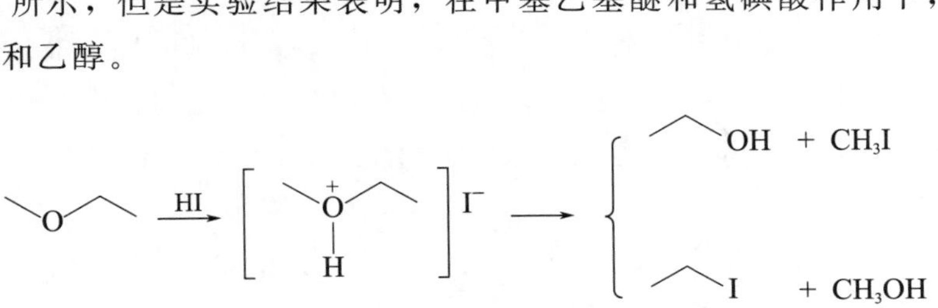

图 7-36 甲基乙基醚断裂的两种可能产物

在甲基乙基醚的断裂过程中，其关键中间体是鎓盐，如图 7-37 所示，该鎓盐经历 S_N1 过程生成伯正碳离子的能量较高，如果碘负离子以 S_N2 过程进攻和氧原子相连的碳时，体积小的甲基的位阻较小，因此碘离子进攻甲基碳生成碘甲烷。

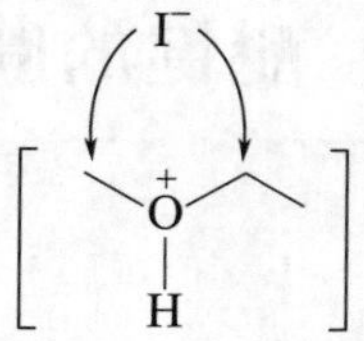

图 7-37 碘负离子进攻甲基乙基鎓盐的两个位置示意图

所有的不对称醚都会因为氧两侧的结构不同而使碘离子的进攻位置具有选择性，如在苄基异丙基醚的断裂反应中，主要生成异丙醇和苄基碘。如图 7-38 所示，在反应过程中，苄基异丙基醚的鎓盐因苯环与苄基位 σ-π 共轭的吸电子作用导致苄基和氧之间的 σ 键容易断键，断键后生成的苄基正碳在 p-π 共轭作用下比一般伯、仲、叔碳正离子都要稳定，因而该反应过程主要经历 S_N1 过程，生成的苄基正碳和碘负离子结合后生成苄基碘。

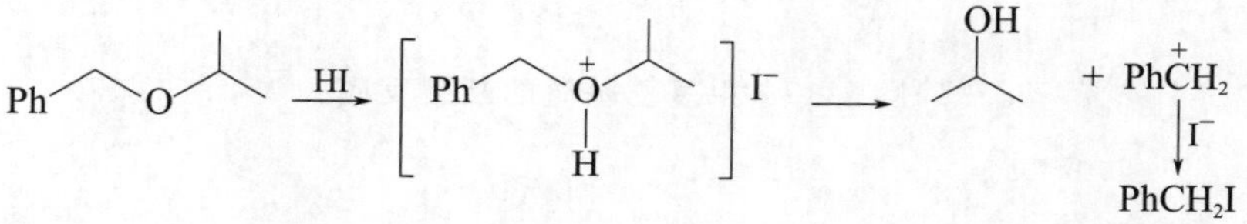

图 7-38 苄基异丙基醚的酸化断裂过程

2. 通过甲基醚断裂时生成的碘甲烷可以测定甲基醚的含量

在常见的甲基醚和氢碘酸反应中都生成碘甲烷，将碘甲烷蒸馏出来通入硝酸银中会定量生成碘化银，根据碘化银的量可以计算出之前化合物中甲氧基的量，如图 7-39 所示，部分甲基化的焦性没食子酸在足量碘化氢作用下生成碘

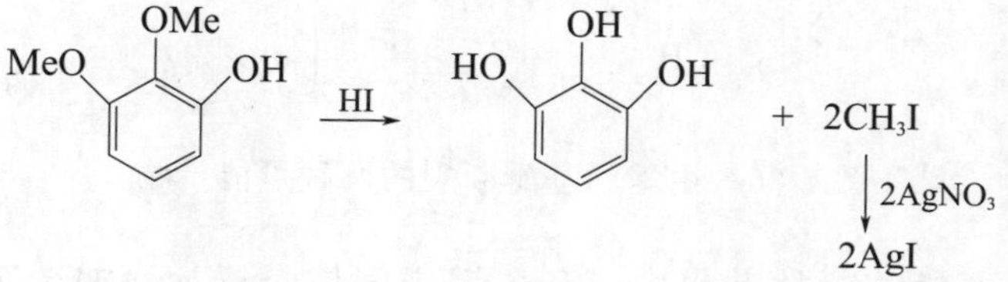

图 7-39 部分甲基化的焦性没食子酸的甲氧基含量测定原理

甲烷，碘甲烷和足量的硝酸银反应转化为碘化银沉淀，根据碘化银的量就能测算出没食子酸在反应前有几个酚羟基是以甲氧基的形式存在的。

第九节 环醚的酸碱开环反应

五元环醚和六元环醚的环张力较小而相对稳定，而七元环和八元环醚又有了一定的环张力，但五元以上的环醚的醚键的性质和脂肪链的醚键类似。在三元环和四元环这两个小环环醚分子中，因环张力导致环醚化学活性升高，其中环氧乙烷作为三元环醚，其环张力最大，因此，三元环醚容易开环生成链状化合物，如图 7-40 所示，环氧乙烷在酸和碱的作用下都可以开环反应。

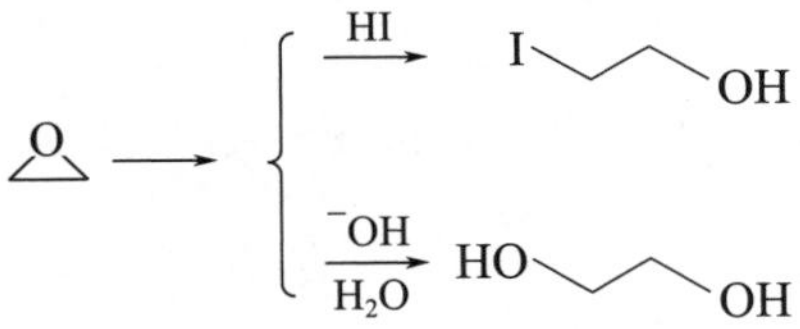

图 7-40 环氧乙烷的酸开环和碱开环反应

1. 具有取代基的环氧乙烷的酸开环反应时断裂的是烷基取代基较多的碳和氧之间的 σ 键

以 1,2-环氧丙烷为例，在碘化氢作用下，1,2-环氧丙烷断裂碳氧键生成 2-碘丙醇，如图 7-41 所示。

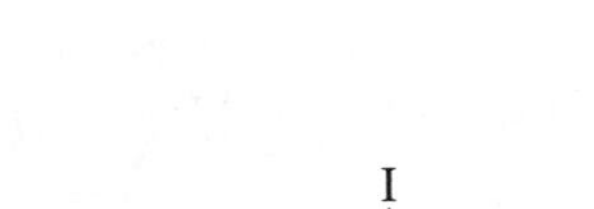

图 7-41 1,2-环氧丙烷和碘化氢的开环反应

在 1,2-环氧丙烷分子中，氧原子的电负性比相邻的两个碳原子都强，在氧原子的吸电子作用下，整个三元环的电子云都向氧原子靠近（图 7-42）。在酸

性情况下，1,2-环氧丙烷分子的氧原子很容易接收氢离子形成酸化产物，如图7-43所示，在1,2-环氧丙烷的酸化中间体中，甲基作为三元环的取代基，其sp^3杂化的σ成键电子也排斥与其相连的碳氧σ电子，因此，与甲基相连的碳氧键极化度较高而容易断键，其断键后形成相应的仲正碳离子。如果1,2-环氧丙烷的酸化中间体不发生与甲基相连的碳氧断裂时则生成伯正碳离子（图7-44），此过度态能量较高，综合热力学和动力学因素，1,2-环氧丙烷的酸化中间体中与甲基相连的碳氧键容易断键，反应最终生成2-碘丙醇。

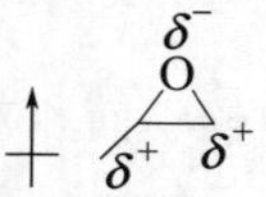

图 7-42　1,2-环氧丙烷的分子极化示意图

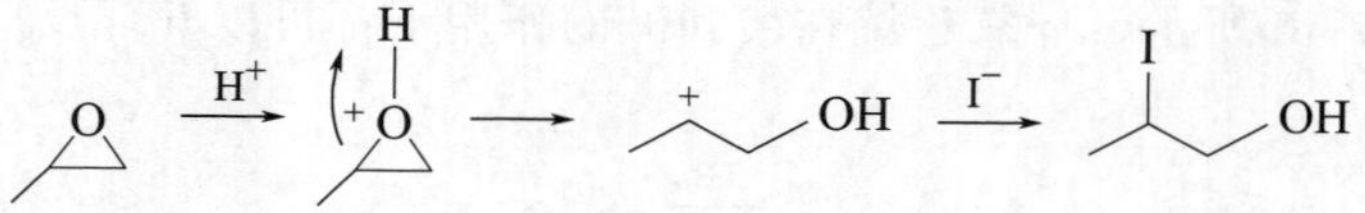

图 7-43　1,2-环氧丙烷和碘化氢的开环反应机理

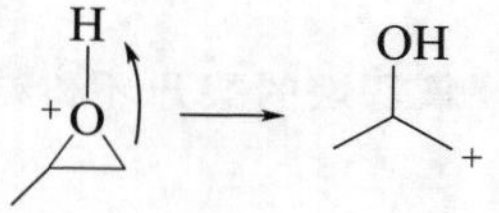

图 7-44　1,2-环氧丙烷酸化中间体的活化能较高的断键开环方式

2. 具有取代基的环氧乙烷的碱开环反应时断裂的是烷基取代基较少的碳和氧之间的σ键

如图7-45所示，1,2-环氧丙烷在碱作用下生成1,2-丙二醇，根据产物较难推测出1,2-环氧丙烷的断键位置。

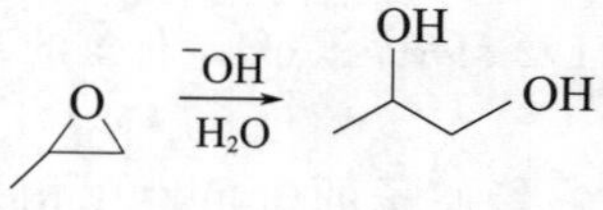

图 7-45　1,2-环氧丙烷和碱的反应

如果 1,2-环氧丙烷和弱碱性的 NaCN 反应，其主要产物是 3-羟基丁腈，如图 7-46 所示，根据产物可以推断出亲核试剂氰基进攻的是取代基少的碳的位置。

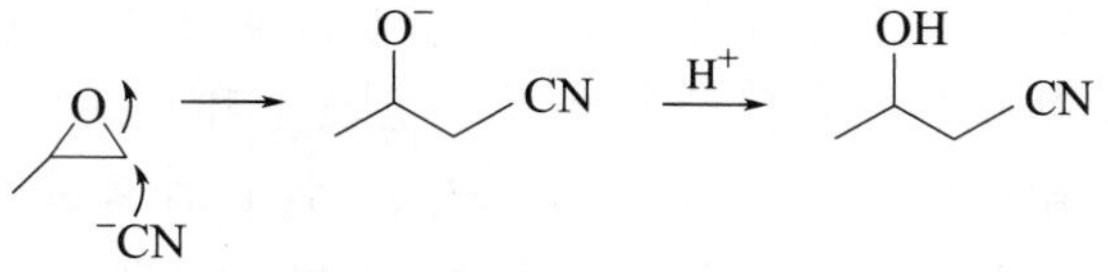

图 7-46 1,2-环氧丙烷和氰基的反应

在 1,2-环氧丙烷分子中，和氧相连的两个碳原子都带部分正电荷，如图 7-47 所示，因 3 号甲基的供电子作用，2 号碳所带的正电荷量没有 1 号碳大，因此，氰基优先进攻 1 号碳，同时，从位阻上讲，2 号碳上的甲基对氰基的亲核进攻有一定的阻碍作用，结合两个因素，氰基和 1,2-环氧丙烷反应时优先进攻 1 号碳位置并使该碳原子的碳氧键断裂生成 3-羟基丁腈。

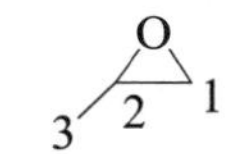

1号碳的正电荷量比2号碳大

图 7-47 1,2-环氧丙烷的分子结构

第十节 苯酚的酸性

苯酚具有一定的酸性，其酸性比乙醇强。苯酚能溶解于氢氧化钠溶液中生成苯酚钠，如图 7-48 所示。

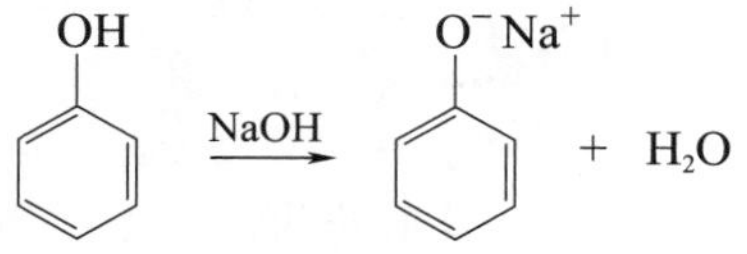

图 7-48 苯酚和氢氧化钠的反应

1. 苯酚酸性的原因主要是苯环和氧原子的 p-π 共轭导致

在水分子和乙醇分子中都含有氧氢 σ 键，因氧原子的电负性比所连的氢原子强，氧氢间的 σ 键极性较大容易异裂为氢正离子和相应的氧负离子，因此，在一定程度上乙醇和水都有一定的酸性。苯酚同样具有氧氢键，苯酚的氧氢键也是极性 σ 键，从这个对比中，我们能推测出苯酚的酸性与氧氢键的极性有关（图 7-49），但是乙醇的酸性比苯酚酸性要弱很多，这是因为乙醇分子中乙基是常见的推电子基，在乙基推电子作用下，电子云从氧向氢转移，因此与水相比，乙基的推电子导致乙醇的氧氢键极化度减小而比水较难以电离出正氢离子。基于乙醇的酸性比苯酚弱很多的事实，这说明苯环和羟基相连后苯环是吸电子基。

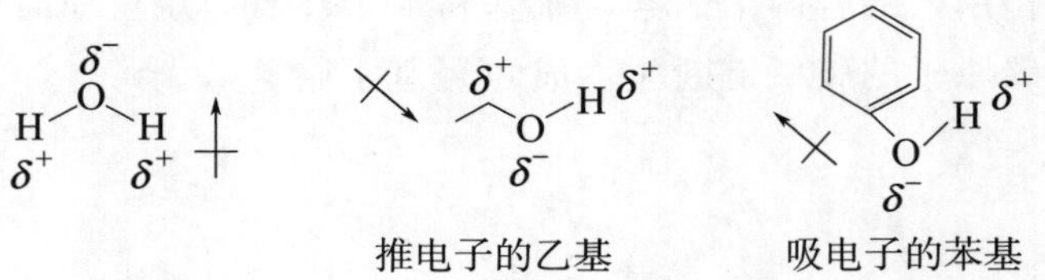

推电子的乙基　　　　吸电子的苯基

图 7-49　水、乙醇和苯酚的分子极化情况

苯环能够吸引与之相连的氧原子上电子是由苯环的缺电子特性导致的。在苯环平面上，6 个碳原子共用 6 个 π 电子，氧原子和苯环碳相连时，碳氧 σ 键的旋转能够让氧原子最外层的至少一对孤对电子和苯环 π 键的 p 轨道朝向接近一致，氧原子和碳原子因在同一周期而原子半径较为接近，因此氧原子的 p 轨道和苯环 π 键 p 轨道有一定的重叠，这种重叠导致苯环的 π 键由 6 原子 6 电子体系（π_6^6）变为 7 原子 8 电子体系（π_7^8），这种 p-π 共轭（图 7-50）导致苯环上的 π 电子云密度增大而氧原子周围的电子云密度减小，因此，苯环和羟基相连时，羟基作为供电子基而苯环是吸电子基。在苯环的吸电子作用下，苯酚的氧氢键容易断键而显酸性。

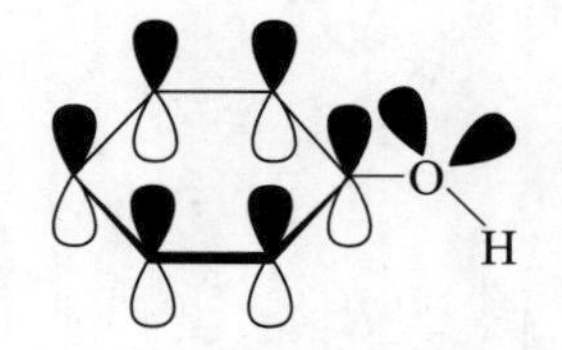

图 7-50　苯酚的共轭示意图

需要说明的是，在不和双键直接相连的其他含氧结构中，氧原子是作为非

金属性吸电子原子而不是供电子原子来影响整个分子的化学性质的。例如，在乙醚分子中，因氧的吸电子作用，与氧原子相连的碳的碳氢 σ 键极化度增加，相应氢的酸性就比普通烷烃上的氢原子酸性强，如图 7-51 所示。能和乙醚的 α-氢反应的都是诸如二异丙基氨基锂（LDA）等碱性比较强的有机碱。

图 7-51 乙醚的 α-氢的酸性

2. 苯酚的苯环上连有吸电子基时酚羟基的酸性增强

在诸如对硝基苯酚等连有吸电子基的苯酚分子中，因为硝基的强吸电子作用导致苯环上 π 电子向硝基偏移，苯环上电子云密度降低使其对酚羟基氧的 p 轨道电子的吸引力将增强，这种作用可以简单地看为硝基的吸电子性帮助苯环吸引酚羟基的电子，因此，苯酚的苯环上连有吸电子基时酚羟基的酸性增强。

在对硝基苯酚和间硝基苯酚的酸性比较中，根据硝基在苯环的亲电取代中是间位定位基特性可以推断出硝基的邻对位电子云密度下降的程度比间位大，因此，硝基处在酚羟基对位和邻位时对羟基的吸电子性比间位强，因此对硝基苯酚和邻硝基苯酚的酸性比间硝基苯酚强。

第十一节 苯酚的硝化反应

在现行所有的有机化学教材中都有苯酚的硝化反应，如图 7-52 所示。苯酚在稀硝酸中硝化为邻硝基苯酚和对硝基苯酚，继续加入浓硝酸后产生二硝基苯酚甚至苦味酸。

1. 苯酚因羟基的供电子作用发生亲电取代比苯容易

在酚的结构中，因羟基的供电子作用导致苯环上 π 电子云密度增加，在苯

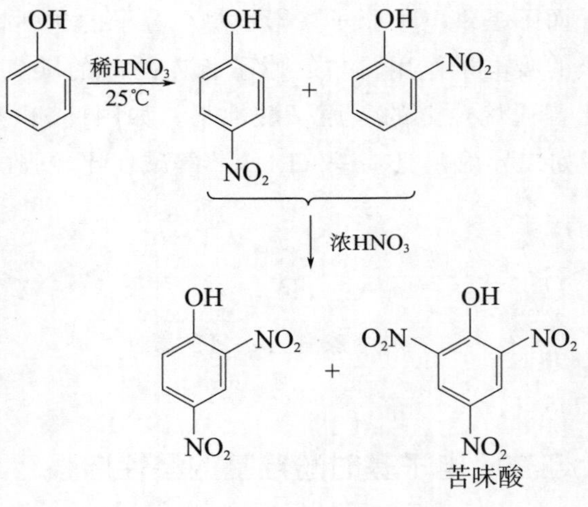

图 7-52 教材中苯酚的硝化反应

环的亲电取代过程中，常见的反应都是带正电荷的微粒对苯环进行亲电加成-消除过程，该过程往往因为苯环上电子云密度增大而变得容易，因此，苯酚发生常见的亲电取代反应比苯容易。

2. 苯酚有较强的还原性

苯酚在空气中非常不稳定，氧气能将苯酚氧化为淡红色的苯醌，从另一个角度讲，苯酚的还原性较强，因此，在苯酚的硝化过程中即使是稀硝酸也能将苯酚氧化，而苯酚和浓硝酸反应生成苦味酸的过程仅仅是一种理想结果。实验结果表明，苯酚遇到硝酸快速发生氧化还原反应同时放出大量的热，热量又促进硝酸对苯酚的氧化，真正能得到硝基苯酚的量非常小。

即使苯酚遇到氧化性比硝酸弱的溴单质时，也容易被氧化为黄色的四溴苯醌，如图 7-53 所示，因此，加入溴水通过生成白色的 2,4,6-三溴苯酚沉淀来检验苯酚的反应时需注意溴水不应过量。

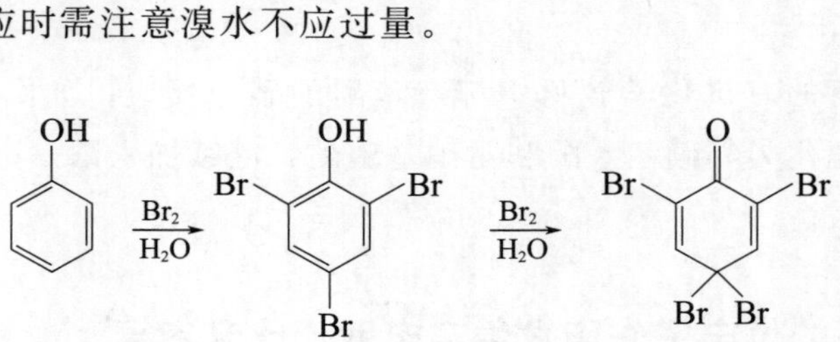

图 7-53 苯酚和溴水的反应

第八章

醛、酮

第一节　醛酮的加成反应

醛酮分子可以和氰化氢、亚硫酸氢钠、醇和氨的衍生物发生加成反应分别生成 α-羟基腈、α-羟基磺酸盐、半缩醛/半缩酮和各类含氮化合物，如图 8-1 所示。

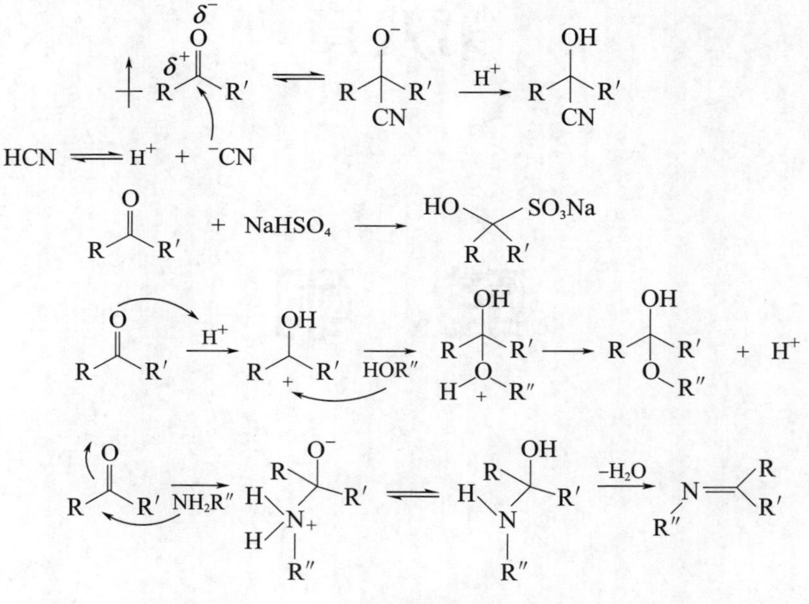

δ^- O
δ^+ R R′ ⇌ O$^-$ R R′ CN $\xrightarrow{H^+}$ OH R R′ CN

$$HCN \rightleftharpoons H^+ + {}^-CN$$

O R R′ + $NaHSO_4$ ⟶ HO SO_3Na R R′

O R R′ $\xrightarrow{H^+}$ OH R + R′ $\xrightarrow{HOR''}$ OH R R′ H + O R″ ⟶ OH R R′ O R″ + H^+

O R R′ $\xrightarrow{NH_2R''}$ O$^-$ R R′ H H N+ R″ ⇌ OH R R′ H N R″ $\xrightarrow{-H_2O}$ N R R′ R″

图 8-1　醛酮的加成反应

1. 醛酮的本身结构特点导致其容易发生（被）加成反应

如图 8-2 所示，醛酮的碳氧双键决定醛酮的氧、碳以及和碳相连的两个

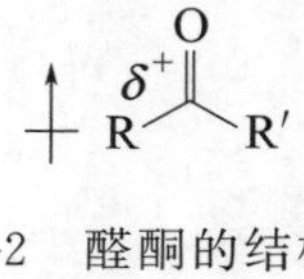

δ^- O
δ^+ R R′

图 8-2　醛酮的结构特点

原子处在一个平面上，因氧原子电负性比与之相连的碳原子大，双键电子云向氧原子靠近而导致双键极化，因此，氧原子周围电子云密度偏大而带部分负电荷，相应羰基碳原子周围带部分正电荷，故羰基经常被看成吸电子基的原因就是由羰基氧原子的吸电子作用导致的。羰基氧因其带部分负电荷而容易受到诸如氢正离子等亲电试剂的进攻，而羰基碳因其带部分正电荷而容易受到诸如氰基等亲核试剂的进攻。羰基的被加成反应往往习惯被简称为羰基的加成反应。

2. 醛酮的加成反应可以酸催化也可以碱催化

以质子酸为例，氢离子亲电进攻羰基的氧原子形成质子化的羰基，正电荷集中在氧原子上，氧原子的电负性加上正电荷的吸电子作用导致双键 π 电子云向氧靠近形成正碳（图 8-3），正碳接收碱的亲核进攻后完成羰基的加成过程。

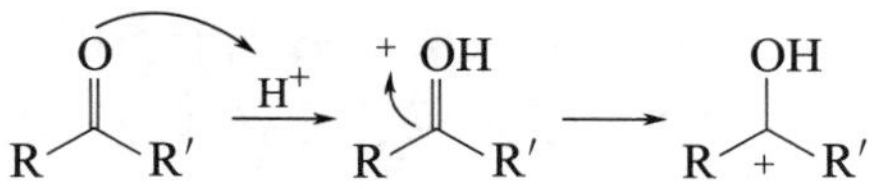
O
H+
+ OH
OH
R
R′
+

图 8-3　羰基的氢离子催化活化过程

以氰化氢和羰基的加成为例，氢氧化钠溶液能够促进这种加成反应的发生。因氰化氢是一个较弱的酸，自身电离出自由的氰基较少，氰化氢和碱反应生成氰基后促进氰基对羰基的亲核进攻从而促进整个反应进行，如图 8-4 所示。

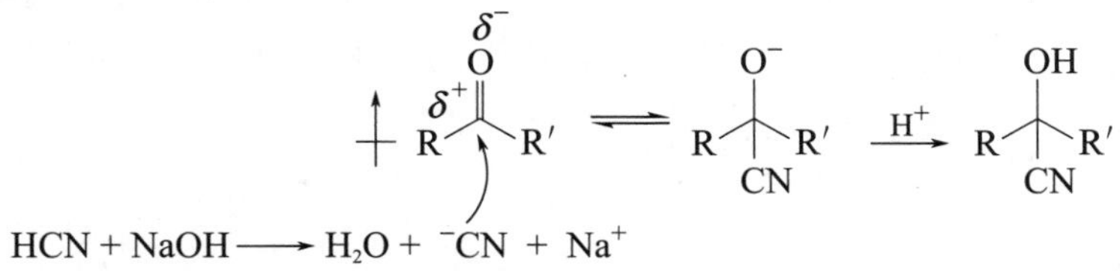
δ−
O
δ+
R
R′
O−
CN
H+
OH
HCN + NaOH ⟶ H2O + −CN + Na+

图 8-4　碱催化的氰化氢和羰基的加成反应

各类取代的胺类化合物因氮原子最外层的孤对电子具有一定的亲核性可以和羰基发生亲核加成反应，加成后形成的羟基容易和氮原子上的氢脱除水分子而形成碳氮双键，胺的这种亲核性也是胺的碱性的体现，因此，羰基和胺的衍生物的加成可以视为在碱性体系中进行。

3. 醛酮和亚硫酸氢钠的反应机理讨论

部分教材中展示的亚硫酸氢钠和羰基的加成反应机理如图 8-5 所示。在亚硫酸氢钠分子中有一个带负电荷的氧，该负电荷的氧的亲核性比硫原子强，图 8-5 中所示的硫原子最外层电子数已经达到 10 个，硫原子以自身的孤对电子作为亲核中心进攻羰基碳原子的位阻略大，该反应机理值得我们思考。

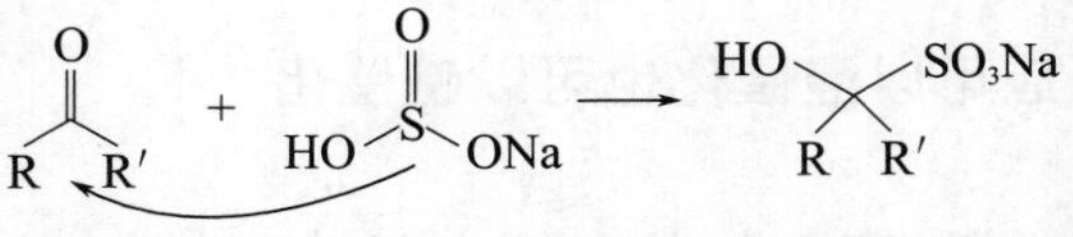

图 8-5 部分教材中的亚硫酸氢钠和羰基的加成反应机理

亚硫酸氢钠的分子结构应该如图 8-6 所示，中心硫原子分别和左右两个氧原子形成 σ 单键后最外层电子数已经达到 8 电子稳定态，继续和第三个氧结合时只能以配位键的形式结合，最终亚硫酸氢钠分子中中心硫原子最外层还有一对孤对电子，而分子中配位键决定了硫原子带有部分正电荷，带正电荷的硫原子亲核进攻羰基中带部分正电荷的碳不符合碰撞理论。

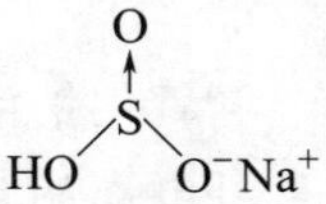

图 8-6 亚硫酸氢钠的分子结构

在羰基被质子酸化后形成正碳时，亚硫酸氢钠首先以氧负离子为亲核中心和正碳结合，这是容易进行的简单酸碱反应，反应首先生成亚硫酸单酯，该单酯结构经过重排后可以生成稳定性相对较强的 α-羟基磺酸盐，反应过程如图 8-7 所示。

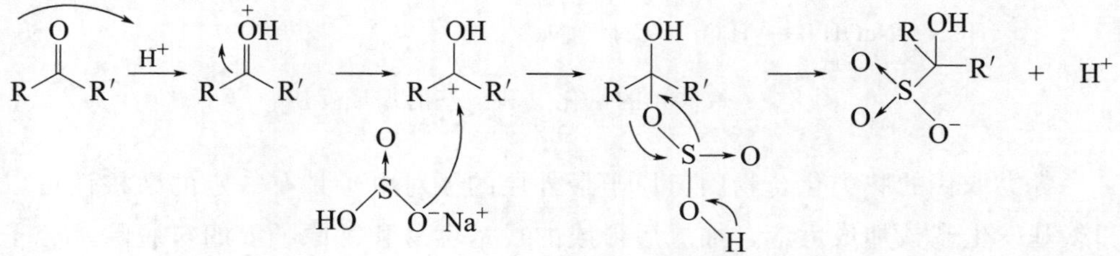

亚硫酸单酯

图 8-7 亚硫酸氢钠加成羰基的反应机理

第二节 醛酮 α-氢的反应

醛酮的 α-氢因羰基的吸电子性而具有较强的化学活性，因此，醛酮的 α 位容易发生化学反应。以羟醛缩合反应为例，两分子乙醛可以在碱作用下缩合成 3-羟基丁醛或 2-丁烯醛，如图 8-8 所示。

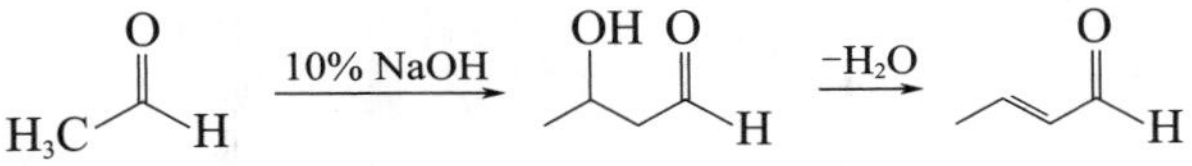

$$H_3C\text{-}CHO \xrightarrow{10\%\ NaOH} CH_3CH(OH)CH_2CHO \xrightarrow{-H_2O} CH_3CH{=}CHCHO$$

图 8-8 乙醛的羟醛缩合反应

1. 羰基的吸电子性导致其 α-氢的活性较高

如图 8-9 所示，在羰基的 α 位碳上有氢时，该碳氢 σ 键与羰基的双键产生 σ-π 共轭，在羰基的吸电子作用下，其 α 位碳氢 σ 键的电子向双键转移，因此，羰基的吸电子作用导致其 α 位碳上的氢有一定的酸性，氢电离后形成烯醇负氧结构。这种共振结构在恢复为羰基双键时，其 α 位因形成负碳而具有了一定的亲核性。羰基 α 位的活性主要指其亲核性。

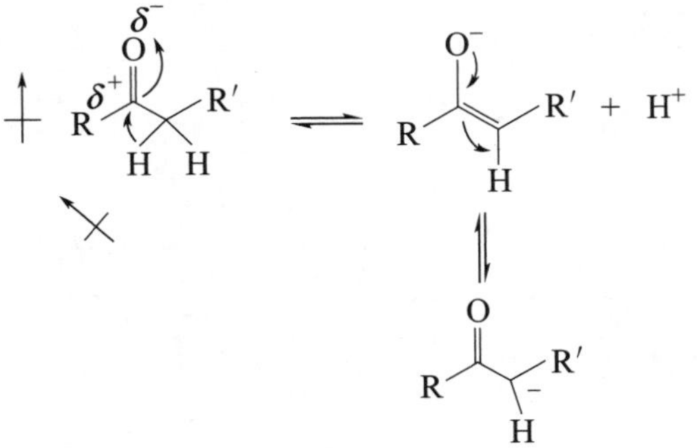

图 8-9 具有 α-氢的羰基的共振结构

2. 酸催化可以提升羰基 α-氢的活性

在酸催化下，质子首先亲电加成羰基的氧形成正碳，正碳离子的吸电子作用导致其邻位的氢活化离去后形成烯醇结构，烯醇结构在恢复羰基的过程中形成 α 负碳，如图 8-10 所示。总体来看，因酸的催化作用导致羰基的 α 位形成负碳从而有了较强的亲核性。

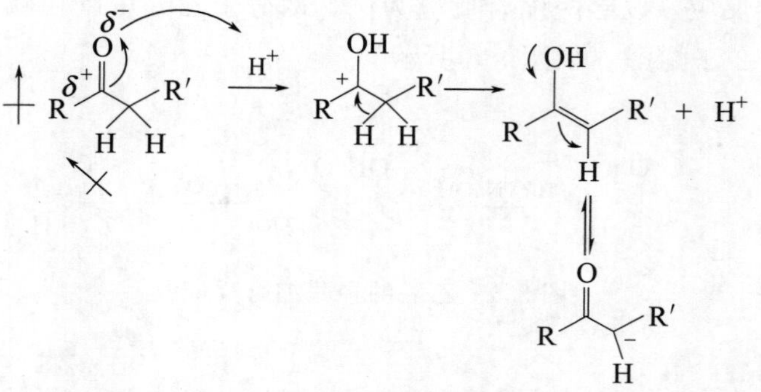

图 8-10 具有 α-氢的羰基的酸催化活化过程

3. 碱催化可以提升羰基 α-氢的活性

在碱的作用下，羟基进攻羰基 α 位的氢形成烯醇氧负离子（如果羟基首先进攻羰基则会生成不稳定的同碳双羟基化合物，该化合物分解后恢复到羰基化合物和氢氧根负离子），烯醇氧负离子恢复羰基结构时形成 α 位负碳（图 8-11），整个过程因碱的催化作用导致羰基的 α 位形成负碳从而有了较强的亲核性。这个过程经常简化为碱直接拔除羰基 α 位碳上的氢的过程，如图 8-12 所示。

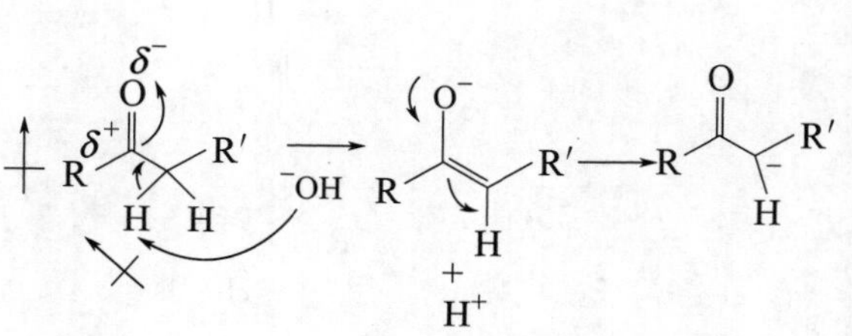

图 8-11 具有 α-氢的羰基的碱催化活化过程

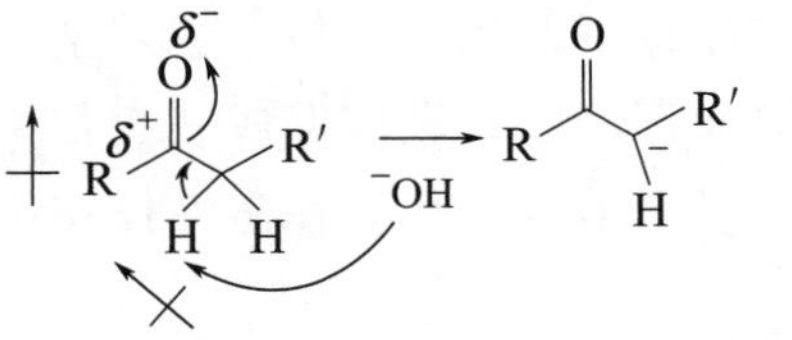

δ⁻ O δ⁺ R R′ H H ⁻OH → R O R′ H

图 8-12 简化的碱催化活化羰基 α-氢的过程

第三节 卤仿反应

凡是具有 2 号位羰基结构的化合物都能与卤素的碱溶液（或次卤酸盐溶液）作用生成卤仿和羧酸盐，该反应称为卤仿反应，如图 8-13 所示。

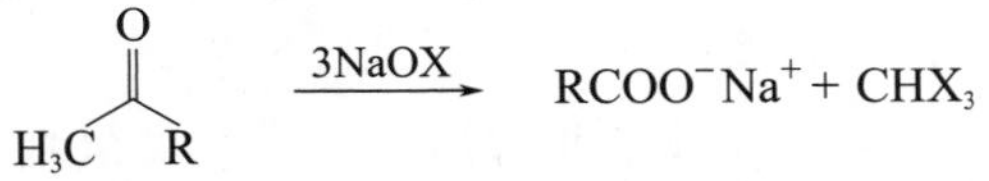

$$H_3C{-}CO{-}R \xrightarrow{3NaOX} RCOO^-Na^+ + CHX_3$$

图 8-13 卤仿反应

卤仿反应的机理如图 8-14 所示。在碱的作用下，羰基 α 位的氢被拔除形

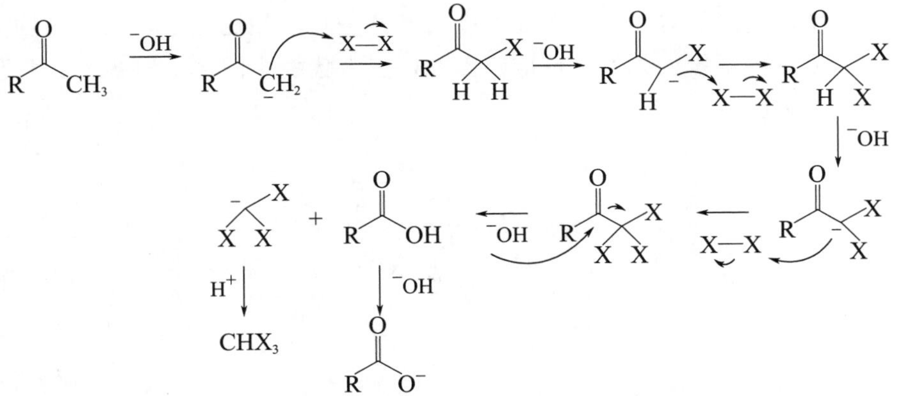

$RCOCH_3 \xrightarrow{^-OH} RCO\bar{C}H_2 \xrightarrow{X-X} RCOCH_2X \xrightarrow{^-OH} RCO\bar{C}HX \xrightarrow{X-X} RCOCHX_2 \xrightarrow{^-OH} RCO\bar{C}X_2 \xrightarrow{X-X} RCOCX_3 \xrightarrow{^-OH} \bar{C}X_3 + RCOOH$

$\bar{C}X_3 \xrightarrow{H^+} CHX_3$；$RCOOH \xrightarrow{^-OH} RCOO^-$

图 8-14 卤仿反应的机理

成负碳，负碳亲核卤素单质后形成羰基 α 位单取代的产物，因羰基 α 位共有三个可以反应的活性氢，因此重复取代三次后形成羰基 α 位有三个卤素取代的产物，该产物在羟基亲核取代下断裂碳碳键形成三卤代甲基负碳和羧酸，三卤代甲基负碳在捕捉水中的质子后形成卤仿。在碱性体系中，羧酸以羧基负离子的形式存在。

1. 卤仿反应只要启动后就直接生成卤仿

在卤仿反应过程中，当第一个卤素成功取代到羰基的 α 位之后，在羰基和卤素的共同吸电子作用下，羰基 α 位的剩余两个氢的酸性比取代之前更高，单 α-卤代的酮继续卤代的活化能降低而使反应变得容易。当成功取代两个卤素时，在两个卤素和羰基的共同吸电子作用下，最后的羰基 α-氢的取代变得非常容易，因此，在三次卤素取代后生成 α-三卤代酮。三卤代酮因三个电负性较强的卤素和吸电子的羰基同时连在同一个碳上而非常不稳定，在碱的作用下三卤代酮很容易转化为最终产物。

2. 三卤代酮中间体的（被）亲核位置只能是羰基碳的位置

如图 8-15 所示，三卤代酮分子非常不稳定，在氢氧根负离子亲核进攻时，理论上羰基的碳以及三个卤素相连的碳原子都可以接收亲核试剂的进攻。如果氢氧根进攻的是和三个卤素相连的碳原子时导致碳碳键的断裂形成三卤甲醇和羰基负碳，如图 8-16 所示，羰基负碳捕捉一个质子后形成醛，但该过程因为三个卤素和同一个碳相连而显得位阻太大，同时卤素本身携带的部分负电荷也会排斥氢氧根负离子对与卤素相连的碳的亲核进攻，相比之下，双键平面更容易让氢氧根负离子接近并发生反应。因此，三卤代酮中间体的（被）亲核位置只能是羰基碳的位置。

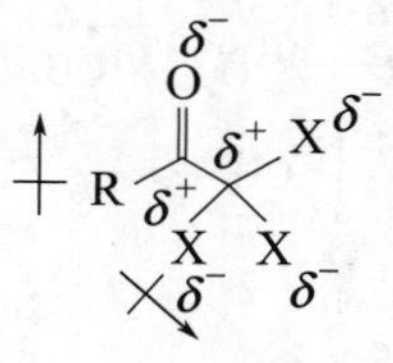

图 8-15　α-三卤代酮的分子结构

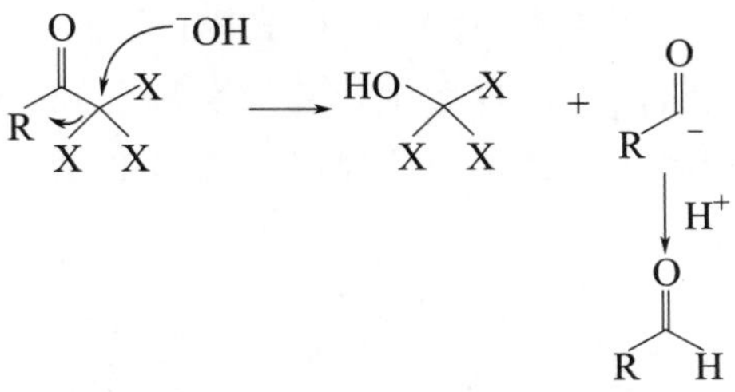

图 8-16 羟基如果进攻 α-三卤代酮中羰基 α 碳的路径

3. 羰基两个 α 位都有活性氢时反应产物不一定是卤仿

当 2-羰基化合物 3 号碳上也有活性氢时，此时卤代的位置就有了选择性。例如 2-丁酮在卤仿反应中能够生成丙酸钠和卤仿，而不会生成如图 8-17 中的 1,1-二卤乙烷。在 2-丁酮分子中，如图 8-18 所示，羰基的两个 α 位氢的酸性不同，其中在 4 号碳的甲基推电子作用下，3 号碳上的氢的酸性呈减小的趋势，而 1 号碳没有推电子基相连，因此和其相连的氢原子的酸性比 3 号碳强。因此，在卤仿反应中，1 号碳容易被卤代。

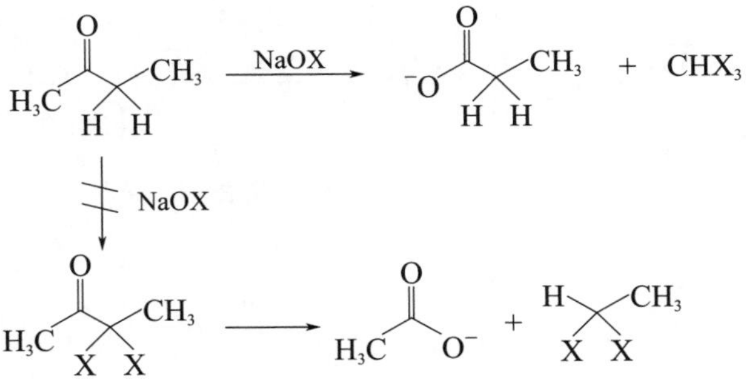

图 8-17 2-丁酮的卤仿反应

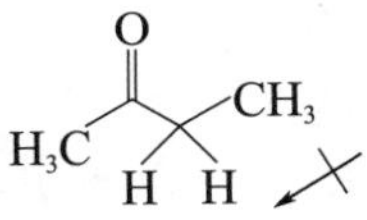

图 8-18 2-丁酮的 4 号甲基的推电子作用

在苯基丙酮分子中，因苯基和羰基的共同吸电子（苯基通过 σ-π 共轭吸电子）作用，苄基位碳上氢的酸性远大于 3 号碳上氢的酸性，因此苄位首先卤代，双卤化物在氢氧根负离子进攻后生成乙酸负离子和二卤苄，二卤苄在碱性情况下水解最终生成苯甲醛。具体反应路径如图 8-19 所示。

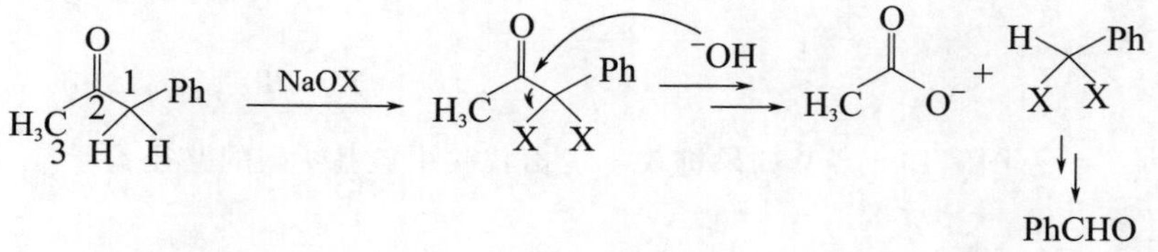

图 8-19 1-苯基丙酮与次卤酸钠的反应

4. 具有 2-羟基醇结构的化合物也能发生卤仿反应

如图 8-20 所示，异丁醇在卤素的碱溶液中首先被卤素单质或具有氧化性的次卤酸钠氧化为 2-丁酮，2-丁酮在次卤酸钠的作用下发生卤仿反应生成丙酸钠和卤仿，因此，在通过卤仿反应鉴别具有 2 位羰基化合物的时候注意 2 位羟基类化合物也具有反应活性。

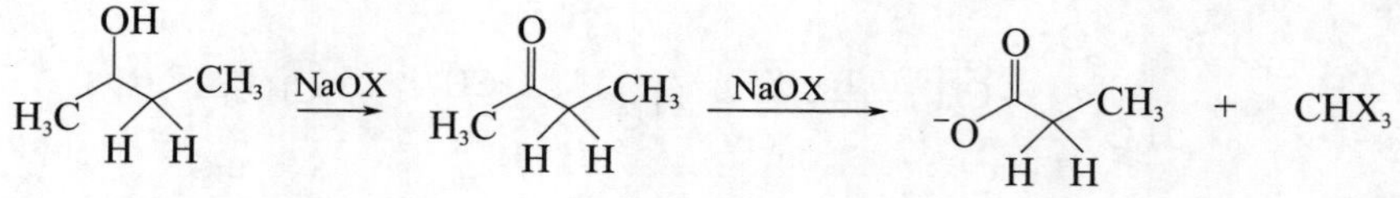

图 8-20 异丁醇的卤仿反应

第四节 康尼扎罗（Cannizzaro）反应

不含 α-氢原子的醛在浓碱作用下可以发生歧化反应生成一分子醇和一分子酸。例如苯甲醛发生康尼扎罗（Cannizzaro）反应后生成苯甲酸钠和苯甲醇，如图 8-21 所示。

$$PhCHO \xrightarrow[\triangle]{浓NaOH} PhCOO^- + PhCH_2OH$$

图 8-21 苯甲醛的康尼扎罗反应

在现行的各类有机化学教材中都很少涉及康尼扎罗反应的机理。以苯甲醛为例，其康尼扎罗反应的可能机理见图 8-22。

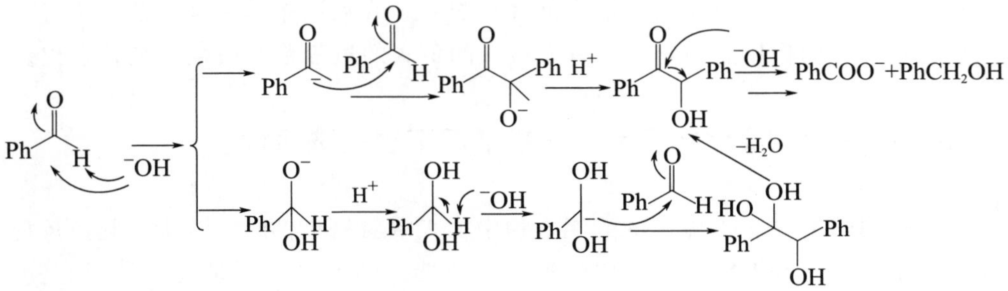

图 8-22 苯甲醛康尼扎罗反应的两个可能机理

1. 醛基的结构分析

如图 8-23 所示，苯甲醛中羰基氧的电负性导致羰基双键电子云向氧转移，整个分子中羰基的碳及其相连的氢有一定的酸性。氢氧根负离子和苯甲醛反应时可以进攻醛基碳发生加成反应，也可以进攻醛基氢发生酸碱反应生成苯甲醛负碳离子。

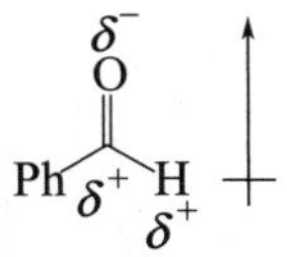

图 8-23 苯甲醛分子的极化示意图

2. 康尼扎罗反应必然经历负碳对醛基的加成过程

苯甲醛如果在氢氧根负离子进攻下生成苯甲醛负碳离子，该亲核性的负碳离子将会对另一分子苯甲醛进行亲核加成反应生成 α-羟基酮。α-羟基酮再经历类似卤仿反应的过程最终生成苯甲酸和苯甲醇。

苯甲醛如果在氢氧根负离子进攻下生成加成产物，该加成产物（水合醛）因两个羟基连在同一个碳原子上而不稳定，两个羟基的吸电子性导致苄位氢的酸性升高，在氢氧根负离子作用下，水合苯甲醛的苄位产生负碳离子，该负碳离子对另一分子苯甲醛亲核加成后生成 α-羟基酮。α-羟基酮再经历类似卤仿反应的过程最终生成苯甲酸和苯甲醇。

综合上述两种可能的路径，苯甲醛在发生康尼扎罗反应时必然经历负碳对醛基的加成过程和生成 α-羟基酮中间体的过程。在第一个苯甲醛的醛基碳经过氢氧根负离子的作用后转化为具有亲核性的负碳的过程称为极性的翻转过程。

3. 不同醛之间的康尼扎罗反应一般情况下也有选择性

在不同的不含 α-氢原子的醛混合物中加入浓氢氧化钠时，该康尼扎罗反应往往会生成一种醛被氧化另一种醛被还原的选择性产物而不是复杂的混合物。例如甲醛和苯甲醛混合物发生康尼扎罗反应时往往生成甲酸钠和苯甲醇，如图 8-24 所示。

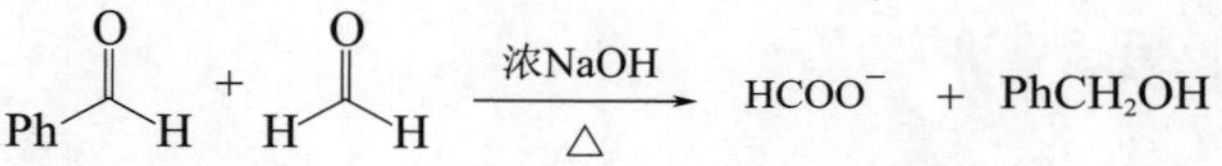

$$PhCHO + HCHO \xrightarrow[\triangle]{浓NaOH} HCOO^- + PhCH_2OH$$

图 8-24 苯甲醛和甲醛混合物的康尼扎罗反应

在苯甲醛分子中，苯环和羰基双键共轭，苯环的缺电子特性导致苯环将吸引羰基的电子向自身转移，单纯的因氧原子电负性比碳强导致的碳氧双键的极化被苯环的吸电子性削弱（图 8-25），因此，苯甲醛羰基碳周围电子云密度比甲醛碳原子周围电子云密度要大，相应地，甲醛的醛基氢的酸性比苯甲醛醛基氢的酸性强。

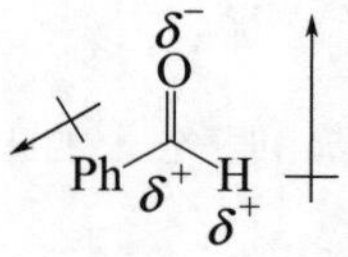

图 8-25 苯甲醛的结构

在氢氧根负离子同时遇到甲醛和苯甲醛时，氢氧根负离子和酸性较强的甲醛反应的活化能较低。如图 8-26 所示，甲醛和苯甲醛的康尼扎罗反应机理经历了甲醛负碳对苯甲醛羰基碳的亲核加成过程，在经历了该过程的路径后只生成了甲酸钠和苄醇而不生成甲醇和苯甲酸钠。

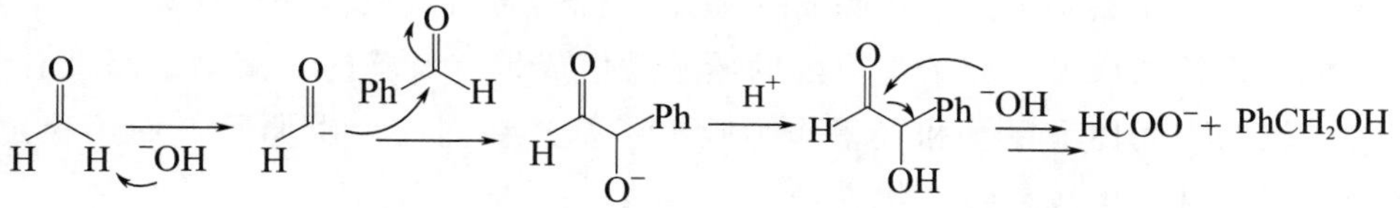

$$\xrightarrow{H^+} \xrightarrow{^-OH} HCOO^- + PhCH_2OH$$

图 8-26　甲醛和苯甲醛混合物的康尼扎罗反应

第五节　安息香缩合反应

在氰化钠催化下，两分子醛可以缩合为 α-羟基酮，该反应称为安息香缩合反应。以苯甲醛为例，经历了安息香缩合后生成安息香（二苯乙醇酮），如图 8-27 所示。

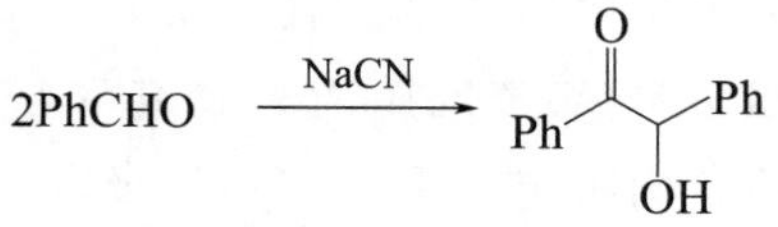

$$2PhCHO \xrightarrow{NaCN} PhCOCH(OH)Ph$$

图 8-27　苯甲醛的安息香缩合反应

安息香缩合反应的机理如图 8-28 所示。苯甲醛在氰基负离子进攻下发生

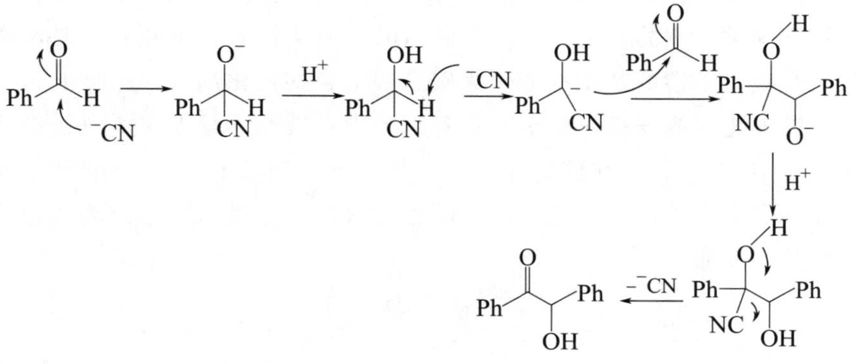

图 8-28　安息香缩合的反应机理

加成反应形成 α-羟基腈。在氰基和羟基的双重吸电子作用下，α-羟基腈的苄位氢酸性升高，在氰基负离子拔除 α-羟基腈苄位的氢后生成苄基负碳离子。苄基负碳离子亲核加成另一分子苯甲醛的羰基后生成带有氰基的二聚物，因带有氰基的二聚物中间体上氰基和羟基作为吸电子基连在同一个碳原子上而不稳定，在脱除了氰基后生成最终产物安息香。

1. 安息香缩合经历了羰基极性反转的过程

安息香缩合时两分子醛的羰基碳结合形成二聚体，单纯看每一个醛基碳都带有一定的正电荷，两个带有相同正电荷的原子的偶联本身并不符合碰撞理论，而在安息香缩合中，如果不将其中一个醛的羰基碳所带的正电荷转化为负电荷的话，安息香缩合反应就不能发生。氰基负离子催化安息香缩合的过程在一定程度上就是将一分子醛的醛基碳原子的极性进行翻转的过程。

2. 氰基负离子的碱性（亲核性）和氰基的吸电子性决定氰化钠能催化安息香缩合反应

氰基负离子本身作为带负电荷的基团属于路易斯碱并具有亲核性，在其亲核加成苯甲醛的醛基形成 α-羟基苯乙腈时，腈基和羟基连在了同一个碳原子上。氰基本身碳氮三键的结构决定其具有较强的吸电子性，在氰基和羟基的双重吸电子官能团作用下，α-羟基苯乙腈的苄位氢具有较强的酸性，在氰基负离子拔除该酸性氢时，苄位碳则成为负碳离子，整个过程氰基使苯甲醛醛基碳由带部分正电荷转化为负碳。

在不同环境下分别显碱性（亲核性）和吸电子性的基团并不常见，氰基负离子就属于这种特殊的基团。理论上游离时具有碱性（亲核性）同时和碳原子相连时具有吸电子性的基团都能作为安息香缩合的催化剂，如咪唑卡宾（图 8-29）就可以催化合成安息香。卡宾本身因为中心碳原子最外层 6 电子结构决定其有碱性（亲核性），在和底物相连后，因为咪唑环上的氮原子的吸电子性决定咪唑环具有吸电子性，一定条件下制备的取代的咪唑卡宾已成功运用到各类安息香的缩合反应中。

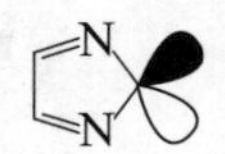

图 8-29 咪唑卡宾（安息香催化剂）

第九章

羧酸及衍生物

第一节 酯化反应

在高中有机化学模块中，苏教版和人教版教材均展示了以^{18}O标记的乙醇和乙酸在浓硫酸催化下生成乙酸乙酯的反应，反应后^{18}O最后处于生成的乙酸乙酯中，根据这一实验事实得到乙酸脱除羟基、乙醇脱除氢的酯化反应机理（图 9-1）。

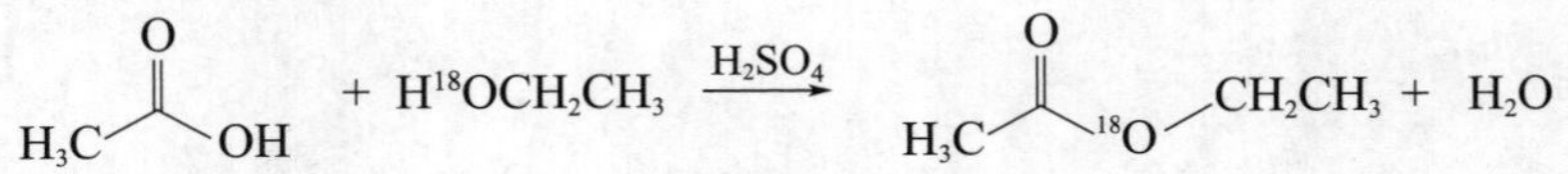

$$CH_3COOH + H^{18}OCH_2CH_3 \xrightarrow{H_2SO_4} CH_3CO^{18}OCH_2CH_3 + H_2O$$

图 9-1 高中教材中展示的乙酸和乙醇的反应

在绝大多数有机化学教材中展示的乙酸和乙醇反应成酯的反应机理如图 9-2 所示。

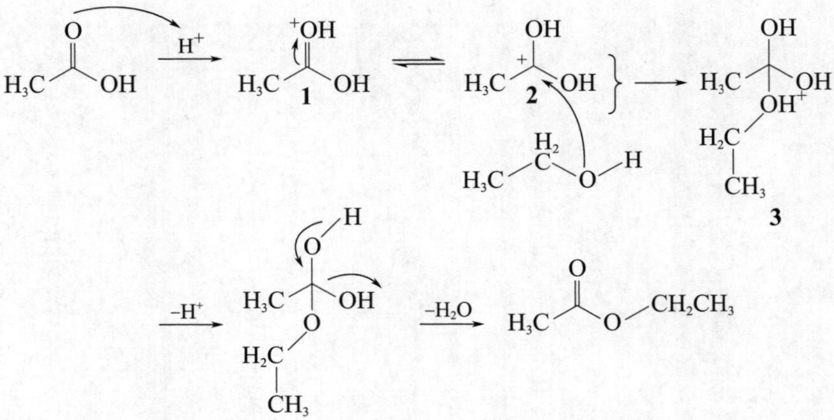

图 9-2 有机化学教材中乙酸和乙醇反应成酯的反应机理

该机理显示，首先乙酸的羰基质子化生成中间体 **1**，中间体 **1** 异构化为碳正离子中间体 **2**，乙醇的氧亲核进攻中间体 **2** 的正碳位置生成中间体 **3**，中间体 **3** 脱除质子后形成中间体 **4**，中间体 **4** 因为两个羟基连在同一个碳原子上不稳定，脱除一分子水后形成产物乙酸乙酯。从该反应机理中能明确看出在酯化过程中乙醇脱除氢而乙酸脱除羟基生成乙酸乙酯的过程。

1. 在乙酸和乙醇的酯化反应中醇也可能先被酸化

在乙酸和乙醇反应生成酯的过程中，如果乙醇首先被质子化，同样具有亲核性的乙酸根负离子也可进攻乙醇的 α 碳，然后取代掉一分子水后得到乙酸乙酯（图 9-3）。

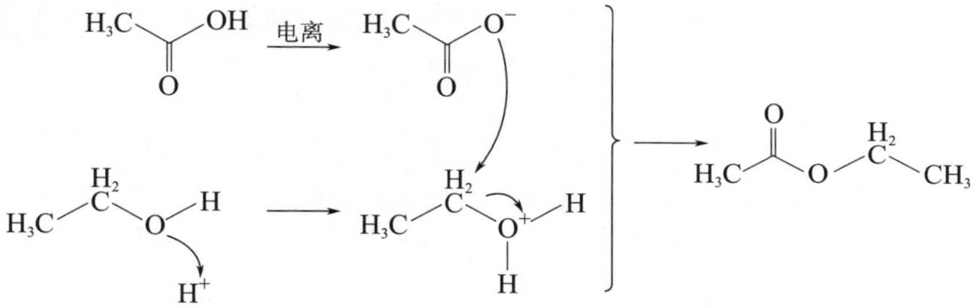

图 9-3　乙酸和乙醇酯化反应中假设的乙醇先质子化时的酯化机理

其实，根据正负电荷相互吸引的原理，醇羟基和羰基质子化的顺序取决于这两个官能团的电子云密度，电子云密度越大的部位越容易吸引质子，从而产生质子化现象。羧酸中羟基直接和碳氧双键相连，产生明显的 p-π 共轭效应，因此羟基是“推”电子基。而在碳氧双键结构中，因为氧的电负性比碳大，所以双键电子云靠近氧而远离碳，加上羟基的“推”电子作用，所以羧基中羰基氧周围的电子云密度明显偏大，容易吸引质子而发生质子化现象。相比之下，醇羟基中的氧也是强电负性原子，但是其质子化能力没有羧基中的双键氧原子质子化能力强。这就是乙酸中羧基比乙醇中羟基容易质子化的原因，也是乙酸和乙醇酯化反应时乙酸脱除羟基而乙醇脱除氢的本质原因。

2. 并不是所有的有机酸和醇酯化反应时都像乙酸和乙醇酯化反应那样是有机酸的羧基优先质子化

比较图 9-2 和图 9-3 可以发现，乙酸中羰基、乙醇中羟基都能质子化，且处于动态平衡中（图 9-4）。当然，乙酸的质子化程度比乙醇要“大”，即乙酸质子化平衡的平衡常数大。那是否存在一种质子化平衡常数比乙酸质子化平衡常数大的醇呢？或者说是否存在比乙酸优先质子化而脱除羟基成酯的醇呢？

$$CH_3COOH \underset{-H^+}{\overset{+H^+}{\rightleftharpoons}} CH_3C(OH)=OH^+$$

$$CH_3CH_2OH \underset{-H^+}{\overset{+H^+}{\rightleftharpoons}} CH_3CH_2OH_2^+$$

图 9-4　乙酸和乙醇的质子化平衡式

例如叔丁醇，其质子化时产生相对较稳定的叔正碳离子，所以其质子化平衡常数大于乙酸的质子化平衡常数（图 9-5）。

$$(CH_3)_3C-OH + H^+ \rightleftharpoons (CH_3)_3C-O^+H_2 \xrightarrow{-H_2O} (CH_3)_3C^+$$

$$CH_3COOH \xrightarrow{电离} CH_3COO^-$$

$$\longrightarrow CH_3COOC(CH_3)_3$$

图 9-5　乙酸和叔丁醇的酯化反应机理

根据正碳离子稳定性的判断，除叔正碳是较为稳定的正碳之外，烯丙基正碳、苄基正碳也是较为稳定的正碳，这类正碳因为相对比较稳定，所以相应的醇遇到酸之后都可以轻易地质子化进而生成相应的正碳离子。由此可以推测出，叔丁醇、烯丙醇和苄醇与乙酸反应成酯时是醇脱除羟基而乙酸脱除氢的过程。

第二节　瑞弗马斯基（Reformatsky）反应

醛酮与 α-卤代酸酯在金属锌粉作用下缩合而得 β-羟基酸酯的反应称为瑞弗马斯基（Reformatsky）反应，如图 9-6 所示。反应中产物经常会脱水生成

α,β-不饱和酯。

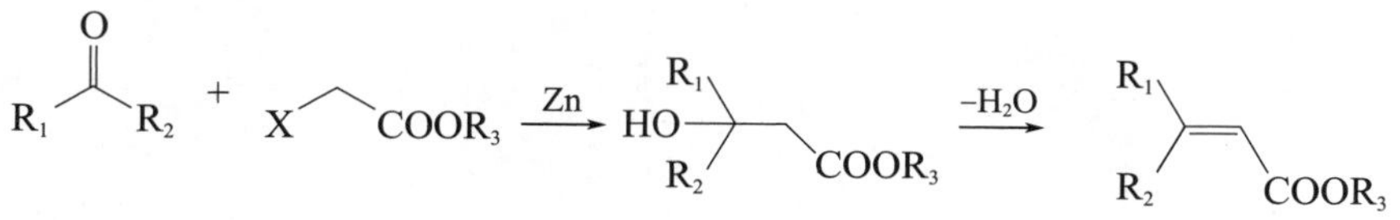

图 9-6 瑞弗马斯基反应

瑞弗马斯基反应的机理如图 9-7 所示。α-卤代酸酯在金属锌粉作用下首先形成 α 碳负离子，该负离子对羰基进行加成后得到 β-羟基酯，β-羟基酯类化合物容易脱除一分子水形成共轭的 α,β-不饱和酯。

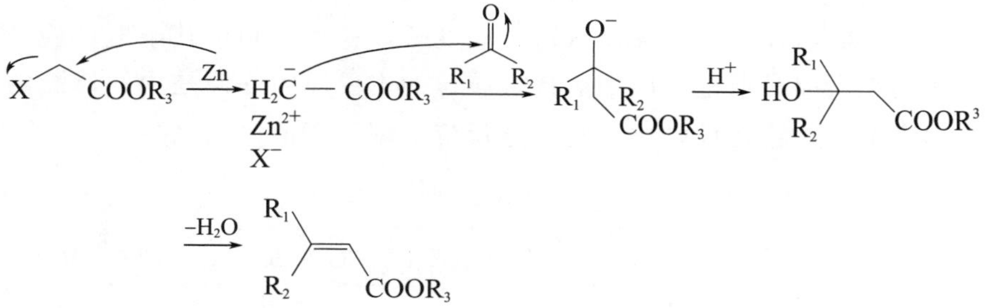

图 9-7 瑞弗马斯基反应机理

1. 锌不是瑞弗马斯基反应的必选金属

在瑞弗马斯基反应中，金属锌首先和 α-卤代酯反应生成酯的 α 碳负离子，在该步反应中，金属锌通过供给 α-卤代酯电子以断裂碳卤键形成金属锌试剂，这步反应类似于格氏试剂的生成反应，锌的作用就是提供电子还原碳卤键。我们有理由相信，诸如金属铝、镁等和金属锌活性接近的金属都可以替代金属锌参与该步化学反应的过程。

2. 瑞弗马斯基反应中碳负离子的结构决定该反应产率不高

图 9-8 所示为瑞弗马斯基反应中金属锌试剂的结构。该金属试剂是有一个亲核中心的负碳离子，同时该试剂有一个酯基，酯基中的双键碳原子带有部分正电荷而有亲电性。一个同时具有亲核中心和亲电中心结构的微粒的稳定性应

该不会很高，其微粒间的亲核加成反应不可避免。

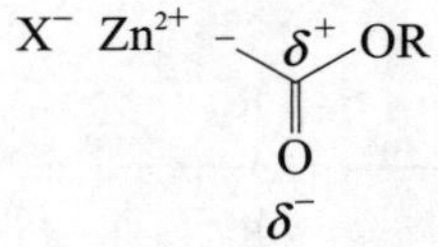

图 9-8 瑞弗马斯基反应中锌试剂的结构

在格氏试剂涉及的反应中，我们知道格氏试剂可以和酯反应生成酮和醇，如图 9-9 所示，常见的格氏试剂都可以在常温下和酯发生反应。比对锌试剂和镁格氏试剂，二价锌离子的碱性比二价镁强，因此酯基在遇到这两种金属离子时更容易受到金属锌的活化从而受到亲核试剂的进攻，如图 9-10 所示。但是，在酯的负碳离子生成后，锌离子的亲电性（酸性）比镁离子强的性质决定其和碳负离子之间的电荷吸引力强。从这个角度看，锌离子利用其亲电性稳定碳负离子的作用是瑞弗马斯基反应中选择金属锌的主要原因。但是中间体酯的锌试剂一定程度上的不稳定性是瑞弗马斯基反应产率不高的原因之一。

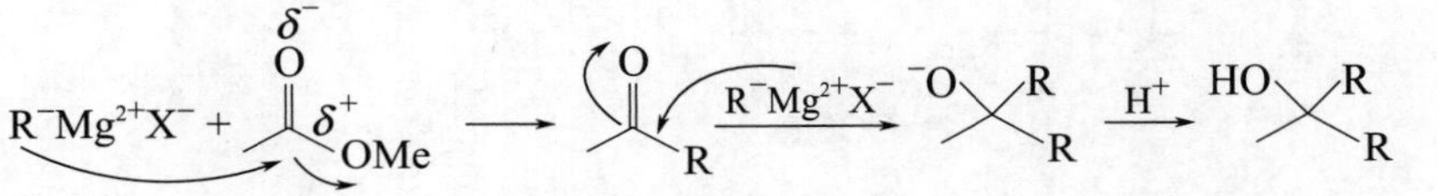

图 9-9 格氏试剂和乙酸甲酯的反应

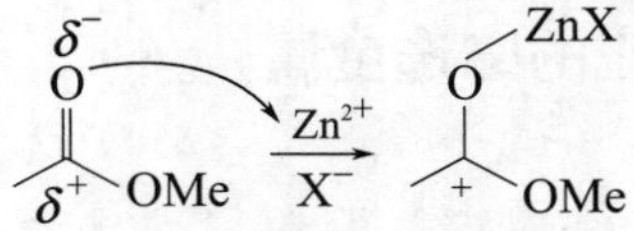

图 9-10 锌离子对酯的活化作用

酯的锌试剂在保存不当时，可能发生如图 9-11 的反应过程。带有酯基的锌试剂亲核取代另一分子酯基后可生成乙酰乙酸乙酯碳负离子，重复类似的反应过程后最终可能生成具有四个羰基结构的化合物。

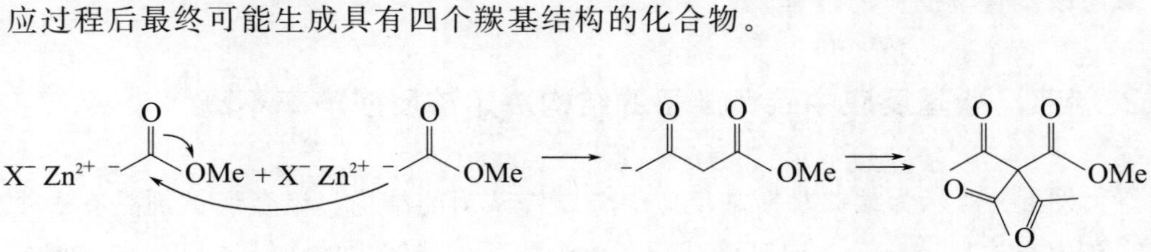

图 9-11 瑞弗马斯基反应中的可能副反应

第三节　羧酸衍生物的生成和稳定性

羧酸在一定的条件下可以转化为酰胺、酯、酸酐和酰卤，这些产物都属于羧酸的衍生物，如图 9-12 所示。

图 9-12　羧酸衍生物的生成

1. 由羧酸和氨气直接反应生成酰胺时需要较高的温度

将氨气通入羧酸溶液中直接加热可以得到酰胺，这是制备酰胺的方法之一。因羧酸遇到氨气后首先反应生成羧酸的铵盐，通常情况下将铵盐在一定温度下加热脱水也能生成酰胺。羧酸铵盐由羧酸根和铵离子通过离子键结合而成，铵离子中正电荷集中在氮原子上；羧酸根负离子的负电荷通过 p-π 共轭作用分散在整个构成羧基的三个原子上，因为氧的电负性比碳要高，因此，羧基的负电荷主要集中在两个氧原子周围。根据羧基的吸电子特性我们可以推测出羧基的碳原子应该带有部分正电荷，铵离子中带正电荷的氮原子进攻羧酸根离子中带部分正电荷的碳原子应该比较困难，因此整个反应过程中需要对某个位置进行极性翻转。铵离子和羧酸根离子的电荷分布如图 9-13 所示。

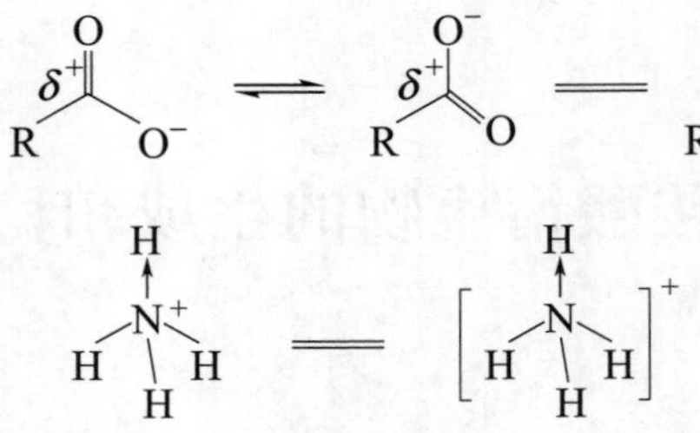

图 9-13　羧酸根离子和铵离子的结构

在高温情况下，羧酸铵盐分解为自由的氨分子和羧酸，氨分子通过氮的孤对电子亲核进攻羧酸的带部分正电荷的碳原子，取代掉羧酸上氢氧根负离子生成酰胺和水，如图 9-14 所示。

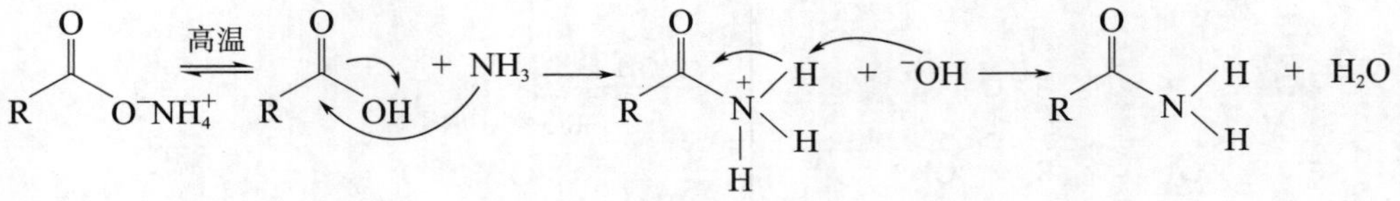

图 9-14　酰胺的生成过程

在整个反应过程中，氨分子亲核进攻羧基碳取代氢氧根负离子是一个弱碱（氨分子）取代强碱（氢氧根负离子）的过程，该过程的反应较为困难，该步反应后氢氧根负离子很快亲核进攻铵离子的氢生成水，水的生成导致氢氧根离子的浓度减小从而促进整个反应的进行。在高温下（大于水的沸点 100℃），水脱离整个反应体系使整个反应更容易进行。

2. 由羧酸脱水成酸酐时通常需要酸催化

在两分子羧酸脱水生成酸酐的反应中，如果不加催化剂，整个机理是羧酸电离出的羧酸根负离子用氧的负电荷亲核取代另一个羧酸分子的氢氧根生成酸酐，如图 9-15 所示。

在整个反应过程中，羧酸根负离子作为弱碱取代另一分子羧酸的氢氧根（强碱）是比较困难的，有的教材使用高温双分子电离（自偶电离）来解释，如图 9-16 所示。一分子羧酸将质子电离后转移到另一个羧基上形成正碳，正碳和羧基负离子结合脱除一分子水后生成酸酐。

从羧酸自偶电离生成酸酐的过程我们可以推测出：在外加强酸催化下，羧

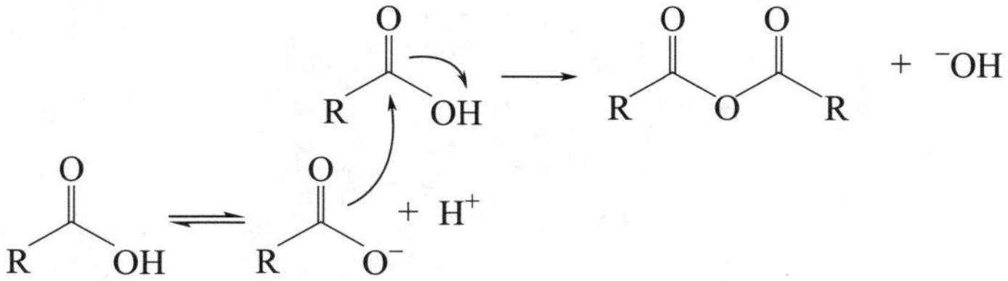

图 9-15 羧酸高温脱水生成酸酐的过程

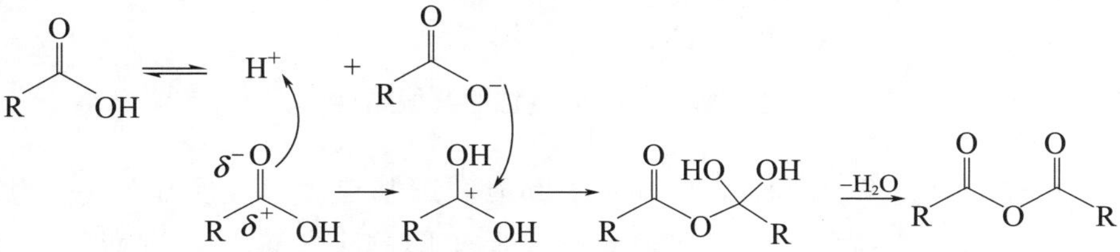

图 9-16 教材中的酸自偶电离生成酸酐的机理

酸也能脱水生成酸酐。如图 9-17 所示，在酸催化下，羧基首先转化为正碳离子，正碳离子接收羧酸中氧的亲核后，脱水和脱除正氢离子生成酸酐。

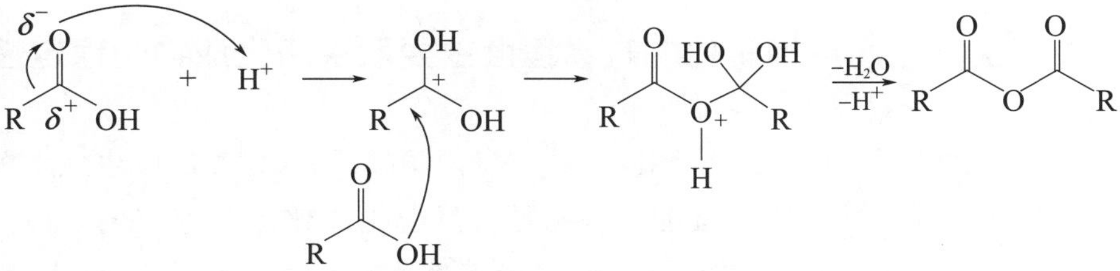

图 9-17 酸催化下的羧酸脱水成酸酐过程

3. 酰胺→酯→酸酐→酰卤的不稳定性逐渐升高

无论是酰胺、酯、酸酐和酰卤，分子中都存在 p-π 共轭现象，各分子的共振结构如图 9-18 所示。

在元素周期表中，从碳原子、氮原子、氧原子到氟原子，原子的半径逐渐减小，但是同一周期的原子间半径差异和不同周期的原子间的半径差异小，因此，从原子半径看，碳原子和氮原子、氧原子以及氟原子都比较接近。与羰基

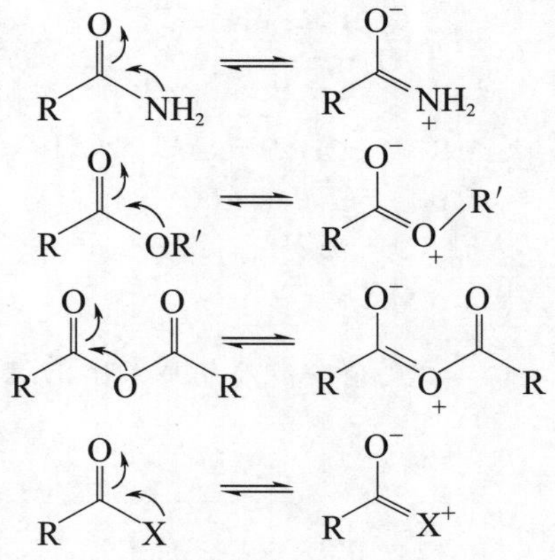

图 9-18　羧酸衍生物的共振结构

碳原子相连的氮原子、氧原子和氟原子都能和羰基双键形成明显的 p-π 共轭，其中氮原子和羰基双键的 p-π 共轭因碳氮原子间的半径最为接近而共轭度最大。因此，酰胺稳定性大于酸酐、酯以及酰氟。酸酐因为两个吸电子的羰基同时连在一个氧原子上，虽然两个羰基都能和中间的氧原子形成 p-π 共轭，但是其化学活性比酯要高。在所有的酰卤分子中，因氟原子的半径和碳最为接近，因此，酰氟比酰氯稳定，酰氯比酰溴稳定，而在一般条件下，酰碘难以制备。

4. 羧酸衍生物之间互相转化的难易程度主要取决于生成物的稳定性

羧酸衍生物之间可以互相转化，例如常温下酰氯可以和醇反应生成比酰氯稳定的酯（酰氯的醇解）；酰氯也可以和氨气反应生成比酰氯稳定的酰胺（酰氯的氨解）。从稳定度小的羧酸衍生物向稳定度大的衍生物转化时较为容易，如图 9-19 所示，酰氯在常温下可以依次酸解为酸酐、醇解为酯和胺解为酰胺。但是，酰胺如果想水解为羧酸则需要一定的温度和催化剂。在酸催化下，酰胺转化为氨正离子，在高温作用下，水中的氢氧根负离子亲核取代氨离子生成羧酸，机理如图 9-20 所示。

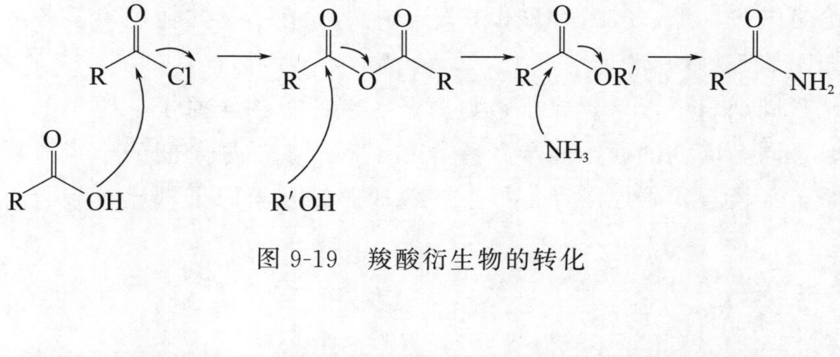

图 9-19　羧酸衍生物的转化

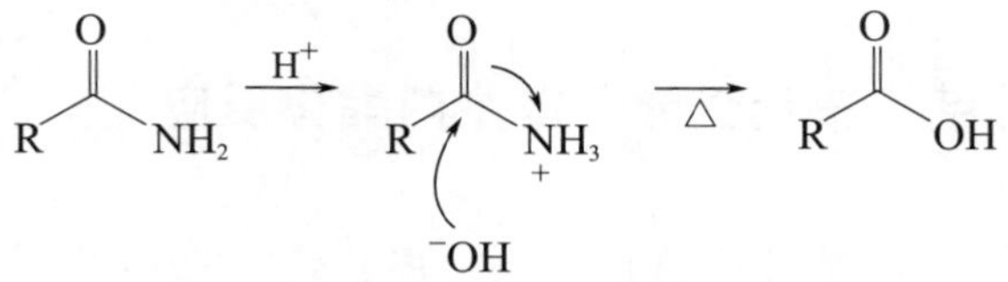

图 9-20　酰胺的水解过程

第四节　不饱和羧酸的卤内酯化反应

不饱和羧酸的双键与卤素加成时会生成环状的内酯化合物，如果能够形成张力较小的五元或者六元环时反应容易发生。如图 9-21 所示，正戊酸-4-烯的溴内酯化反应生成五元内酯环和六元内酯环的混合物。

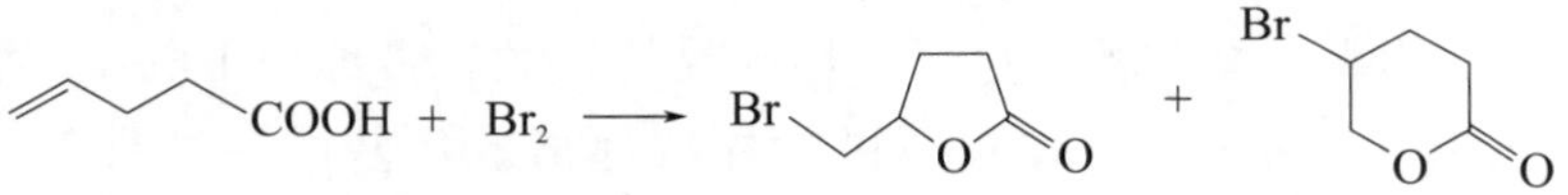

图 9-21　正戊酸-4-烯的溴内酯化反应

以正戊酸-4-烯的溴内酯化反应为例，其反应机理如图 9-22 所示。溴单质极化后生成溴正离子，溴正离子对双键进行亲电加成后首先生成三元环的溴鎓离子，羧基氧亲核进攻溴鎓离子带部分正电荷的碳原子后三元环开环生成内酯键。整个反应过程需要羧基脱除一个氢正离子。

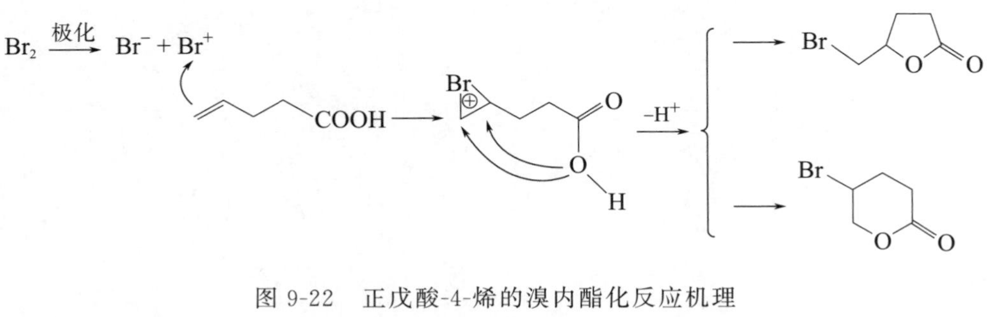

图 9-22　正戊酸-4-烯的溴内酯化反应机理

1. 不饱和羧酸的结构决定其能否发生内酯化反应

在不饱和羧酸中，如果双键和羧基距离较近，在卤化过程中羧基氧因为位阻较大不能“回头”亲核进攻溴鎓带部分正电荷的碳原子而不能形成内酯环。这个时候则生成双键加溴的产物。例如，丙烯酸和溴反应生成 2,3-二溴丙烯酸（图 9-23）。在羧基“回头”进攻溴鎓离子能生成五元内酯环或者六元内酯环时，内酯化反应最容易进行。

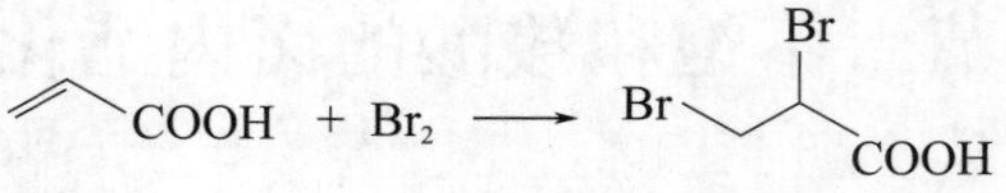

COOH + Br_2 ⟶ Br ... Br ... COOH

图 9-23　丙烯酸和溴的加成反应

2. 在室温情况下不饱和羧酸酯也容易自身发生化学反应而变质

在正戊酸-4-烯分子中，羧基本身的结构决定其氧原子带部分负电荷而羰基碳带部分正电荷，羧基的吸电子作用导致其 α-碳也带部分正电荷，双键 π 电子因为取代烷基的 p-π 共轭作用而极化导致远离取代基的一端带部分负电荷（图 9-24），正戊酸-4-烯分子中羧基氧原子可能对远端的双键进行亲核加成而生成内酯环状化合物，反应过程如图 9-25 所示。

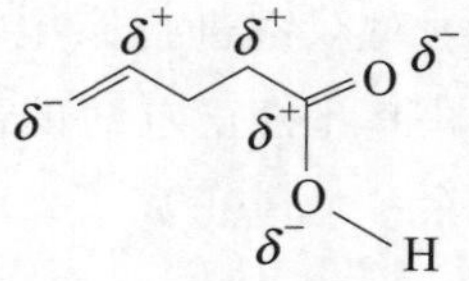

δ^+ δ^+ O δ^- δ^- δ^+ O δ^- H

图 9-24　正戊酸-4-烯的分子极化示意图

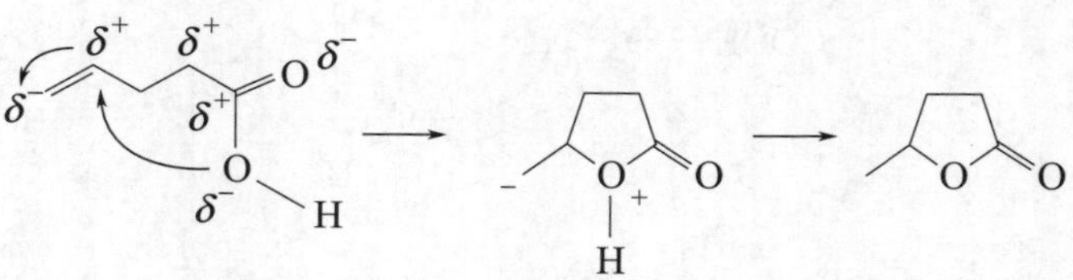

δ^+ δ^+ O δ^- δ^- δ^+ O δ^- H ⟶ − O + O H ⟶ O O

图 9-25　正戊酸-4-烯的分子内加成反应

第五节 克莱森（Claisen）反应和狄克曼（Dieckmann）反应

两分子羧酸酯缩合生成β-酮酸酯的反应称为克莱森（Claisen）反应或者克莱森酯缩合反应，如果在同一个分子中进行反应生成环状化合物则称为狄克曼（Dieckmann）反应或狄克曼酯缩合，如图 9-26 和图 9-27 所示。

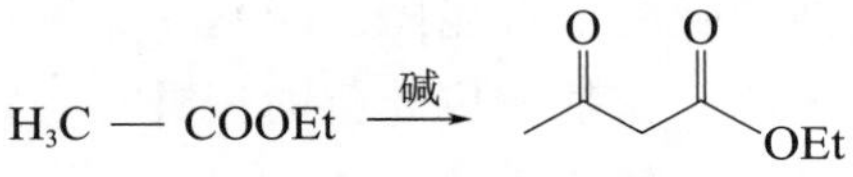

$$H_3C-COOEt \xrightarrow{\text{碱}} CH_3COCH_2COOEt$$

图 9-26 乙酸乙酯的克莱森缩合反应

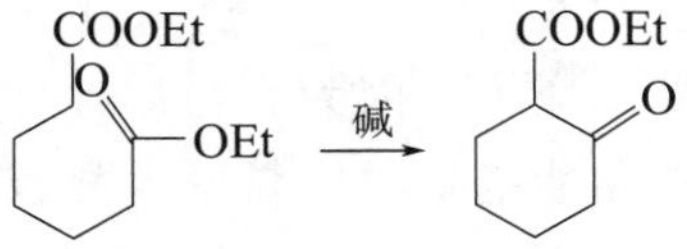

图 9-27 庚二酸的狄克曼酯缩合反应

克莱森反应的机理如图 9-28 所示。在碱（如叔丁醇钠）作用下，酯基α位的活性氢和碱反应后生成负碳离子，该乙酸乙酯负碳离子亲核进攻另一分子乙酸乙酯的羰基碳取代掉乙氧基后生成乙酰乙酸乙酯。

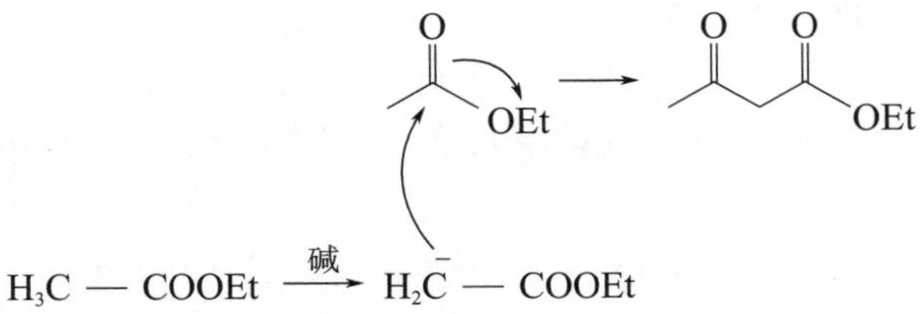

$$H_3C-COOEt \xrightarrow{\text{碱}} H_2\bar{C}-COOEt$$

图 9-28 乙酸乙酯的克莱森反应机理

和克莱森反应机理类似，狄克曼反应的机理如图 9-29 所示。庚二酸分子中一个酯基 α-氢和碱反应后生成负碳离子，该负碳进攻另一端酯基的碳取代掉乙氧基后生成 α-羰基环己基甲酸乙酯。

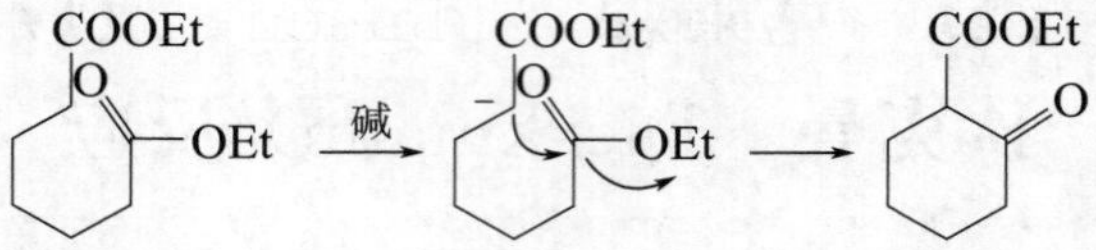

COOEt O OEt 碱 COOEt O OEt COOEt O

图 9-29 庚二酸的狄克曼酯缩合反应机理

1. 酯基的吸电子性是 α-氢具有酸性的原因

酯基中两个电负性比碳强的氧原子与碳原子直接相连，两个氧原子的吸电子作用导致酯基是比较强的吸电子官能团。酯基 α 位碳原子受到酯基吸电子的作用而带部分正电荷，因此，酯基 α 位碳上的氢具有一定的酸性，在碱的作用下，酯基 α 位可以脱除氢离子转化为负碳离子。

2. 克莱森反应和狄克曼反应中使用的碱的亲核性不能太强

在克莱森反应和狄克曼反应中，因为底物都含有酯基，一般情况下碱也同时具有亲核性，因此，在碱和酯基 α 位的氢发生酸碱反应时，碱也可能作为亲核试剂进攻羧基的碳原子发生取代反应。以氨基钠和乙酸乙酯反应为例，如图 9-30 所示，氨基负离子可以进攻酯基碳取代掉乙氧基生成乙酰胺，氨基负离子也可以进攻酯基 α 位的活性氢生成相应负碳离子，亲核性越强的碱发生亲核取代的可能性越大。比较这两个反应位置，亲核取代时的位阻相对较大而活化能较高，因此在克莱森反应和狄克曼反应中，我们可以利用这种位阻作用以选择性地控制在酯基 α 位发生反应，诸如叔丁醇钠等因位阻较大导致亲核性较弱的碱成为该类反应的较好催化剂。

3. 能生成张力比较小的五元环或者六元环的狄克曼反应较容易发生

在狄克曼反应中，在特殊情况下，如果两个酯基的位置关系可能导致其中一个酯基 α 位的负碳不能进攻另一个酯基时，狄克曼反应就比较困难。例如一般情况下丁二酸二乙酯和戊二酸二乙酯就很难发生狄克曼反应生成三元和四元

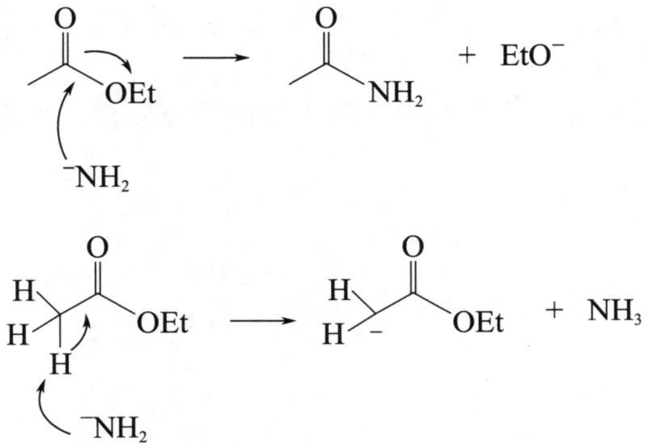

图 9-30　氨基负离子和乙酸乙酯反应时的两种可能机理

内酯环，如图 9-31 所示。

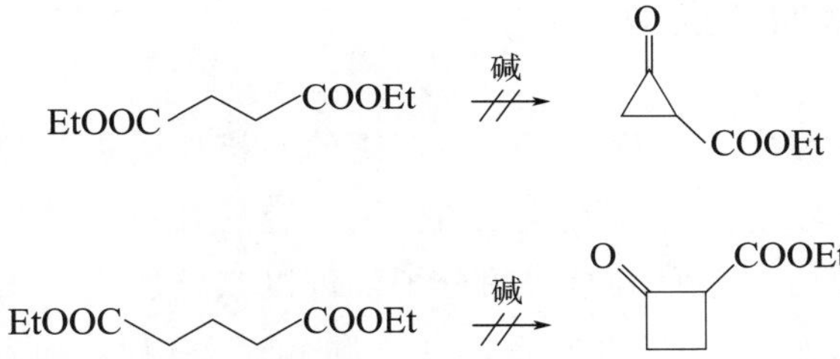

图 9-31　丁二酸二乙酯和戊二酸二乙酯很难发生狄克曼反应

第六节　迈克尔加成（Michael addition）反应

活性亚甲基化合物和 α,β-不饱和羰基化合物在碱作用下发生加成反应称为迈克尔加成（Michael addition）反应，简称迈克尔反应。如图 9-32 所示，丙酮和丙烯酸乙酯在碱作用下生成己酸乙酯-5-酮。

以丙酮和丙烯酸乙酯的迈克尔加成反应为例，反应机理如图 9-33 所示。丙酮在碱的作用下生成丙酮负碳，该负碳对极化的双键进行亲核加成后捕捉氢离子生成产物己酸乙酯-5-酮。

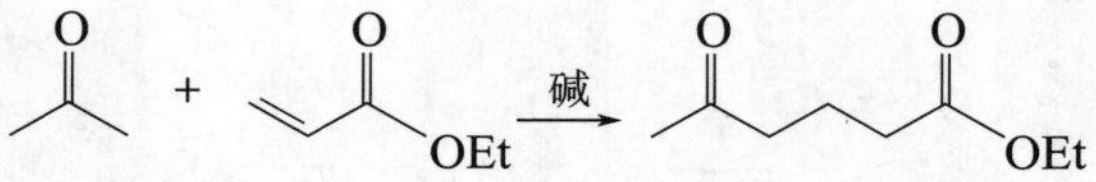

图 9-32 丙酮和丙烯酸乙酯的迈克尔加成反应

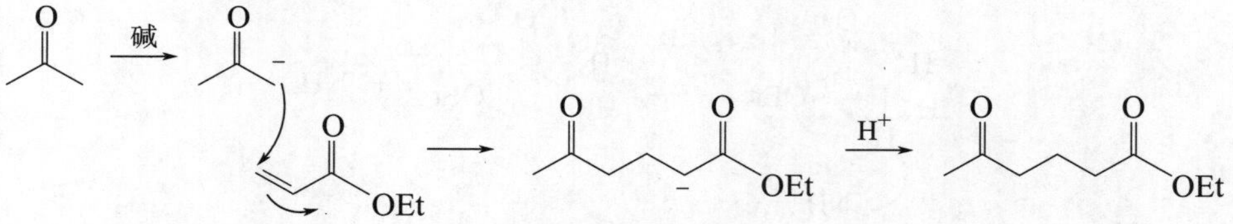

图 9-33 丙酮和丙烯酸乙酯的迈克尔加成反应机理

1. 凡是吸电子基邻位碳带有氢的分子都可以亲核加成极化的双键底物发生迈克尔加成反应

在迈克尔加成反应中，负碳离子对双键的亲核加成是关键步骤。吸电子基邻位的碳氢键因为吸电子官能团极化的作用而容易被碱转化为负碳，因此理论上凡是吸电子基邻位碳上有氢原子的分子都可以亲核加成极化的双键底物发生迈克尔加成反应。如图 9-34 中所示，在乙腈和硝基甲烷中，因为氰基和硝基的吸电子作用，其 α 位的甲基氢具有一定的酸性，在碱的作用下可以转化为负碳离子；在乙酰乙酸乙酯和乙酰丙酮分子中，羰基邻位的亚甲基分别受到另一侧酯基和羰基的吸电子作用而具有较高的活性，在碱的作用下也可以生成相应的负碳离子。

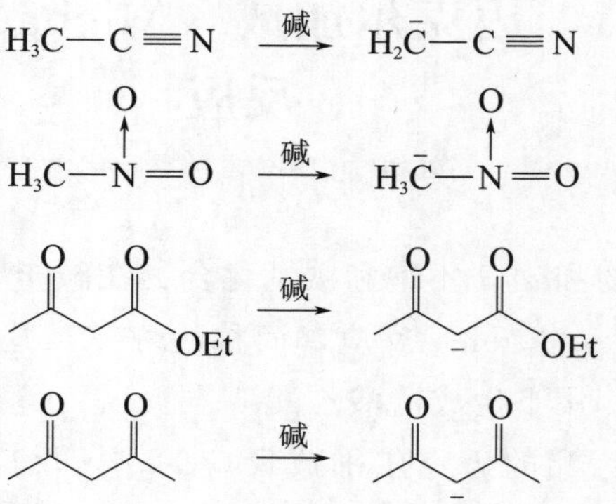

$$H_3C-C\equiv N \xrightarrow{碱} H_2\bar{C}-C\equiv N$$

图 9-34 常见的具有活性氢的有机化合物转化为负碳离子的过程

负碳离子生成后，亲核加成丙烯酸乙酯就可以发生迈克尔加成反应生成相应的产物，如图 9-35 所示。

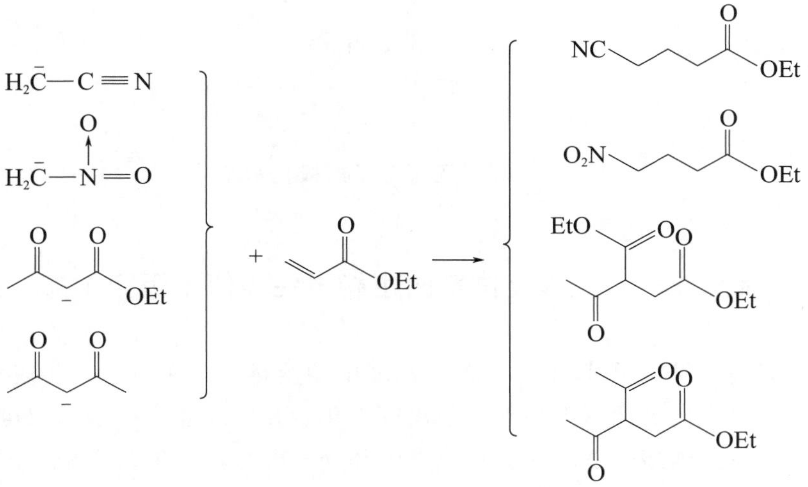

图 9-35 几种负碳离子和丙烯酸乙酯的迈克尔加成反应

2. 凡是具有和吸电子基相连的双键结构的分子都可以被亲核试剂进攻发生类似于迈克尔加成的反应

在迈克尔加成反应中，α,β-不饱和羰基化合物因为羰基的吸电子作用导致双键极化并有了被亲核性，因此，理论上凡是被吸电子基极化的双键都可以发生类似于迈克尔加成的反应。如图 9-36 所示，硝基乙烯也可以和丙酮发生类似于迈克尔加成的反应生成 5-硝基-2-戊酮。

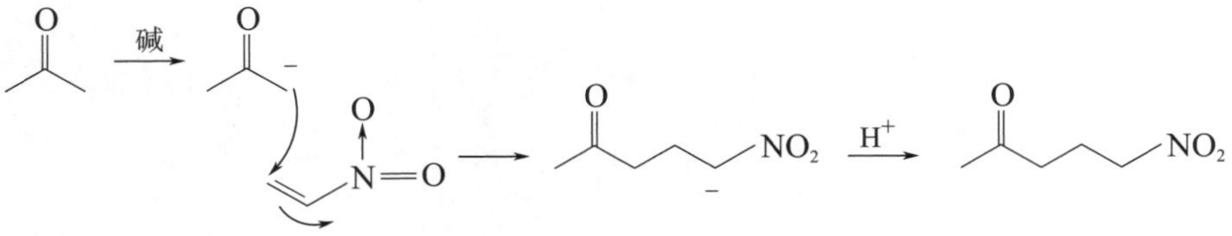

图 9-36 硝基乙烯与丙酮的反应机理

如图 9-37 所示，在硝基乙烯分子中，硝基的吸电子性导致双键上的 π 电子云向靠近硝基一侧的碳原子周围极化，因此，和硝基相连的碳原子带部分负电荷而远离硝基的碳原子带部分正电荷，丙酮负碳对远离硝基的双键碳原子亲核进攻最终形成加成产物。

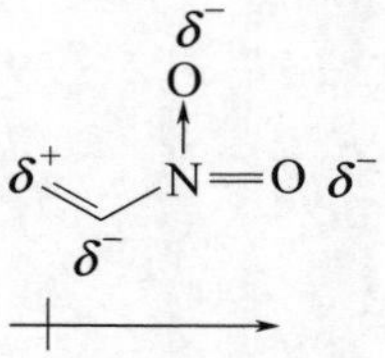

图 9-37 硝基乙烯分子的极化示意图

3. 理论上烷基作为双键极化试剂时也能发生类似于迈克尔加成的反应

如果双键和供电子基相连，如图 9-38 中的丙烯，在甲基 σ-π 共轭作用下，烯键上的 π 电子向远离双键的碳原子周围极化，相应地靠近甲基的双键碳周围带部分正电荷而远离甲基的双键碳原子带部分负电荷。当负碳离子和丙烯分子反应时，负碳进攻丙烯上靠近甲基的双键碳原子生成相应的类似迈克尔加成的产物。如图 9-39 所示，丙酮负离子加成丙烯后生成 3-甲基丁酮。当然，甲基对双键的极化度没有硝基高，同时，丙酮负离子进攻丙烯的 2 号碳时受到 3 号甲基的位阻作用，该类反应的活化能较高。

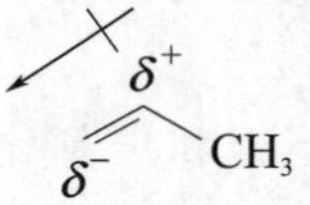

图 9-38 丙烯分子的极化示意图

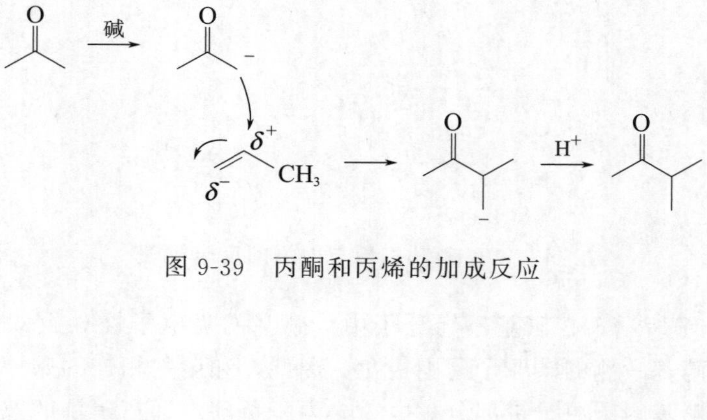

图 9-39 丙酮和丙烯的加成反应

第十章

含氮化合物

第一节 霍夫曼（Hofmann）规则

季铵碱在消除反应生成烯烃时，主要生成双键上烷基最少的烯烃，这个季铵碱特有的消除规律称为霍夫曼（Hofmann）规则。如图 10-1 所示，三甲基正己烷-2-基季铵碱在加热时主要生成 1-己烯。

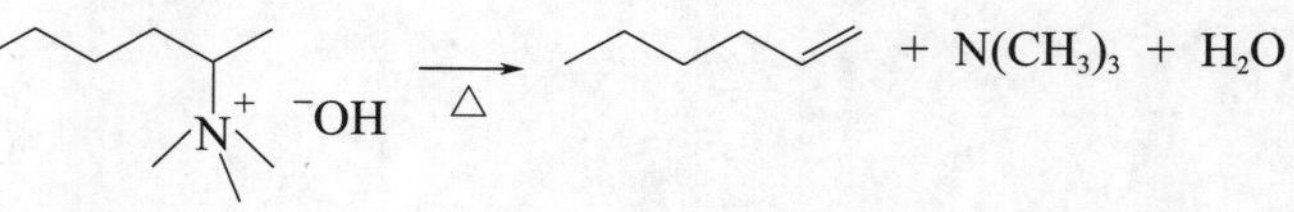

N^{+} ^{-}OH $\xrightarrow{\triangle}$ + $N(CH_3)_3$ + H_2O

图 10-1 三甲基正己烷-2-基季铵碱的消除反应

教科书中对于季铵碱的消除反应机理一般都采用类似于图 10-2 的反应过程。氢氧根负离子进攻氮的 β 位的氢原子时脱除一个有机胺分子后生成最终产物。

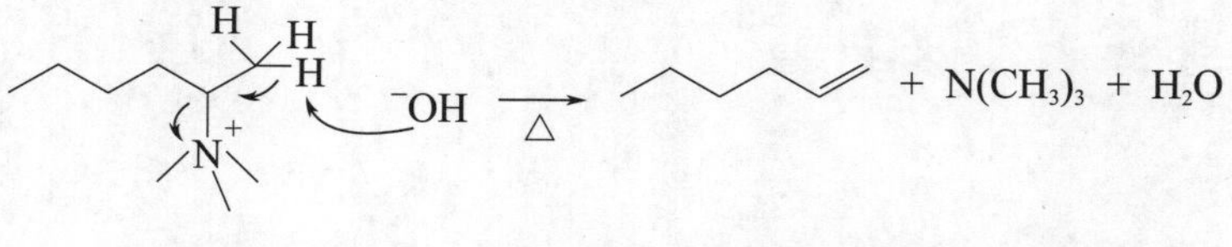

H H H N^{+} ^{-}OH $\xrightarrow{\triangle}$ + $N(CH_3)_3$ + H_2O

图 10-2 三甲基正己烷-2-基季铵碱的消除反应机理

1. 季铵碱的消除反应也有类似于 E1 和 E2 反应的两种机理

如图 10-3 所示，三甲基正己烷-2-基季铵碱分子中电负性较强的氮原子带正电荷，在带正电荷的氮原子强吸电子作用下，与氮相连的碳氮键都容易异裂，但是因为和氮相连的正己烷-2-基的烷基推电子作用导致其与和氮相连的 2 号碳原子周围的电子云密度比和氮相连的其他甲基碳的电子云密度稍微大一点，因此与氮相连的具有长链结构的碳氮键最容易断键。

在季铵碱的消除反应过程中，理论上也可能发生类似于 E1 消除的反

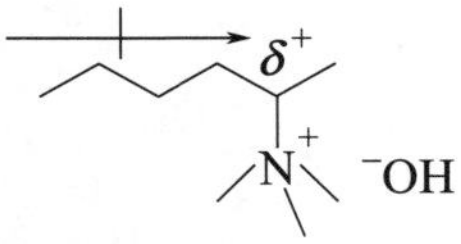

图 10-3　三甲基正己烷-2-基季铵碱的分子极化示意图

应历程，如图 10-4 所示。在加热条件下，三甲基正己烷-2-基季铵碱中与氮相连的带有长链结构的碳氮键异裂为 2-己基正碳，2-己基正碳在脱除氢离子形成烯键时可以沿着路径 1 脱除 3 号碳上的氢形成 2-己烯，也可以沿着路径 2 脱除 1 号碳上的氢形成 1-己烯。

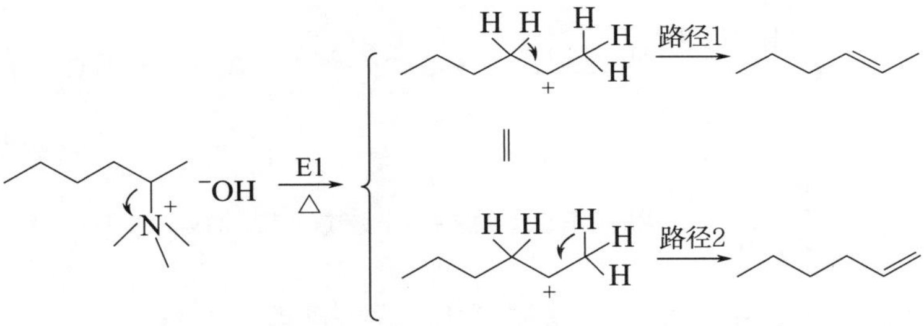

图 10-4　三甲基正己烷-2-基季铵碱的 E1 消除历程

如图 10-5 所示，在 2-己基正碳离子中，与正碳相连的分别是甲基和丁基，丁基基团的推电子作用力比甲基大，相应地 3 号碳上的碳氢键受到烷基的推电子作用导致碳氢键的电子云容易靠近正碳中心形成 σ-p 共轭而脱除氢离子（这点可以被卤代烃脱除卤化氢生成双键时取代基越多的双键越容易生成的结果证实），因此，在三甲基正己烷-2-基季铵碱的消除过程中如果经历 E1 消除历程时主要生成不符合霍夫曼消除规律的 2-己烯。

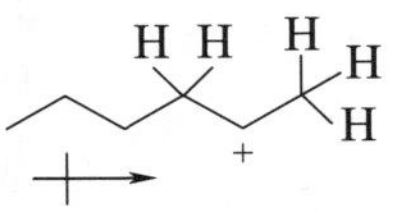

图 10-5　2-己基正碳的极化示意图

如果三甲基正己烷-2-基季铵碱的消除过程是 E2 机理，则如图 10-6 所示，羟基理论上可以进攻三甲基正己烷-2-基季铵碱的两个氢的位置，图 10-6 中左边位置的氢的酸性因受到烷基的推电子作用而没有右边的氢的酸性强，加上右边甲基上的氢的位阻较小的原因，氢氧根负离子进攻图中 10-6 中右边的氢原子后生成烯烃，整个反应过程如图 10-7 所示。

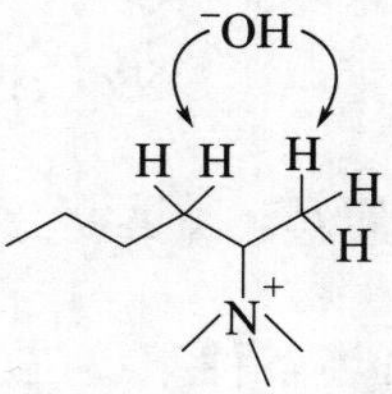

图 10-6 三甲基正己烷-2-基季铵碱的 E2 消除机理的第一步

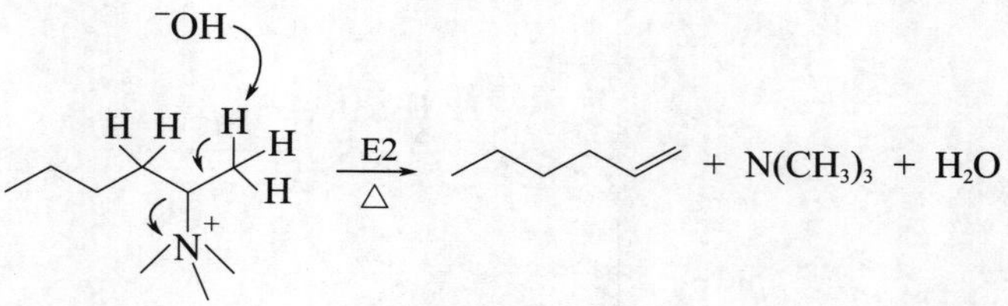

$$\xrightarrow[\triangle]{E2} + N(CH_3)_3 + H_2O$$

图 10-7 三甲基正己烷-2-基季铵碱的 E2 消除机理

综合以上分析，霍夫曼规则是遵循 E2 消除机理的过程。

2. 霍夫曼规则并不是季铵碱消除反应的普遍规律

特殊结构的季铵碱加热时，有可能首先发生氮碳键的断裂而生成正碳，该路径生成的烯烃不符合霍夫曼消除的规则，如图 10-8 所示。当季铵碱的 β 位连有苯基和硝基等吸电子基时，热消除反应生成的是与苯环或硝基共轭的取代基较多的产物。

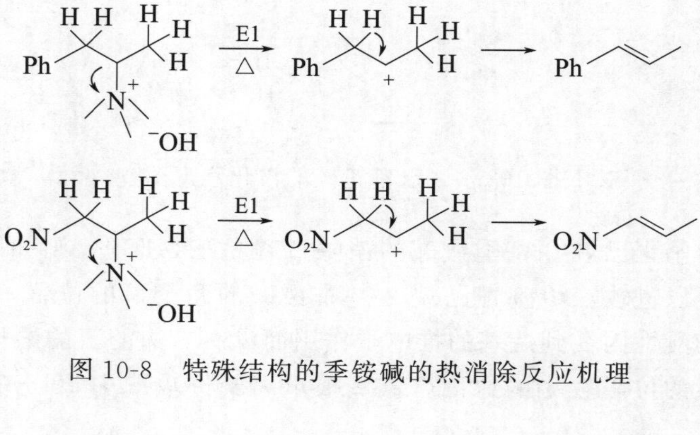

图 10-8 特殊结构的季铵碱的热消除反应机理

第二节 7，7-二氯［4，1，0］庚烷的合成

季铵盐具有很好的相转移催化作用。例如，在氯化三乙基苯胺催化下，环己烯和氯仿在氢氧化钠水溶液中可以反应生成7,7-二氯［4,1,0］庚烷，反应如图10-9所示。

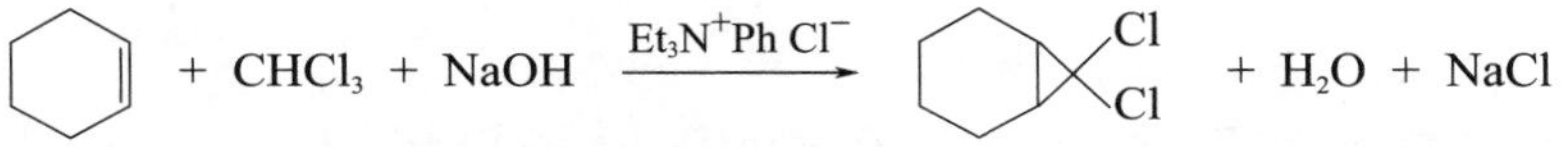

$$\text{环己烯} + CHCl_3 + NaOH \xrightarrow{Et_3N^+Ph\,Cl^-} \text{7,7-二氯[4,1,0]庚烷} + H_2O + NaCl$$

图10-9 季铵盐催化合成7,7-二氯［4,1,0］庚烷的反应方程式

该反应的机理如图10-10所示，季铵盐在氢氧化钠水溶液中生成季铵碱，季铵碱在环己烯氯仿溶液的有机相中有一定的溶解性，在有机相中，季铵碱和氯仿的酸性氢反应后生成三氯化碳负离子，三氯化碳负离子脱除一个氯负离子后生成二氯化碳卡宾，二氯化碳卡宾加成环己烯的双键后生成7,7-二氯［4,1,0］庚烷。

$$Et_3N^+Ph\,Cl^- + NaOH \rightleftharpoons Et_3N^+Ph^-\,OH + NaCl$$

$$Et_3N^+Ph^-OH + HCCl_3 \longrightarrow {}^-CCl_3 \xrightarrow{-Cl^-} :CCl_2$$

$$:CCl_2 + \text{环己烯} \longrightarrow \text{7,7-二氯[4,1,0]庚烷}$$

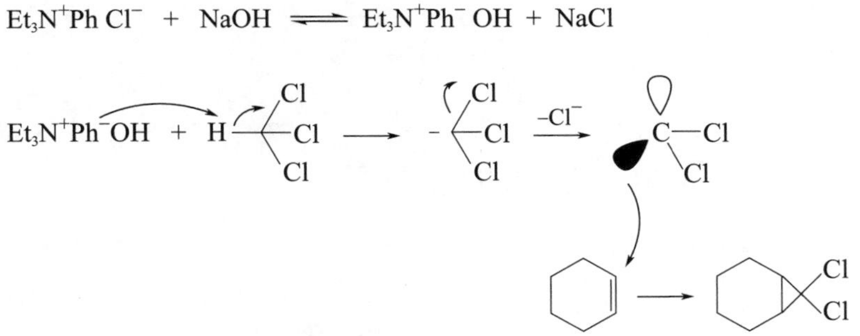

图10-10 季铵盐催化合成7,7-二氯［4,1,0］庚烷的反应机理

1. 季铵盐的相转移催化作用是由其结构决定的

作为离子型化合物，季铵盐在水中可以电离出带正电荷的铵正离子（图

10-11）和相应的负离子。季铵盐的铵正离子的正电荷是集中于中心氮原子上的，sp^3 杂化的中心氮原子周围围绕四个有机基团，该结构决定季铵盐的铵离子能够溶解在有机溶剂中，在季铵盐的铵正离子进入有机溶剂时必然携带相应的负离子以平衡电荷，因此，季铵盐的铵正离子能够携带氢氧根负离子一起溶解于氯仿中。

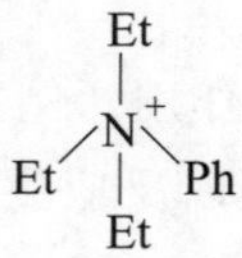

$$\mathrm{N^+(Et)_3(Ph)}$$

图 10-11　三乙基苯基季铵盐的铵离子结构

2. 氯仿的酸性是由三个电负性较强的氯原子引起的

如图 10-12 所示，在氯仿分子中，三个电负性比碳原子强的氯原子连在同一个碳原子周围，因电负性差异导致碳氯 σ 键电子向氯靠近，相应地氯原子周围电子云密度增大而碳原子周围的电子云密度减小，因此，在氯仿分子中氯带部分负电荷而碳带部分正电荷，带部分正电荷的碳吸引碳氢 σ 键电子导致氢原子具有了一定的酸性。在氢氧根离子的进攻下，氯仿失去正氢离子后转化为三氯化碳负离子，在氯原子吸电子作用下，三氯化碳负离子很容易失去一个氯负离子后形成二氯卡宾。

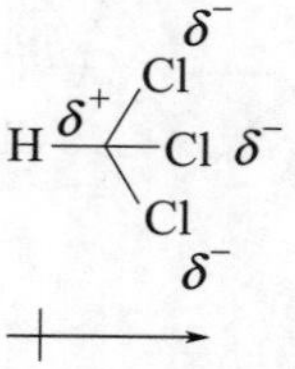

$$\mathrm{H{-}\overset{\delta^+}{C}(Cl^{\delta^-})_3}$$

图 10-12　氯仿分子的极化示意图

3. 卡宾对双键的加成是由其亲电性引起的

二氯卡宾中心碳原子的最外层只有 6 个电子，除去两个碳氯 σ 键的 4 个电子外，碳原子最外层轨道上还有两个未成键电子，二氯卡宾的中心碳原子最外

层轨道可以以 sp^3 杂化形式形成四面体结构，其中碳原子最外层的两个未成键电子分别填充在两个 sp^3 杂化轨道上，二氯卡宾中心碳原子外层轨道也可以以 sp^2 杂化形式形成平面结构，其中碳原子最外层的两个未成键电子填充在同一个 sp^2 杂化轨道上，碳原子的一个 p 轨道位于垂直于该平面方向上。这两种结构以共振的形式存在，如图 10-13 所示。

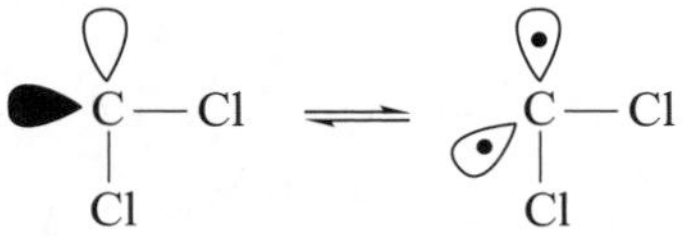

图 10-13　二氯卡宾的两个共振结构

无论哪种二氯卡宾的共振结构都说明二氯卡宾有一定的亲电子性，在遇到双键的 π 电子时，便会发生亲核加成反应。

第三节　重氮盐

伯芳胺在低温下与亚硝酸作用可以生成重氮盐，该反应一般需要硫酸或盐酸催化。如图 10-14 所示，在盐酸作用下苯胺和亚硝酸反应生成氯化重氮苯。

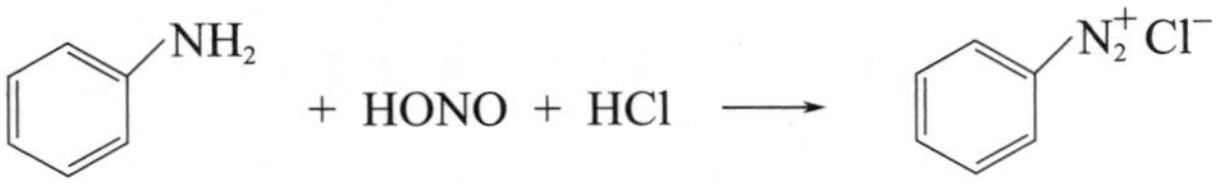

$$C_6H_5NH_2 + HONO + HCl \longrightarrow C_6H_5N_2^+Cl^-$$

图 10-14　苯胺的重氮化反应

苯胺重氮化反应的机理如图 10-15 所示。亚硝酸在强酸作用下脱水后生成一氧化氮正离子，一氧化氮正离子亲电进攻苯胺氮上的孤对电子后得到正氮离子 **1**，正氮离子脱除质子后转化为中间体 **2**，中间体 **2** 上的氮氧双键在氢离子的酸化下形成正氮中间体 **3**，正氮中间体脱除一个氢离子后生成中间体 **4**，中间体 **4** 继续在氢离子作用下酸化后脱水生成重氮正离子。

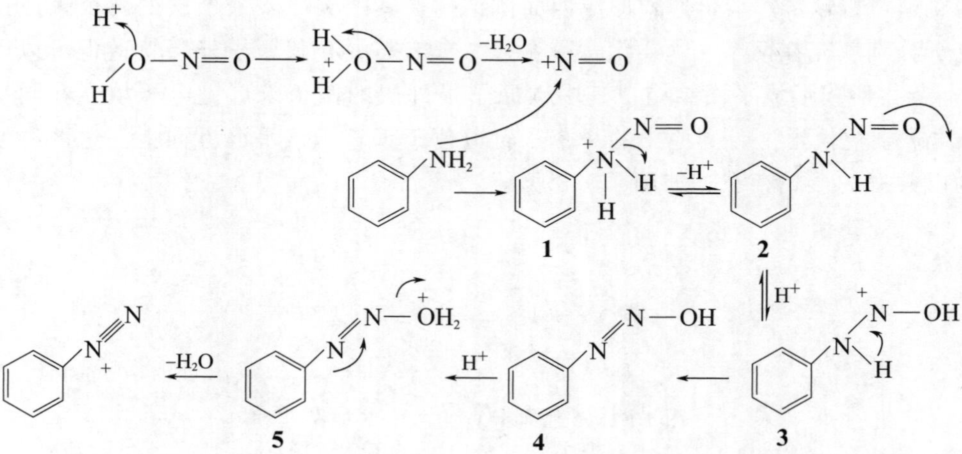

图 10-15 苯胺重氮化反应的机理

1. 亚硝酸遇到强酸后由酸“变成”了碱

亚硝酸分子中含有一个氮氧双键，氧原子的电负性比氮原子大，双键上电子云向氧原子偏移后使得双键氧原子带有一定的负电荷。在强酸溶液中，氢离子对亚硝酸氮氧双键上的氧原子亲电加成后生成酸化亚硝酸离子，如图 10-16 所示，该过程中亚硝酸接收氢离子是其碱性的体现。亚硝酸氮氧双键接收氢离子后形成二羟基正氮离子，两个羟基脱除一分子水后生成一氧化氮正离子。

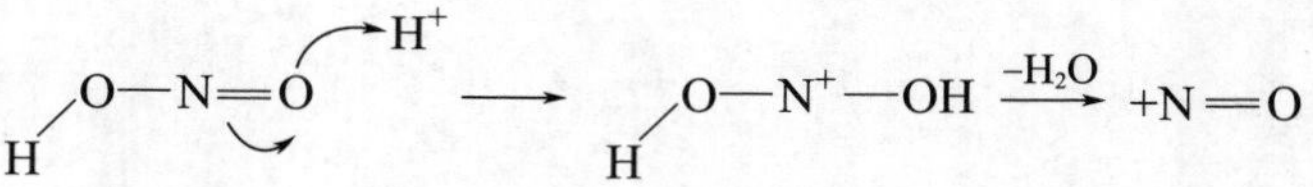

$$\mathrm{H{-}O{-}N{=}O} \xrightarrow{H^+} \mathrm{H{-}O{-}N^+{-}OH} \xrightarrow{-H_2O} \mathrm{{}^+N{=}O}$$

图 10-16 亚硝酸的转化为一氧化氮正离子的可能过程

亚硝酸分子含有一个羟基，羟基的氧因其具有未成键的孤对电子也能接收氢离子的进攻而生成酸化亚硝酸，如图 10-17 所示。

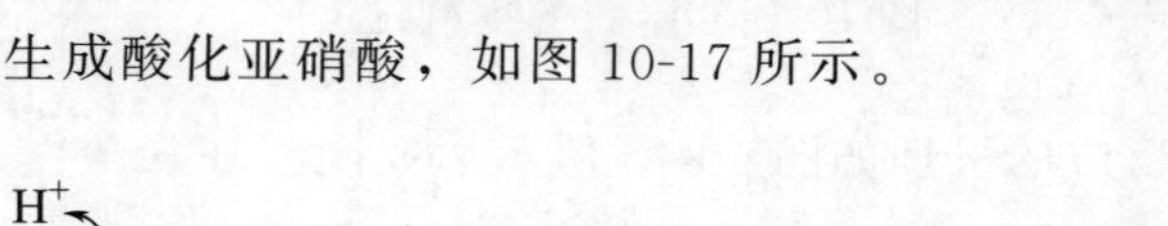

$$\mathrm{H{-}O{-}N{=}O} \xrightarrow{H^+} \mathrm{H_2O^+{-}N{=}O} \xrightarrow{-H_2O} \mathrm{{}^+N{=}O}$$

图 10-17 亚硝酸的转化为一氧化氮正离子的可能过程

无论氢离子亲电进攻亚硝酸的哪个氧，最终都生成一氧化氮正离子，在常规的教材中都采用图 10-17 的机理过程。

2. 重氮盐生成过程中经历了一系列的不稳定中间体

在重氮盐的生成过程中，苯胺分子经历了一系列的中间体过程，图 10-15 中中间体 **1** 到中间体 **5** 的五个中间体都是多个电负性较强的非金属原子连在一起的很不稳定的结构，经过一系列的酸化和重整后，苯胺和一氧化氮正离子反应生成重氮盐。重氮盐的正电荷集中在氮原子上，也属于稳定性较差的结构，在受热情况下重氮盐可以分解放出氮气同时生成正碳离子，因此重氮盐的制备需要在低温条件下进行。

3. 重氮盐可以和亲核试剂反应生成（被）亲核取代产物

在亲核试剂进攻下，重氮盐中的重氮正离子可以被取代生成取代产物并放出氮气。如图 10-18 所示，氯化重氮苯和水反应生成苯酚。

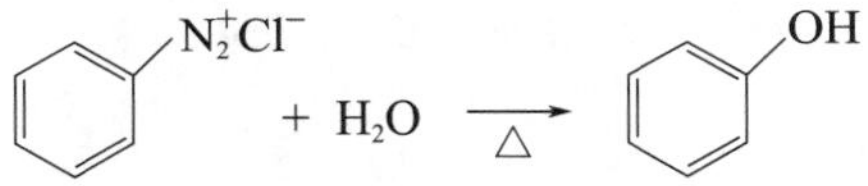

$$C_6H_5N_2^+Cl^- + H_2O \xrightarrow{\triangle} C_6H_5OH$$

图 10-18 氯化重氮苯和水的亲核取代反应

第四节 重氮甲烷的反应

重氮甲烷是一个重要的甲基化试剂，其结构如图 10-19 所示。重氮甲烷可以看成是氯化重氮甲烷在碱的作用下甲基失去一个氢离子后得到的中性产物，

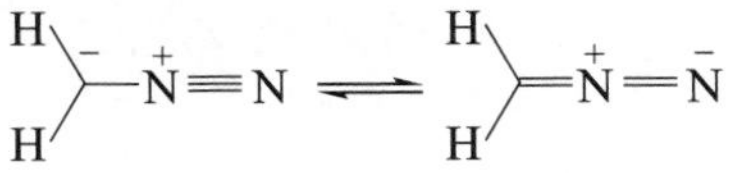

$$H_2\overset{-}{C}-\overset{+}{N}\equiv N \rightleftharpoons H_2C=\overset{+}{N}=\overset{-}{N}$$

图 10-19 重氮甲烷的结构

其负电荷可以重排到最外侧的氮原子上。

1. 重氮甲烷可以经历 S_N1 历程发生取代反应

重氮甲烷因其分子中有一种两个氮原子连在一起的特殊结构，在加热情况下重氮甲烷可以分解放出氮气后生成甲基卡宾，甲基卡宾的缺电子性导致其能发生亲电反应。以乙酸的甲酯化反应为例，如图 10-20 所示，重氮甲烷分解为甲基卡宾后对乙酸中羟基氧亲电进攻生成碳氧键，反应后的产物经过负氢重排后生成乙酸甲酯。

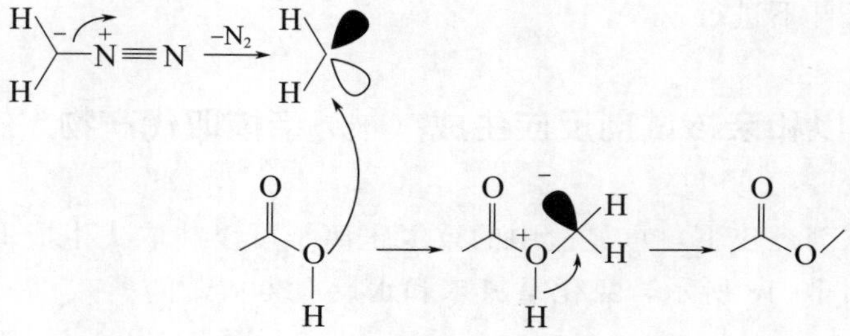

图 10-20 乙酸和重氮甲烷反应的 S_N1 历程

2. 重氮甲烷可以经历 S_N2 历程发生取代反应

重氮甲烷分子中因其碳原子带部分负电荷而可以接收氢离子生成碳原子带部分正电荷的甲基重氮盐，甲基重氮盐能接收亲核试剂进攻发生反应。如图 10-21 所示，重氮甲烷和乙酸的氢离子反应生成重氮甲基正离子和乙酸根，乙酸根氧负离子亲核重氮甲基正离子后生成乙酸甲酯。

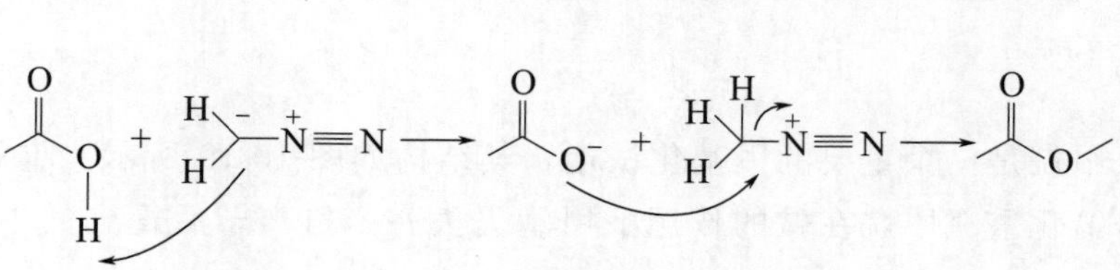

图 10-21 乙酸和重氮甲烷反应的 S_N2 历程

第五节　盖特曼（Gattermann）反应

芳烃在酸催化下与氰化氢与氯化氢反应生成芳醛的反应称为盖特曼（Gattermann）反应，如图 10-22 所示。苯甲醚在氯化锌催化下与氰化氢和氯化氢反应可以生成对甲氧基苯甲醛（对茴香醛）。

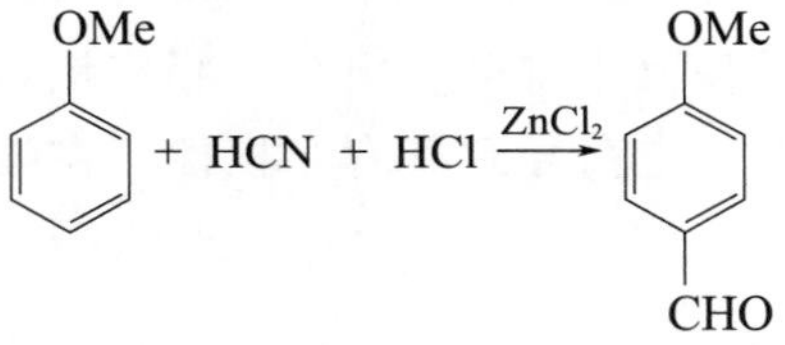

$$C_6H_5OMe + HCN + HCl \xrightarrow{ZnCl_2} p\text{-}MeOC_6H_4CHO$$

图 10-22　茴香醚的盖特曼反应

以茴香醚的盖特曼反应为例，其反应机理如图 10-23 所示。氰化氢在酸催化下生成正碳离子，正碳离子对苯环进行亲电加成和消除后生成亚胺中间体，亚胺中间体在经历两次酸化和水解后脱除氨分子和水分子后生成对茴香醛。

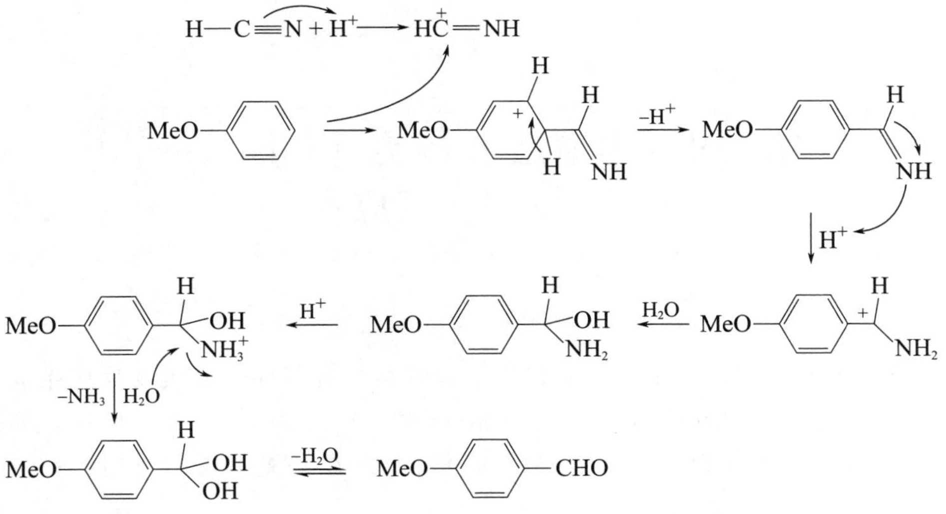

$$H{-}C{\equiv}N + H^+ \longrightarrow H\overset{+}{C}{=}NH$$

$$MeO{-}C_6H_5 \longrightarrow MeO{-}C_6H_5(H)^+{-}CH{=}NH \xrightarrow{-H^+} MeO{-}C_6H_4{-}CH{=}NH \xrightarrow{H^+} MeO{-}C_6H_4{-}\overset{+}{C}H{-}NH_2$$

$$\xrightarrow{H_2O} MeO{-}C_6H_4{-}CH(OH)NH_2 \xrightarrow{H^+} MeO{-}C_6H_4{-}CH(OH)NH_3^+ \xrightarrow[-NH_3]{H_2O} MeO{-}C_6H_4{-}CH(OH)_2 \overset{-H_2O}{\rightleftharpoons} MeO{-}C_6H_4{-}CHO$$

图 10-23　茴香醚的盖特曼反应机理

1. 盖特曼反应是苯的亲电取代反应

在盖特曼反应中，酸化后的氰化氢正碳离子对苯环进行亲电加成和消除反应，该过程和苯环的卤化和硝化等常见苯环亲电取代反应机理相同，因此盖特曼反应就是众多的苯的亲电取代反应中的一员，只是盖特曼反应同时经历了亚胺酸化水解成醛的过程。

2. 亚胺的水解会生成醛

如图 10-24 所示，亚胺分子结构中有一个碳氮双键，和羰基双键类似，双键 π 电子云偏向氮原子而使其带部分负电荷，相应地，和氮相连的碳原子带部分正电荷，亚胺氮原子的负电荷导致其有亲核性，在酸的催化下亚胺可以水解为醛。

图 10-24　亚胺基团的极化示意图

第六节　韦斯迈尔-赫克（Vilsmeier-Haack）反应

在三氯氧磷的催化下，N 取代的甲酰胺和具有芳环的有机物反应生成芳环上甲酰化产物的反应称为韦斯迈尔-赫克（Vilsmeier-Haack）反应。如图 10-25 所示，苯和 DMF（*N*,*N*-二甲基甲酰胺）在三氯氧磷的作用下反应生成苯甲醛。

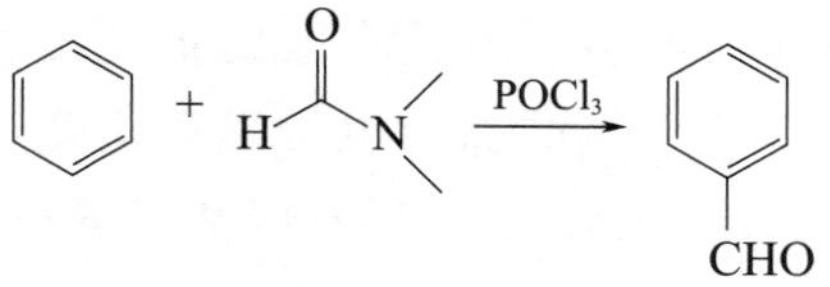

图 10-25 苯和 DMF 的韦斯迈尔-赫克反应

苯和 DMF 的韦斯迈尔-赫克反应的机理如图 10-26 所示。在三氯氧磷的酸催化下，DMF 转化为正碳离子，正碳离子对苯环亲电取代后生成氯和二甲胺基连在同一个碳上的芳香化合物，在水解掉二甲胺和氯后，反应最终生成苯甲醛。

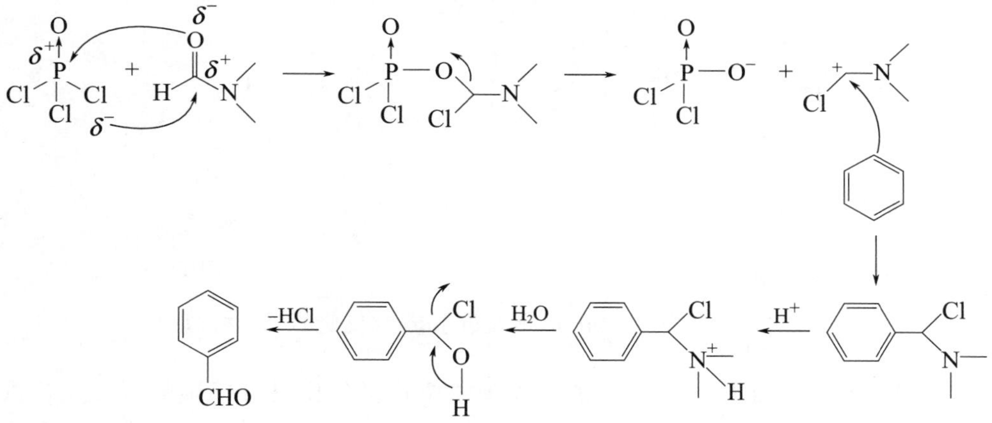

图 10-26 苯和 DMF 的韦斯迈尔-赫克反应的机理

1. 韦斯迈尔-赫克反应是苯的亲电取代反应

在韦斯迈尔-赫克反应中，在三氯氧磷催化下 DMF 转化为正碳离子，正碳离子对苯环进行亲电加成和消除反应，该过程和苯环的卤化和硝化等常见亲电取代反应机理相同，因此韦斯迈尔-赫克反应就是众多的苯的亲电取代反应中的一员。

2. 任何酸都有一定的催化韦斯迈尔-赫克反应的活性

在傅-克酰基化反应中，酯、醇和有机酸在酸催化下形成羰基正碳离子后亲电取代苯环上的氢可以形成酰化苯，而酰胺因其分子中氮和双键的较强 p-π 共轭效应导致碳氮键不容易断裂。但是在酸的催化下酰胺可以分解为羰基正碳，如图 10-27 所示，DMF 中氮的孤对电子接收氢离子后形成离去性较好的氨基正离子，氨基正离子异裂碳氮键后形成羰基正碳和二甲胺。

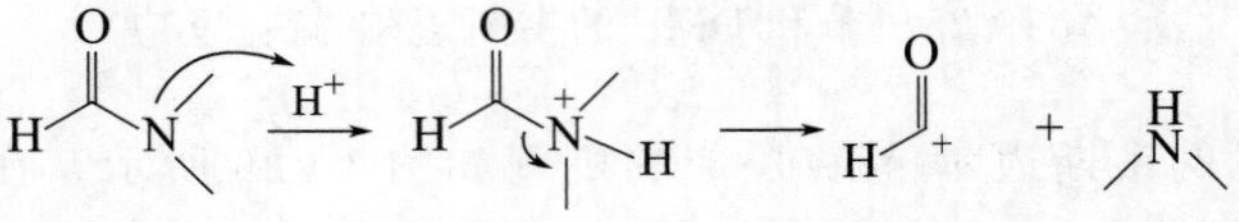

图 10-27　DMF 酸催化下形成羰基正碳的过程

如果 DMF 在酸作用下首先生成羰基正碳，韦斯迈尔-赫克反应的机理就变为如图 10-28 所示的机理过程。

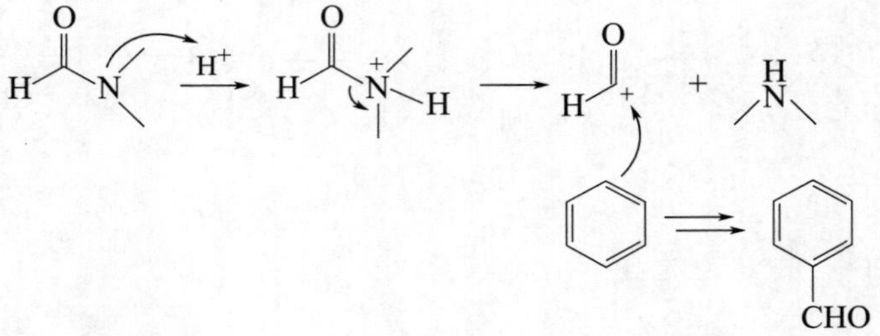

图 10-28　苯和 DMF 的韦斯迈尔-赫克反应的可能机理

当然 DMF 分子中可以接收氢正离子的位置不仅仅是分子中的氮原子，羰基氧在接收氢离子后也能形成正碳离子，如图 10-29 所示，DMF 的羰基接收氢离子酸化后形成正碳离子，正碳离子对苯的亲电取代然后水解掉氨基后脱水生成苯甲醛。

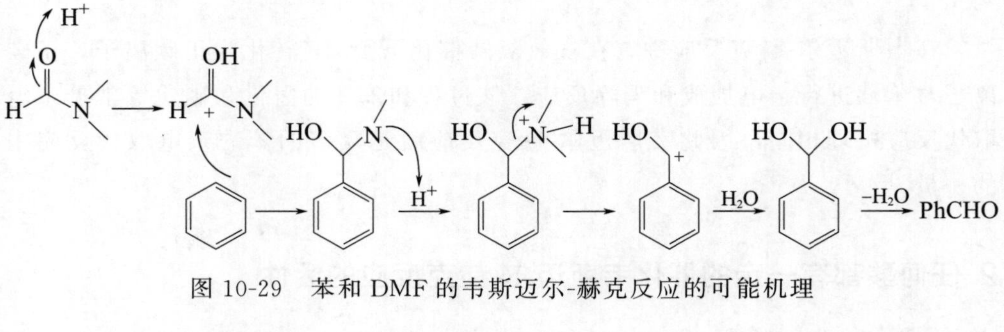

图 10-29　苯和 DMF 的韦斯迈尔-赫克反应的可能机理

无论是酸活化羰基还是活化氨基，DMF 都能在酸作用下和苯反应生成苯甲醛，理论上任何酸都能和 DMF 中的氧或者氮作用，因此，常见酸都能催化韦斯迈尔-赫克反应。

3. 三氯氧磷的结构决定其可以作为路易斯酸催化韦斯迈尔-赫克反应

三氯氧磷的结构如图 10-30 所示，三个比磷原子电负性强的氯原子直接和磷相连，磷氯间的 σ 键电子云靠近氯原子而使磷原子带部分正电荷，磷原子同时和氧原子以配位键的形式形成化学键，该配位键是磷将孤对电子填充在氧原子的空轨道上所形成的，氧原子因得到了电子而带负电荷，相应磷原子的正电荷量因配位键而增强，因此在三氯氧磷分子中，中心磷原子因携带正电荷而属于广义的路易斯酸，故作为路易斯酸的三氯氧磷能催化韦斯迈尔-赫克反应。

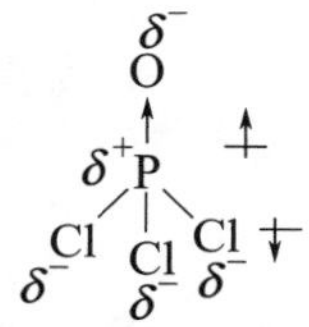

图 10-30　三氯氧磷的分子极化示意图

第十一章

缩合反应

第一节　Aldol 缩合

具有 α 活性氢的醛酮在酸或者碱作用下缩合反应叫做 Aldol 缩合。以丙酮为例，在酸或者碱作用下，丙酮可以发生二聚缩合。

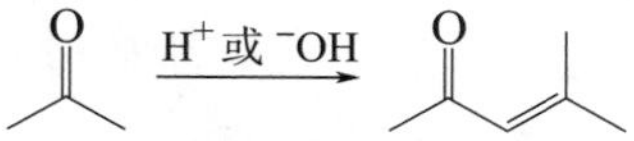

O　H^+或^-OH　O

图 11-1　丙酮的 Aldol 缩合

丙酮的 Aldol 缩合反应的机理如图 11-2（酸催化）和图 11-3（碱催化）所示。在酸催化下，丙酮羰基首先活化形成正碳，正碳中心对其 α 位碳氢 σ 键电子的吸引导致脱除氢离子后转化为烯醇结构。烯醇结构在恢复成羰基双键时羰基 α 位的碳亲核进攻另一分子丙酮后生成二聚物 β-羟基酮，β-羟基酮在脱除一分子水后形成共轭的 α,β-不饱和酮。

O　H^+　OH　H　H　H　O　H　O　$-H^+$　O　O^-　O

H^+　O　OH　$-H_2O$　O

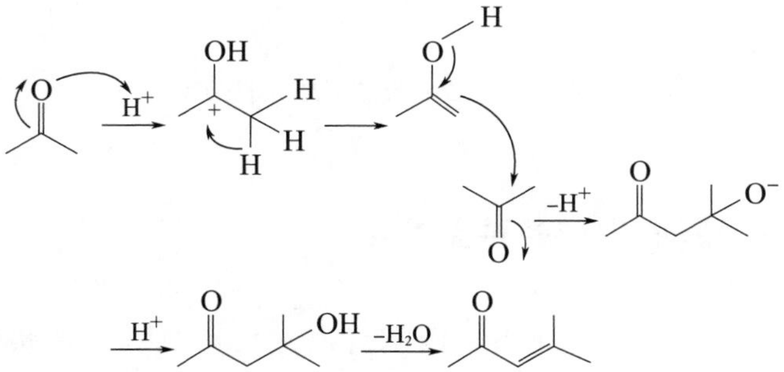

图 11-2　酸催化下丙酮的 Aldol 缩合

在碱作用下，丙酮羰基的 α 碳上的氢被拔除后形成负碳离子，负碳离子亲核加成另一分子丙酮后也形成二聚物 β-羟基酮，β-羟基酮在脱除一分子水后形成共轭的 α,β-不饱和酮。

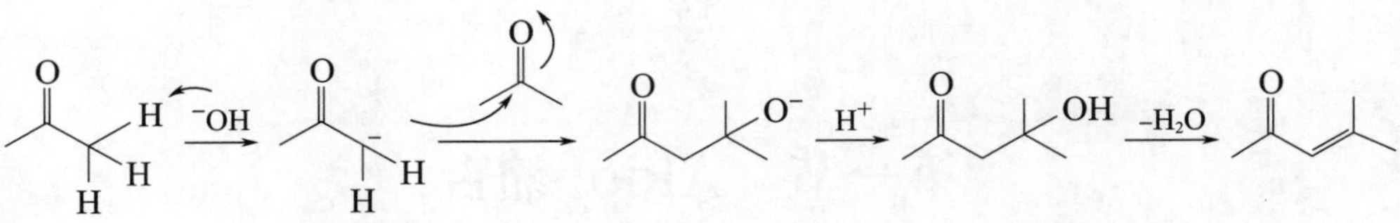

图 11-3 碱催化下丙酮的 Aldol 缩合

1. 酸和碱都能催化 Aldol 缩合反应

如图 11-4 所示，在酸的作用下，丙酮可以转化为烯醇结构，烯醇在重排过程中形成羰基 α 负碳；在碱的作用下，丙酮脱除因羰基吸电子导致的 α 位的酸性氢后生成羰基 α 负碳，因此，无论是酸或者碱都能使羰基 α 位的活性氢脱除。

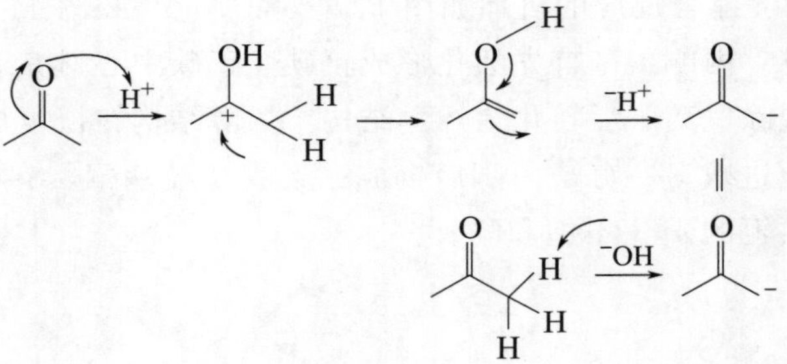

图 11-4 酸或碱和丙酮的反应

2. 在酸催化下丙酮能生成各种聚合物

如图 11-5 所示，在酸催化下，丙酮可以三聚生成六元环状化合物。该反应的机理见图 11-6。

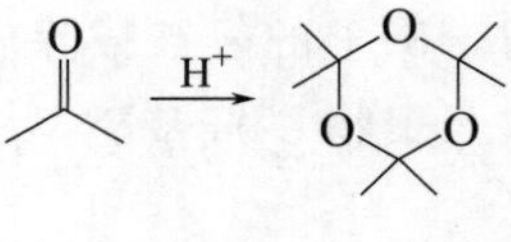

图 11-5 丙酮的三聚反应

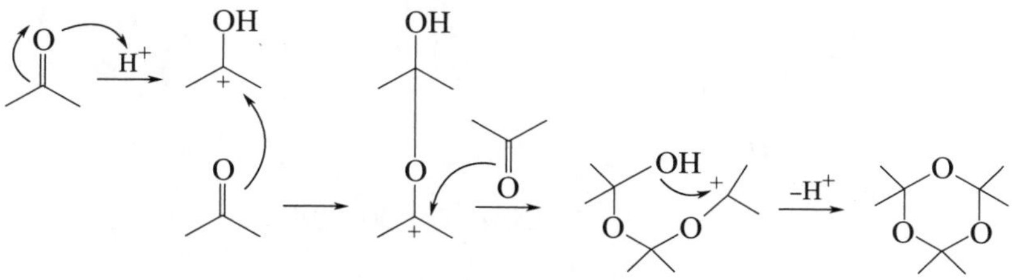

图 11-6 丙酮三聚反应的机理

丙酮分子在接收氢离子酸化后形成正碳离子，正碳离子对另一分子丙酮的氧亲电加成后形成二聚丙酮正碳，二聚丙酮正碳继续亲电加成第三个丙酮分子后生成三聚丙酮正碳，三聚丙酮正碳的羟基氧亲核正碳中心后脱除氢离子生成六元环状三聚丙酮分子。三聚丙酮分子中有一个六元环结构，这个六元环结构的椅式构象（图 11-7）中，有三个甲基处在竖键上，竖键上甲基互相的排斥导致环状三聚丙酮的产率不是很高。

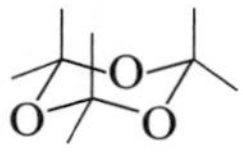

图 11-7 三聚丙酮的椅式构象

当然，在酸催化下，丙酮可以多聚成链状高分子化合物，如图 11-8 所示。

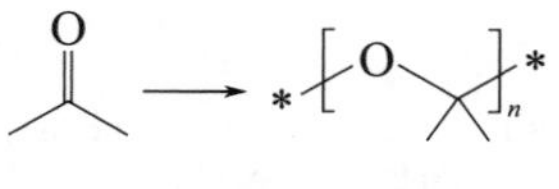

图 11-8 丙酮的多聚反应

第二节 普林斯（Prins）反应

烯烃与醛在酸催化下加成得到 1，3-二醇或环状缩醛的反应称为普林斯（Prins）反应。例如，苯乙烯在氯化氢催化下和甲醛反应（图 11-9）。

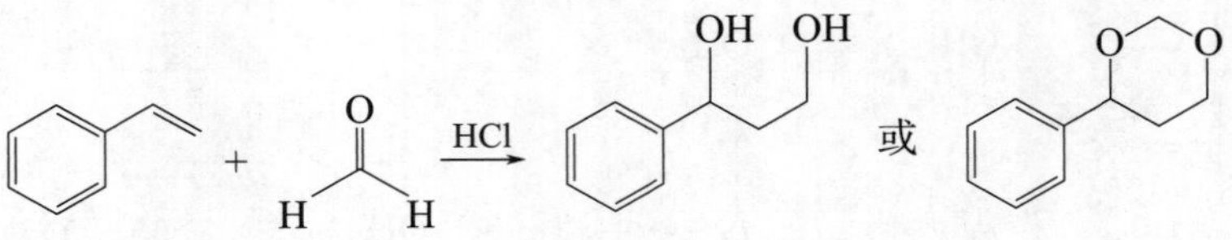

图 11-9 苯乙烯的普林斯反应

苯乙烯的普林斯反应的机理如图 11-10 所示。甲醛在氢离子的酸化下生成正碳离子，正碳离子接收苯乙烯双键上 π 电子的亲核后生成带有正碳的醇（**1**），中间体 **1** 接收水中的氢氧根负离子后生成二醇（**2**）；中间产物 **2** 的苄羟基继续亲核酸化甲醛的正碳后脱除氢离子生成半缩醛（**3**），半缩醛 **3** 中的羟基继续酸化脱水后生成正碳离子（**5**），正碳离子 **5** 的正碳在接收自身羟基的亲核作用并脱除氢离子后生成最终缩醛产物。

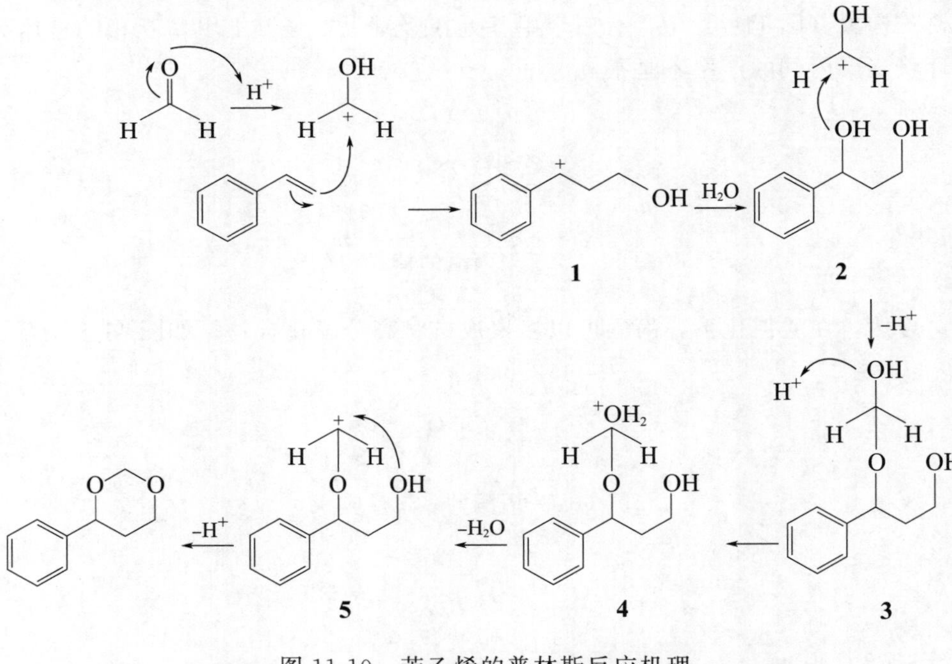

图 11-10 苯乙烯的普林斯反应机理

1. 普林斯反应中酸化甲醛正碳亲电进攻双键的位置是受双键取代基影响的

如图 11-11 所示苯乙烯分子的极化状况，苯环大 π 键和双键 π 键形成大共轭体系，烯键上电子云向与苯环相连的碳原子转移导致烯键极化，极化的结果是双键和单键间的电子云密度平均化，这种电子云的偏移导致远离苯环的双键碳周围带部分正电荷而与苯环相连的双键碳原子周围带部分负电荷，因此从分子极化的角度，酸化甲醛正碳对苯乙烯的亲电进攻应该首先发生在苯乙烯的苄位。

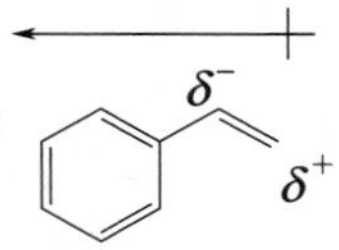

图 11-11 苯乙烯分子的极化示意图

如果酸化甲醛正碳进攻苯乙烯的苄位，如图 11-12 所示，得到一个伯正碳离子，而 11-10 中所示的酸化甲醛正碳进攻苯乙烯远离苯环的双键碳的位置则得到苄基正碳离子，苄基正碳离子的稳定性比伯正碳稳定，因此虽然酸化甲醛根据分子极化情况首先容易进攻苄位（动力学控制）但是进攻非苄位双键碳的活化能要低（热力学控制）。这种热力学控制和动力学控制不一致的情况会导致反应产物的复杂性。

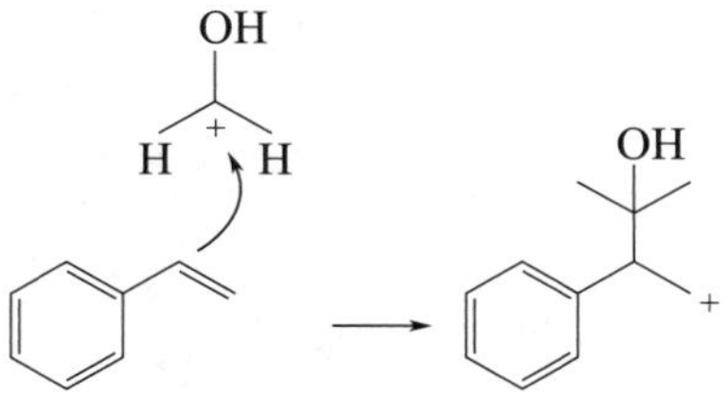

图 11-12 酸化甲醛正碳对苯乙烯亲电进攻的动力学控制过程

在供电子基取代双键的普林斯反应中，例如丙烯发生普林斯反应时，热力学控制和动力学控制的结果相同。如图 11-13 所示，丙烯分子中双键受到甲基 σ-π 共轭的供电子作用导致双键 π 电子云向远离甲基的双键碳原子偏移，这种极化的结果是与甲基相连的双键碳原子带部分正电荷，远离甲基的双键碳原子带部分负电荷。酸化甲基正碳对丙烯的双键进行亲电反应时优先进攻远离甲基的双键碳原子（动力学控制），在酸化甲醛正碳对丙烯双键的远离甲基的碳加成后形成稳定性较好的仲正碳离子而不是伯正碳离子，因此，从热力学控制角度，酸化甲醛正碳也是优先反应丙烯的 1 号碳的位置。这种热力学控制和动力学控制结果一致的情况下产物的产率往往较高。

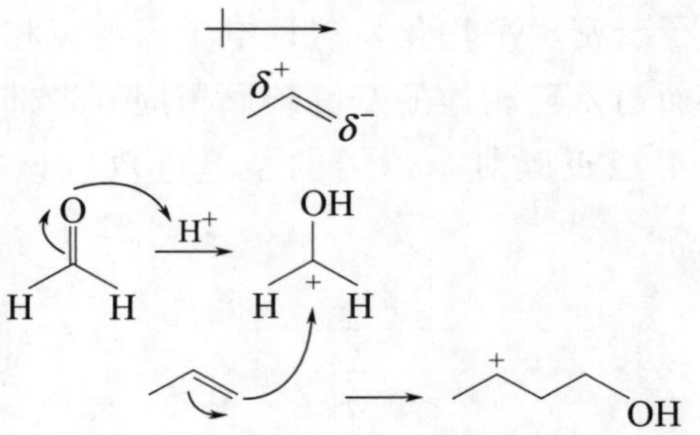

图 11-13 丙烯分子的极化示意图及丙烯和酸化甲醛的反应

2. 普林斯反应容易生成 α，β-不饱和醇

在如图 11-10 所示苯乙烯的普林斯反应机理中，经历了生成中间体 **1** 的正碳离子过程。正碳离子容易发生脱氢反应生成稳定的烯烃，如图 11-14，苄基正碳在正电荷对邻位碳氢 σ 键电子的吸引下容易脱除邻位的氢而生成双键，所生成的双键和苯环共轭而比较稳定。α,β-不饱和醇也是普林斯反应的常见产物。

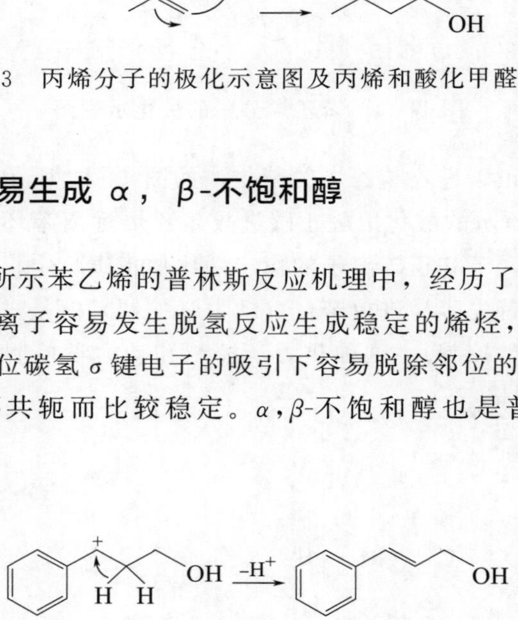

图 11-14 苄基正碳的脱氢成烯烃反应

第三节 布兰克（Blanc）反应

芳烃在氯化氢和无水氯化锌的作用下，与甲醛反应生成氯甲基取代的芳烃的反应称为布兰克（Blanc）反应（氯甲基化反应）。以苯的布兰克反应为例，如图 11-15 所示，反应生成苄氯。

苯的布兰克反应机理如图 11-16 所示。甲醛在接收氢离子酸化后生成酸化

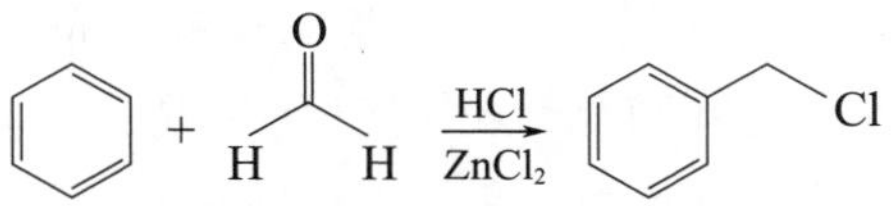

图 11-15 苯的布兰克反应

甲醛正离子，酸化甲醛正离子对苯环进行亲电取代后生成苯甲醇，苯甲醇的羟基接收氢离子酸化后被氯负离子亲核取代后生成苄氯。

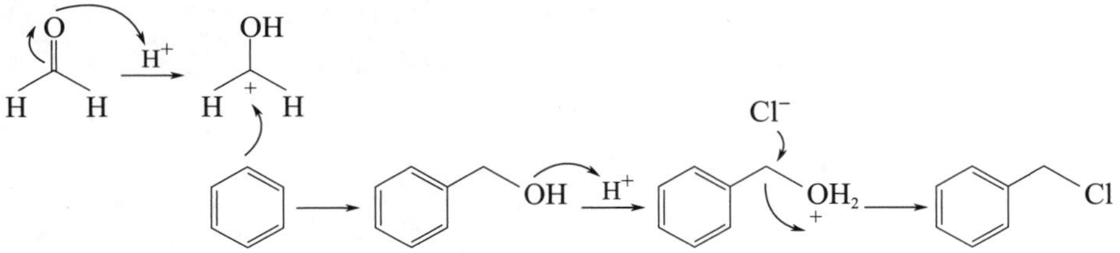

图 11-16 苯的布兰克反应机理

1. 布兰克反应是典型的傅-克烷基化反应

在布兰克反应中，酸化甲醛正碳离子对苯环的亲电取代反应是关键步骤，在傅-克烷基化反应中也是正碳离子对苯环的亲电取代，在这个角度上，布兰克反应是傅-克反应大类中的一类特殊反应。

2. 常见的路易斯酸都有布兰克反应催化活性

在布兰克反应中，只要酸化甲醛正碳离子能生成则反应就能发生，常见的路易斯酸都能和甲醛结合生成正碳。如图 11-17 所示，在金属正离子的作用下，甲醛也可以转化为正碳离子。

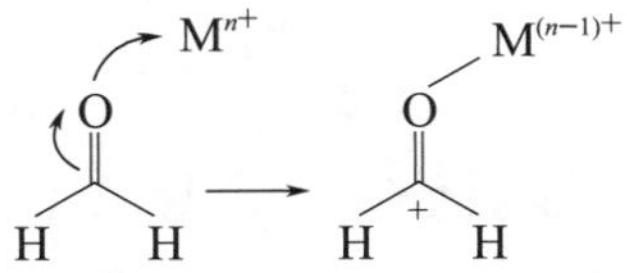

图 11-17 路易斯酸对甲醛的酸化过程

在布兰克反应中，催化剂并不限于无水氯化锌，诸如氯化铝和氯化铁都可以有效地催化布兰克反应。理论上，氯化氢本身就是布兰克反应的催化剂，之所以在布兰克反应中将氯化氢和氯化锌同时使用是为了增加氯负离子的浓度，让反应过程中的氯负离子对氢氧根的取代反应更容易发生。氯化锌中的锌离子同时作为路易斯酸也能催化该反应。

3. 布兰克反应的主要副产物是二苯基化合物

在苯的布兰克反应中会生成苄醇中间体，苄醇在酸的催化下可以生成苄基正碳，苄基正碳和另一分子苯环发生亲电取代后能够生成二苯甲烷，如图 11-18 所示。

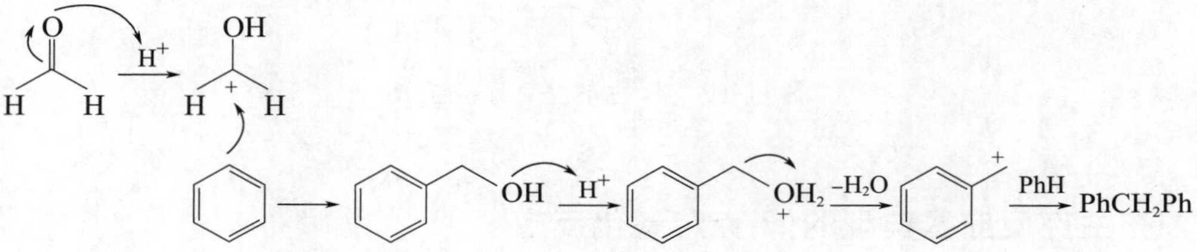

$$HCHO \xrightarrow{H^+} H_2C^+OH;\quad PhH \rightarrow PhCH_2OH \xrightarrow{H^+} PhCH_2OH_2^+ \xrightarrow{-H_2O} PhCH_2^+ \xrightarrow{PhH} PhCH_2Ph$$

图 11-18 布兰克反应的副产物发生路径

在苯的布兰克反应中，最终生成苄氯，苄氯在酸的催化下也可能生成苄基正碳进而生成二苯甲烷（傅-克烷基化反应），如图 11-19 所示。

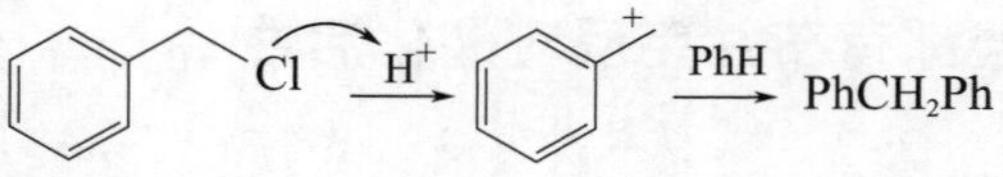

$$PhCH_2Cl \xrightarrow{H^+} PhCH_2^+ \xrightarrow{PhH} PhCH_2Ph$$

图 11-19 苄氯的傅-克烷基化反应

综合以上的副产物分析，布兰克反应的整体产率不高。

第四节 曼尼希（Mannich）反应

具有活性氢的化合物与醛和胺缩合生成氨甲基衍生物的反应称为曼尼希

(Mannich) 反应。以丙酮、甲醛和二甲胺反应为例，如图 11-20，结果生成 4-*N*,*N*-二甲氨基-2-丁酮。

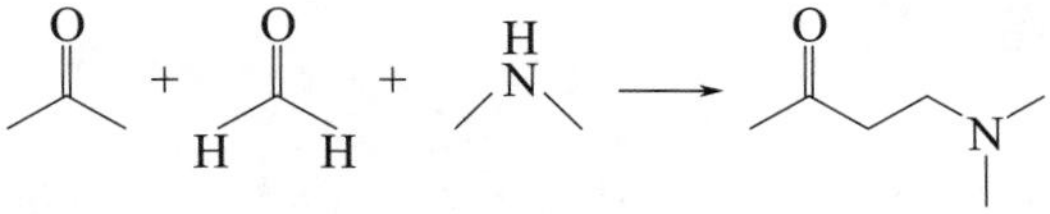

图 11-20 丙酮、甲醛和二甲胺的曼尼希反应

丙酮、甲醛和二甲胺的曼尼希反应的机理如图 11-21 所示。具有孤对电子的二甲胺基中的氮原子用孤对电子进攻加成甲醛得到中间体 **1**，中间体 **1** 经过正氢的重排和分子内脱水后生成氮正中间体 **3**，氮正中间体 **3** 在双键极化后生成烷基正碳 **4**，同时丙酮异构化为烯醇结构后的烯醇在恢复丙酮结构时电子转移亲核进攻烷基正碳 **4** 后脱氢离子生成最终产物。

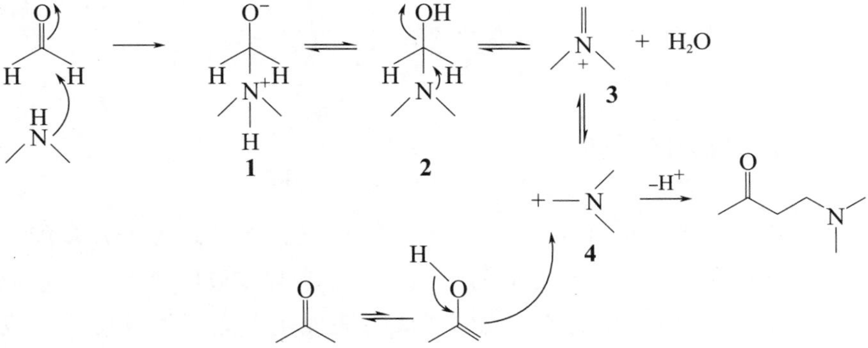

图 11-21 丙酮、甲醛和二甲胺的曼尼希反应机理

1. 酸能催化曼尼希反应

酸能够促进曼尼希反应的发生。如图 11-22 所示，甲醛在酸催化下可以生

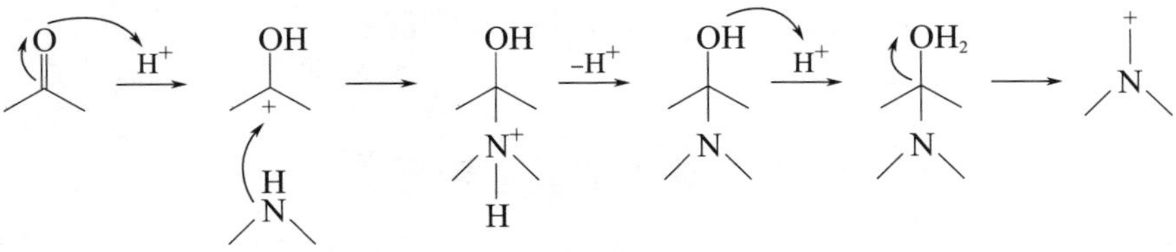

图 11-22 酸催化曼尼希反应正碳离子生成过程

成酸化甲醛正碳，该正碳再和胺反应后生成氨基醇，氨基醇在酸催化下脱水生成了氨基正碳离子，氨基正碳离子可以和丙酮继续反应生成曼尼希产物。

2. 碱能催化曼尼希反应

在碱催化下，丙酮可以直接生成丙酮 α 负碳离子，该负碳离子对二甲胺和甲醛反应生成的氨基正碳进行亲核反应后直接得到产物（图 11-23）。

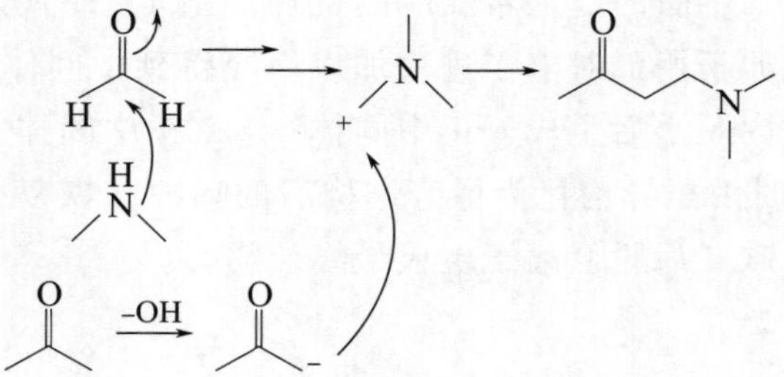

图 11-23 碱催化下的曼尼希反应机理

3. 亚胺能发生曼尼希反应

曼尼希反应的本质是氨基正碳和活性氢位置的反应，理论上凡是能生成氨基正碳的条件都能促进曼尼希反应的发生。例如亚胺在酸催化下可以生成氨基正碳，如图 11-24，丙酮和甲胺生成的亚胺在酸催化下能和丙酮反应生成曼尼希反应的产物。

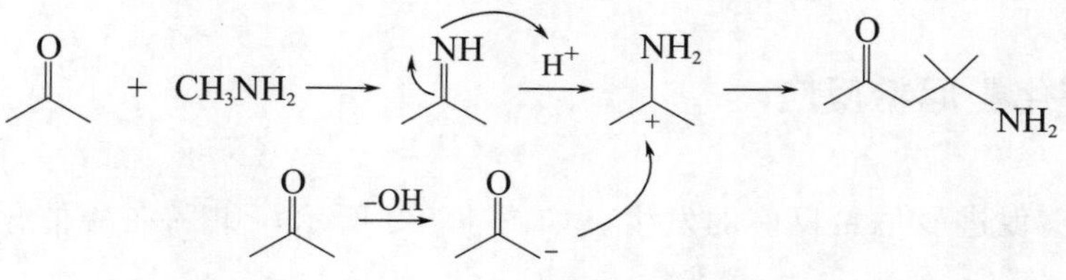

图 11-24 亚胺的曼尼希反应

4. Pictet-Spengler 反应是典型的曼尼希反应

β-芳乙胺在酸催化下和醛反应生成四氢异喹啉的反应称为 Pictet-Spengler

反应，如图 11-25 所示，苯乙胺和甲醛在酸催化下生成异喹啉。

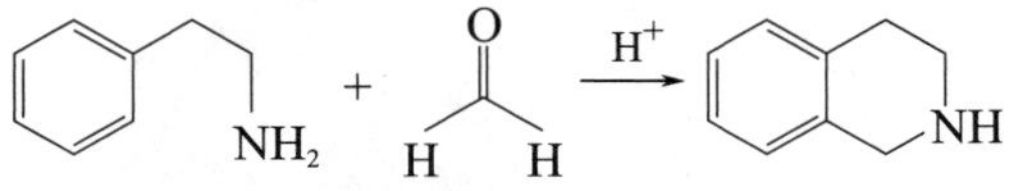

图 11-25 苯乙胺的 Pictet-Spengler 反应

该反应的机理就是典型的曼尼希反应机理，具体如图 11-26 所示。苯乙胺和甲醛加成后生成氨基醇，氨基醇在酸催化下生成氨基正碳，氨基正碳和自身的苯环发生亲电取代后生成异喹啉环。

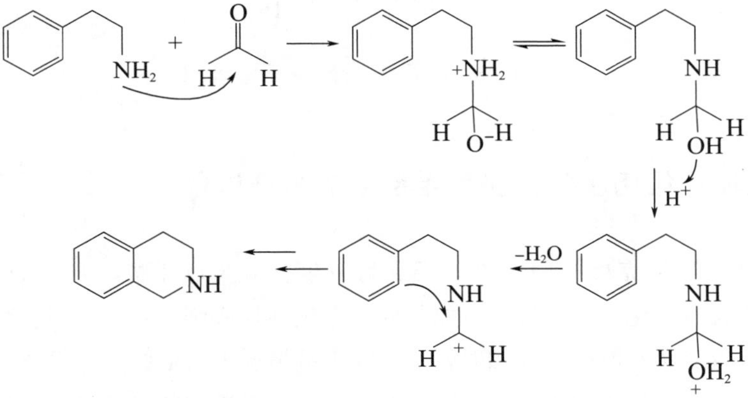

图 11-26 苯乙胺的 Pictet-Spengler 反应机理

第五节 斯泰克（Strecker）反应

醛酮在酸作用下和胺乙基氰化氢反应生成取代氨基酸的反应称为斯泰克（Strecker）反应。如图 11-27 所示，乙醛和氨以及氰化氢在酸催化下可以生成 α-丙氨酸。

如图 11-28 所示，乙醛的斯泰克反应机理是乙醛首先和氨气分子反应生成

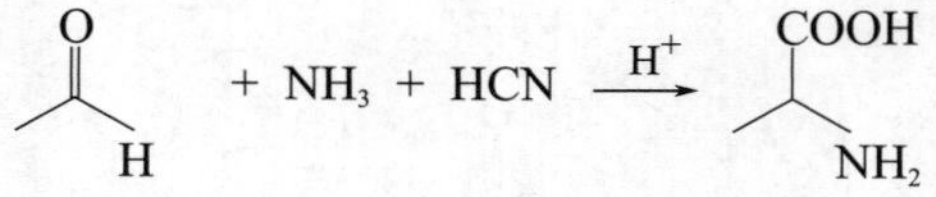

$$CH_3CHO + NH_3 + HCN \xrightarrow{H^+} CH_3CH(NH_2)COOH$$

图 11-27　α-丙氨酸的合成反应

加成产物，该产物在继续酸化下脱水生成亚胺，亚胺在接收氰基负离子亲核加成后生成 α-氰基胺，氰基在水解后生成羧基使得整个分子转化为 α-氨基酸。

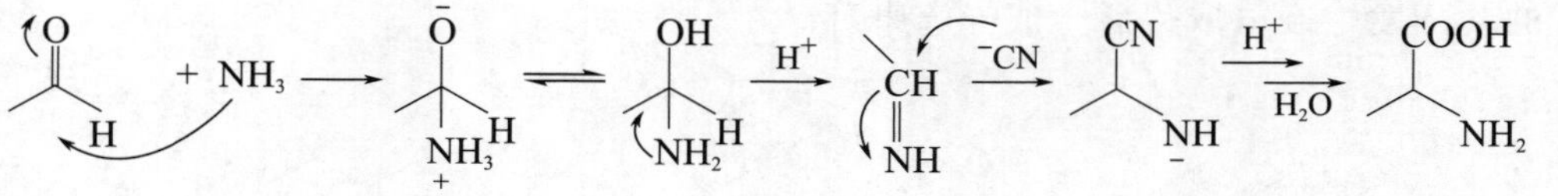

$$CH_3CHO + NH_3 \longrightarrow CH_3CH(O^-)(NH_3^+) \rightleftharpoons CH_3CH(OH)(NH_2) \xrightarrow{H^+} CH_3CH{=}NH \xrightarrow{^-CN} CH_3CH(CN)NH^- \xrightarrow[H_2O]{H^+} CH_3CH(NH_2)COOH$$

图 11-28　乙醛的斯泰克反应机理

1. 斯泰克反应经历了类似曼尼希反应的机理过程

在乙醛的斯泰克反应中，氨分子和醛发生反应生成亚胺，如图 11-29 所示的亚胺分子的自身极化共振结构，氮原子因其电负性比碳强，加上甲基 σ-π 共轭推电子的作用导致亚胺双键的极性相对较强，在极端情况下，亚胺可以极化为氮负离子和碳正离子结构。亚胺的碳正离子结构能够接收亲核试剂的进攻而发生反应，这和曼尼希反应相类似。

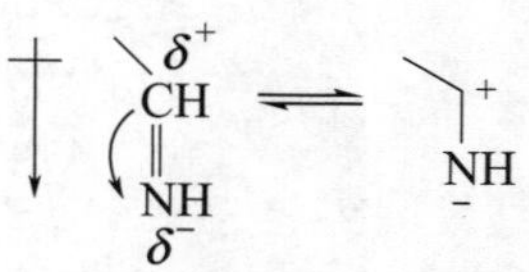

$$CH_3\overset{\delta^+}{C}H{=}\overset{\delta^-}{N}H \rightleftharpoons CH_3\overset{+}{C}H{-}\overset{-}{N}H$$

图 11-29　甲醛亚胺的分子极化示意图

2. 乙醛斯泰克反应中间体亚胺的结构决定氰基亲核位置的单一性

亚胺的结构决定在斯泰克反应中氰基亲核进攻时只能进攻亚胺双键碳的位置形成氰基取代产物，氰基在水解后就是羧酸，因此，乙醛斯泰克反应中间体亚胺的结构决定氰基亲核位置的单一性从而生成 α-氨基酸。氰基的水解历程见图 11-30，腈基中在比相连的碳原子电负性强的氮原子吸电子作用下，腈基氮带部分负电荷，在氢正离子进攻下，腈基酸化后接收一个氢氧根形成羟基亚胺，羟基亚胺在酸的催化下继续水解直到生成酰胺，酰胺水解后就是羧酸。

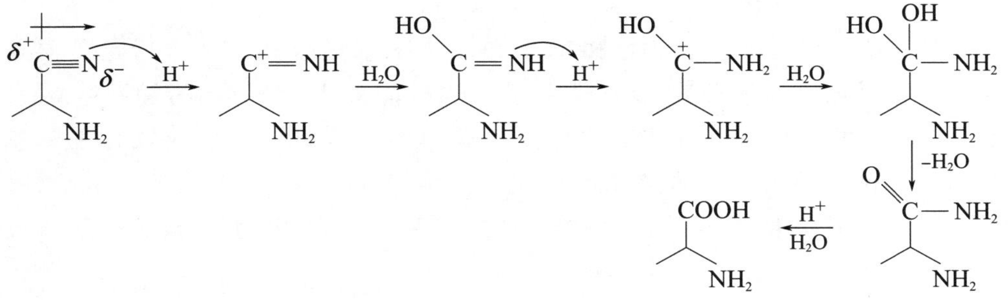

图 11-30　氨基氰的水解历程

第六节　维替西（Wittig）反应

羰基与磷叶立德反应生成烯烃的反应称为羰基烯化反应，又称维替西（Wittig）反应。如图 11-31 所示，丙酮在三苯基乙基磷叶立德作用下转化为 2-甲基-2-丁烯。

图 11-31　丙酮和三苯基乙基磷叶立德的维替西反应

丙酮和三苯基乙基磷叶立德的维替西反应机理如图 11-32 所示。在三苯基

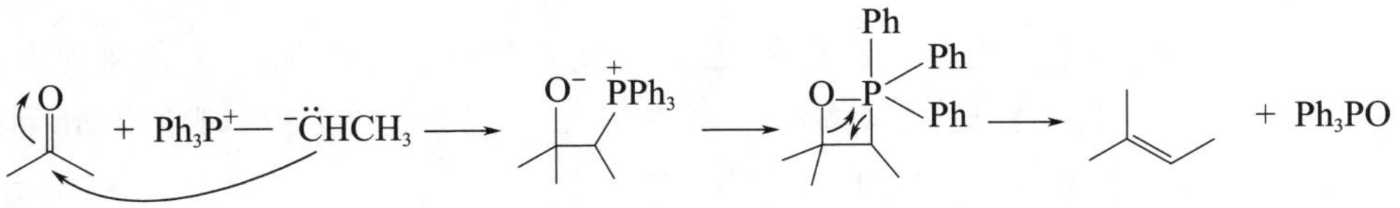

图 11-32　丙酮的维替西反应

乙基磷叶立德的负碳亲核进攻下，丙酮转化为四元环结构的磷氧化合物，四元环经过重排后脱除三苯氧磷生成 2-甲基-2-丁烯。

1. 三苯基膦的亲核性决定其能生成三苯基磷叶立德

在三苯基膦分子中，中心磷原子和三个苯基形成三个 σ 键后最外层还有一对孤对电子，该孤对电子遇到氯代烷时能发生亲核取代反应生成盐，如图 11-33 所示，三苯基膦取代掉氯乙烷中的氯负离子后生成氯化三苯基乙基膦，在中心正电荷的磷原子吸电子作用下，其 α 位氢具有一定酸性，在碱的作用下氯化三苯基乙基膦脱除掉氢离子后转化为三苯基乙基磷叶立德。

$$Ph_3P + Cl\!\!\diagup\!\!\diagdown \longrightarrow \underset{Cl^-}{Ph_3P^+}—CH_2CH_3 \xrightarrow{B:^-} Ph_3P^+—{}^-\ddot{C}HCH_3$$

图 11-33 三苯基乙基磷叶立德的生成过程

2. 磷叶立德需要在无水无氧条件下才能生成

三苯基乙基磷叶立德的结构中同时含有带正电荷的磷和带负电荷的乙基，该结构决定其有很强的亲核性。一般三苯基乙基磷叶立德的制备都需要在无水无氧的环境中进行。

第七节 克脑文盖尔（Knoevenagel）反应

具有活性亚甲基的化合物在碱催化下与羰基作用生成烯键的反应称为克脑文盖尔（Knoevenagel）反应。例如，丙二酸二乙酯和乙醛在弱碱催化下生成亚乙基丙二酸二乙酯（图 11-34）。

丙二酸二乙酯和乙醛的 Knoevenagel 反应的机理如图 11-35 所示。在碱的

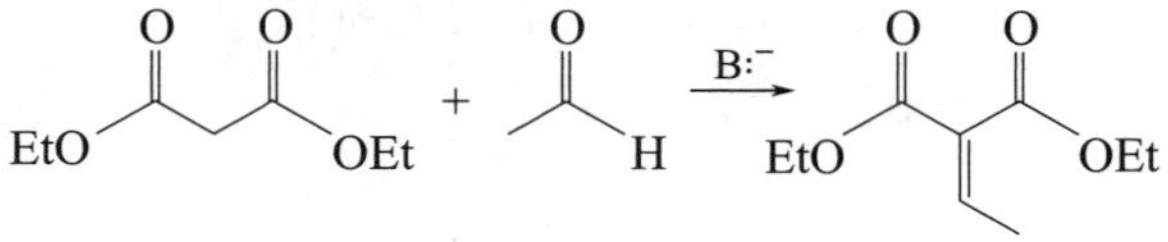

图 11-34 丙二酸二乙酯和乙醛的 Knoevenagel 反应

作用下丙二酸二乙酯的活性亚甲基脱除氢离子后生成负碳，丙二酸二乙酯负碳亲核加成乙醛的羰基后生成醇，活性亚甲基另一个氢和碱反应后第二次生成负碳，负碳重排脱除羟基后转化为最终产物。

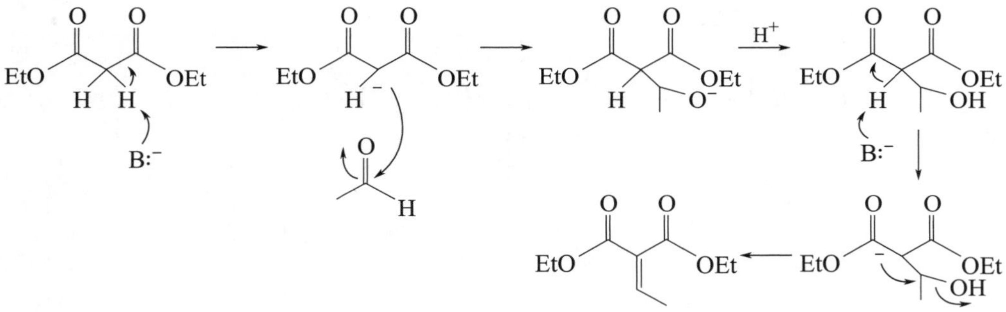

图 11-35 丙二酸二乙酯和乙醛的 Knoevenagel 反应的机理

1. 连有两个强吸电子基的活性亚甲基容易发生 Knoevenagel 反应

吸电子基的邻位碳氢键因吸电子基的吸电子作用往往酸性会增强，而在两个吸电子的官能团作用下，亚甲基的酸性往往能够和诸如吡啶等较弱的有机碱发生酸碱反应，因此丙二酸二乙酯和乙酰乙酸乙酯等分子发生 Knoevenagel 反应时常用吡啶或者哌啶作碱催化剂。

在甲苯分子中，苯基对甲基通过 σ-π 共轭的吸电子作用导致其苄基位置也有一定的酸性。在较强碱作用下，甲苯也能发生 Knoevenagel 反应。如图 11-36，甲苯和乙醛在碱作用下可以反应生成丙烯基苯。需要说明的是，乙醛的 α 碳也有一定的酸

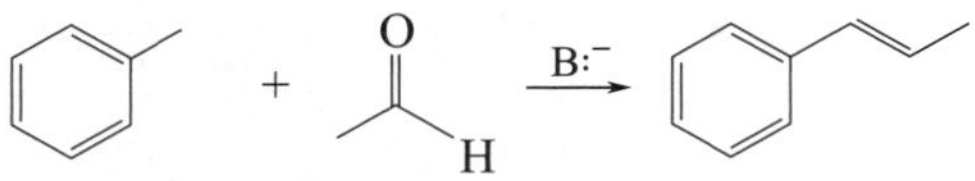

图 11-36 甲苯与乙醛的 Knoevenagel 反应

性，因此在碱作用下乙醛自身可以缩合生成丁烯醛，这就是乙醛自身的羟醛缩合反应，故在甲苯和乙醛的 Knoevenagel 反应中需要先将碱和甲苯混合生成苄基负碳离子后再加入乙醛进行后续反应。

2. 在 Knoevenagel 反应中一般生成较为稳定的大共轭体系

Knoevenagel 反应所生成的双键因和原来活性亚甲基 α 位的官能团共轭而成为稳定的分子，在 Knoevenagel 反应中得到产物醇的可能性较小。

3. 丁二酸酯的 Knoevenagel 反应最终生成 α，β-不饱和酯，这个反应被称为 Stobbe 反应

Stobbe 反应是 Knoevenagel 反应的特例，如图 11-37 所示。丁二酸酯和丙酮在碱作用下生成 2-亚异丙基丁二酸酯。

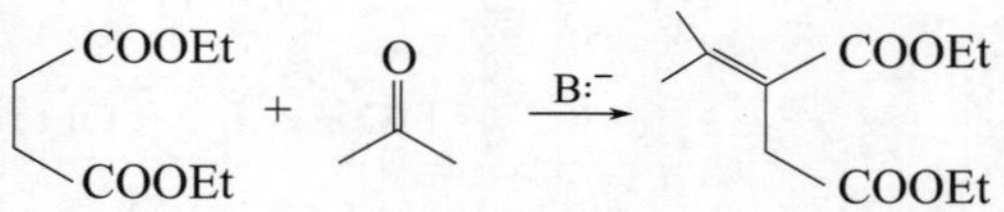

图 11-37 丙酮的 Stobbe 反应

丙酮的 Stobbe 反应的机理如图 11-38 所示。在碱的作用下，丁二酸酯 α 位的活性氢被碱拔除后生成负碳离子，该负碳离子对丙酮进行亲电加成后生成 β-

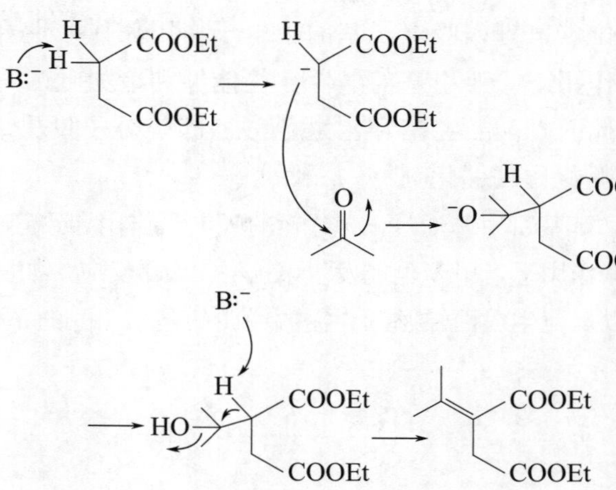

图 11-38 丙酮的 Stobbe 反应机理

羟基二丁酸酯，β-羟基二丁酸酯脱水后生成具有共轭体系的 2-亚异丙基丁二酸酯。

第八节　达森（Darzens）反应

羰基和 α-卤代酸酯在碱催化下缩合生成 α,β-环氧羧酸酯的反应称为达森（Darzens）反应，如图 11-39 所示。

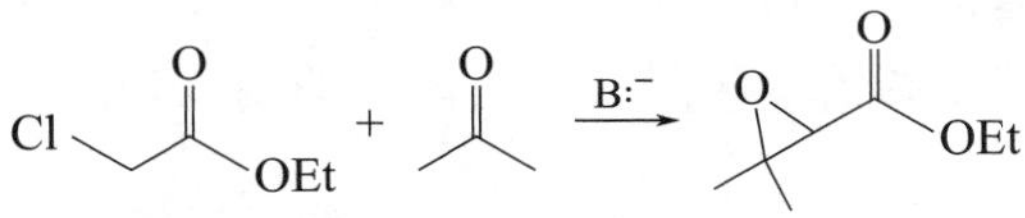

图 11-39　丙酮和氯乙酸乙酯的 Darzens 反应

丙酮和氯乙酸乙酯的 Darzens 反应机理如图 11-40 所示。在碱作用下，氯乙酸乙酯的活性质子被拔除后生成氯乙酸乙酯负碳离子，该负碳离子亲核加成丙酮后生成的氧负离子回头取代掉自身分子中的氯原子后生成环氧化合物。

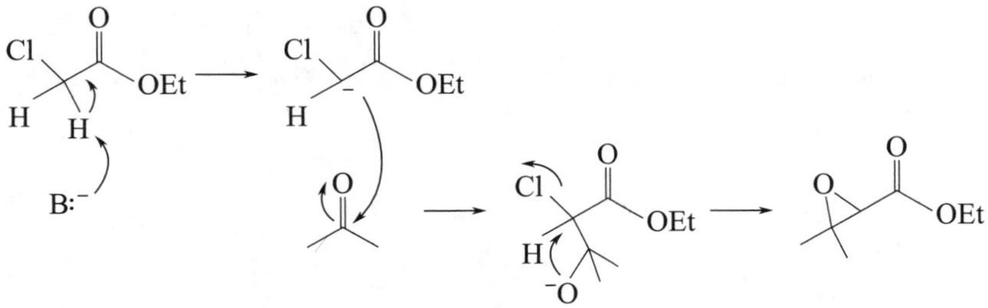

图 11-40　丙酮和氯乙酸乙酯的 Darzens 反应机理

1. 氯乙酸乙酯的活性亚甲基比较活泼

在氯乙酸乙酯分子中，吸电子性的氯原子和酯基同时连在同一个亚甲基上，在氯和酯基的吸电子作用下，亚甲基上的碳氢键被极化而具有一定的酸性，在碱的作用下可以生成负碳离子（图 11-41）。

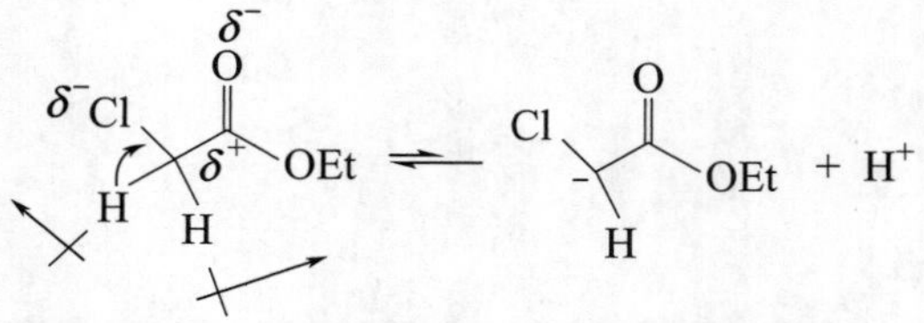

图 11-41 氯乙酸乙酯的分子极化电离示意图

2. Darzens 反应过程中氧负离子亲核取代氯负离子也可能是单分子取代反应（S_N1）机理

在 Darzens 反应过程中生成了含有氯的氧负离子中间体（图 11-42），该中间体结构中氯连在酯基的 α 位，在酯基的吸电子作用下，碳氯键容易断键生成相应的碳正离子，碳正离子接收附近氧负离子的亲核作用后生成环氧化合物。

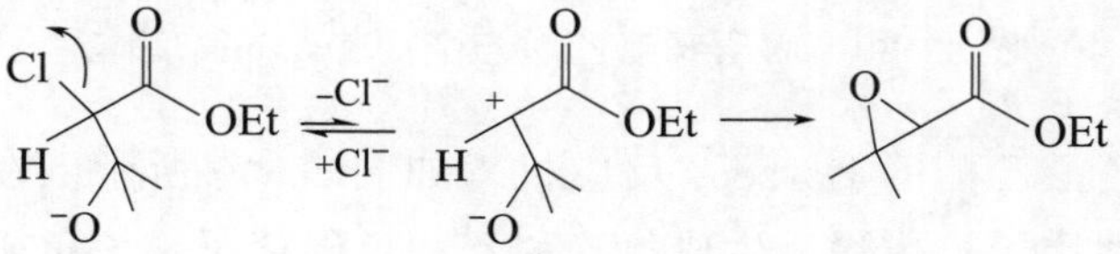

图 11-42 Darzens 反应的可能机理

即使反应过程中的氧负离子首先转化为羟基，如图 11-43，羟基氧的负电荷也会对氯的 α 碳进行亲核吸引，这种亲核作用很容易导致整个分子脱除氯化氢后生成最终产物。

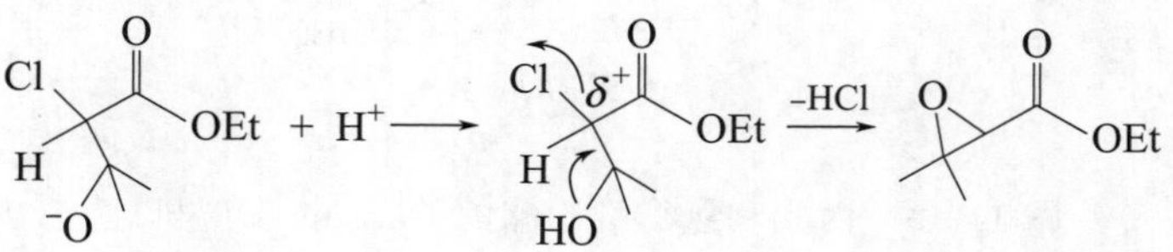

图 11-43 Darzens 反应的可能机理

第十二章

重排反应

第一节 Wagner-Meerwein 重排

当碳正离子的 α 位有较容易重排的官能团时，或者正碳离子经过重排能生成更为稳定的正碳离子时往往会发生正碳的重排反应，这类重排称为 Wagner-Meerwein 重排。如图 12-1 所示，2,2-二甲基-1-丙醇与氯化氢反应生成重排后的 2-甲基-2-氯丁烷。

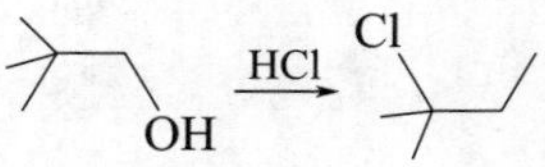

图 12-1 2,2-二甲基-1-丙醇和氯化氢的 Wagner-Meerwein 重排反应

2,2-二甲基-1-丙醇和氯化氢的反应经历的 Wagner-Meerwein 重排过程如图 12-2 所示。醇羟基在接收质子酸化后失去一分子中性水后生成伯正碳离子，伯正碳离子 α 位的甲基在正碳的吸电子性作用下发生负碳重排迁移后生成稳定性比伯正碳离子高的叔正碳离子，叔正碳离子在接收氯负离子的亲核作用后生成最终产物。

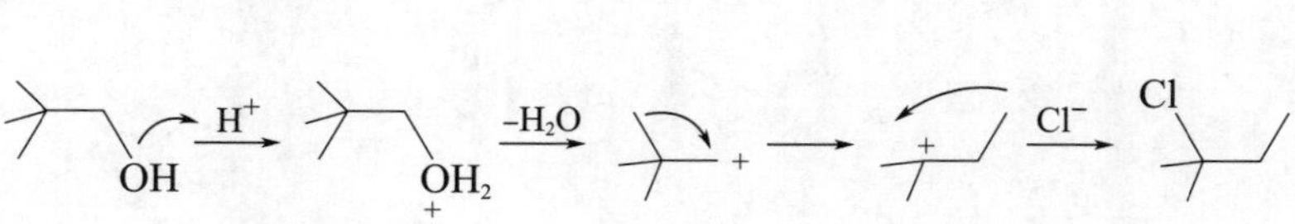

图 12-2 2,2-二甲基-1-丙醇与氯化氢发生 Wagner-Meerwein 重排的机理

1. 正碳离子对 α 位 σ 键电子的 σ-p 共轭作用是 Wagner-Meerwein 重排的动力学控制因素

在 Wagner-Meerwein 重排反应中，正碳离子生成后即和 α 位 σ 键电子产生 σ-p 共轭作用，这种作用是导致 α 甲基带着电子迁移到正碳位置的主要原因。这个过程因正电荷和电子的吸引而属于动力学控制过程。

2. 重排后生成稳定性更好的正碳是 Wagner-Meerwein 重排的热力学控制因素

在 2,2-二甲基-1-丙醇的 Wagner-Meerwein 重排反应过程中，伯正碳离子重排后生成叔正碳离子，叔正碳离子因其 σ-p 共轭而比伯正碳离子稳定，从热力学角度考虑，稳定性差的结构向稳定性高的结构重排的过程是容易发生的热力学控制的重排过程。

第二节 Pinacol 重排

连乙二醇结构的化合物在酸作用下的重排被称为 Pinacol 重排。例如 2,3-二甲基-2,3-丁二醇在酸催化下生成 3,3-二甲基-2-丁酮，如图 12-3 所示。

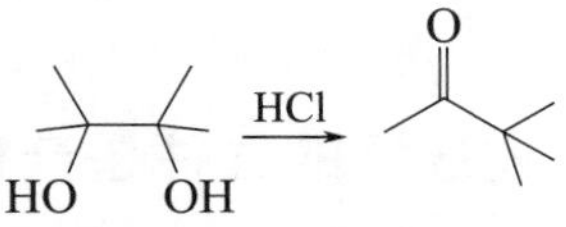

图 12-3 2,3-二甲基-2,3-丁二醇的 Pinacol 重排反应

2,3-二甲基-2,3-丁二醇的 Pinacol 重排反应机理如图 12-4 所示。羟基酸化后脱除掉水分子形成正碳离子，在正碳离子的吸电性作用下邻位碳原子的醇羟基重排为羰基同时甲基负碳迁移到正碳位置形成最终产物。

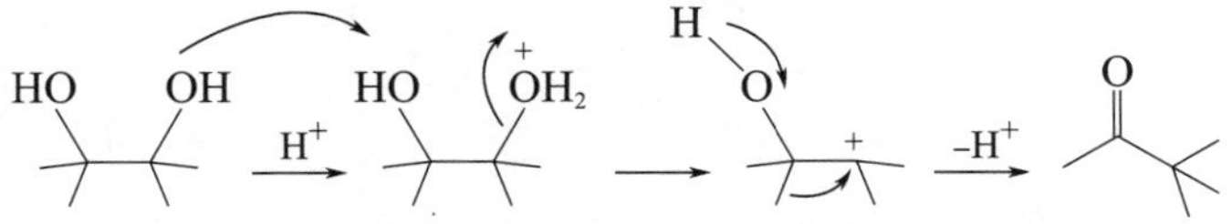

图 12-4 2,3-二甲基-2,3-丁二醇的 Pinacol 重排反应过程

1. 在 Pinacol 重排反应过程中，环氧化合物的产生是引起副产物生成的主要原因

在图 12-4 的 2,3-二甲基-2,3-丁二醇的 Pinacol 重排反应中生成了正碳中间

体，如图 12-5 所示，正碳离子的正电荷中心会对邻位羟基的氧进行亲电吸引，在正碳对羟基的吸引过程中如果脱除一个氢离子则会生成环氧化合物。

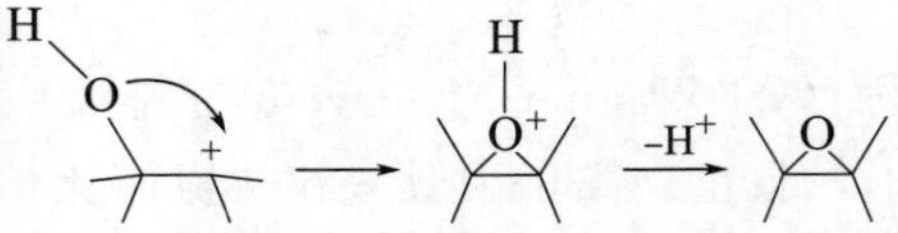

$$\xrightarrow{-H^+}$$

图 12-5 Pinacol 重排反应中可能生成环氧化合物的过程

生成环氧化合物后，在酸性体系中，因三元环氧化合物的张力比较大，环氧化合物也可以继续酸化开环生成正碳。如图 12-6 所示，四甲基环氧丙烷可以在酸的作用下继续开环形成正碳，如果四个取代基不同，形成的正碳和关环前不一定相同。

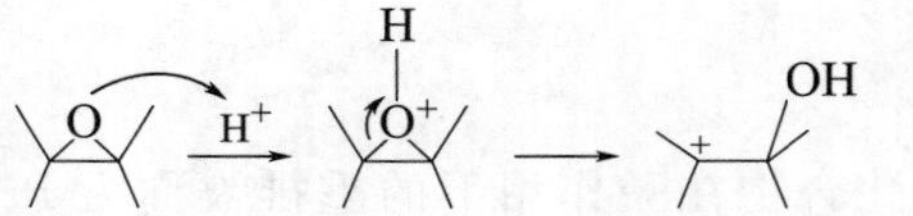

$$\xrightarrow{H^+}$$

图 12-6 Pinacol 重排反应中环氧中间体的酸开环过程

2. 有多个可迁移基团时优先迁移的往往是亲核性高的基团

如图 12-7，2,3-二苯基-2,3-丁二醇在发生 Pinacol 重排反应时生成苯基迁移的 3,3-二苯基-2-丁酮。

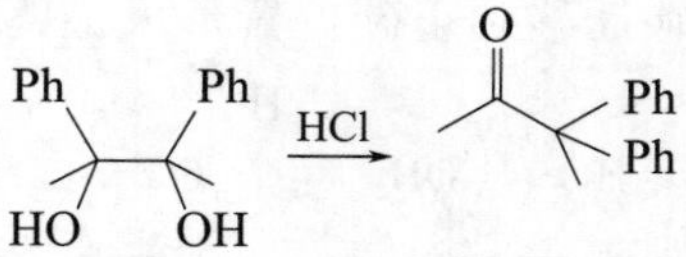

$$\xrightarrow{HCl}$$

图 12-7 2,3-二苯基-2,3-丁二醇的 Pinacol 重排反应

2,3-二苯基-2,3-丁二醇是一个对称分子，两个氢氧根酸化时没有选择性。如图 12-8，首先 2,3-二苯基-2,3-丁二醇的一个羟基酸化后脱水形成关键中间体苄基正碳，该正碳在邻位羟基的作用下可以发生苯基或者甲基迁移。苯环因其特殊的杂化形式导致其平面结构中 π 电子处于苯环平面的两侧，正电荷对苯环 π 电子的吸引比正电荷对甲基 σ 键电子的吸引要强，因此，在电荷吸引力作

用下，苯环优先迁移，反应最终生成3,3-二苯基-2-丁酮。

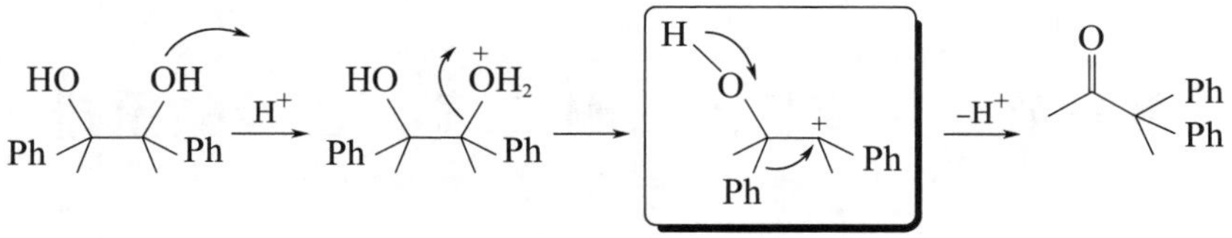

图 12-8 2,3-二苯基-2,3-丁二醇的 Pinacol 重排反应机理

3. 在两个羟基的两个邻位取代基不同时 Pinacol 重排反应产物往往有选择性

如图 12-9，2,3-二甲基-2-苯基-2,3-戊二醇发生 Pinacol 重排反应时，氢离子可以酸化脱水脱除 2 号碳上的羟基也可能酸化脱水脱除 3 号碳上的羟基，这两种脱水位置分别生成的正碳离子不同。

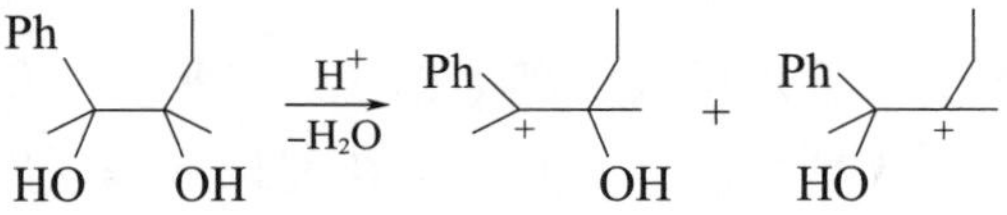

图 12-9 2,3-二甲基-2-苯基-2,3-戊二醇的两种酸化脱水产物

从动力学角度考虑，2,3-二甲基-2-苯基-2,3-戊二醇的两个羟基的活性不同，2 号碳上的羟基受到同碳苯基的吸电子作用（σ-π 共轭作用）导致其氧氢键的电子云向氧原子靠近，因此 2 号碳更容易被质子化。

从热力学角度考虑，2 号碳的羟基质子化脱水后生成苄基叔正碳，3 号碳的羟基质子化脱水后生成普通叔正碳，因此也是 2 号碳的羟基容易质子化脱水。

在生成 2 号正碳后，如图 12-10，理论上邻位的甲基和乙基都可能迁移形成 Pinacol 重排反应产物。与甲基相比，乙基发生迁移的碳原子受到背后甲基的推电子作用导致其电子云密度增加导致其亲核力更强，因此乙基优于甲基迁移。

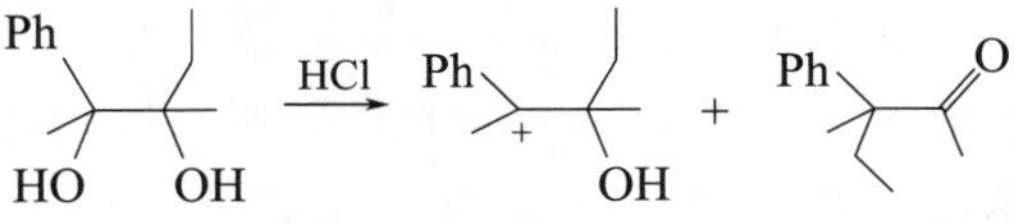

图 12-10 2,3-二甲基-2-苯基-2,3-戊二醇 Pinacol 重排反应

第三节 二苯基乙二酮-二苯基乙醇酸重排

邻二酮类化合物在碱作用下发生的重排反应称为二苯基乙二酮-二苯基乙醇酸重排。例如二苯乙二酮在氢氧化钠作用下重排生成 α-羟基二苯乙酸（图 12-11）。

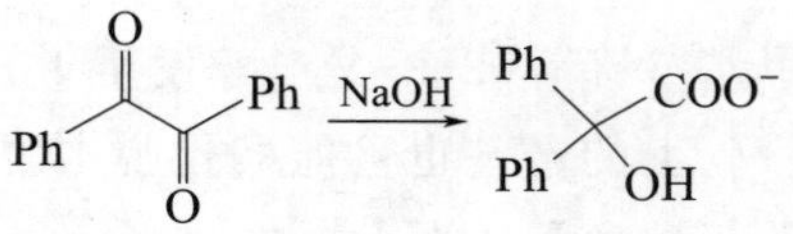

图 12-11 二苯乙二酮的碱重排反应

二苯乙二酮在碱中的重排反应机理如图 12-12 所示。羰基在氢氧根负离子的亲核下加成双键后形成氧负离子中间体，在邻位羰基碳的吸电子作用下，氧负离子邻位的苯基发生负苯迁移后生成最终的迁移产物。

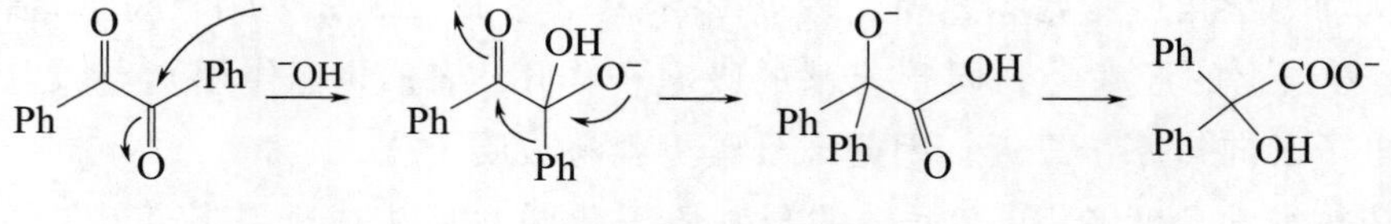

图 12-12 二苯乙二酮在碱中的重排反应机理

1. 邻二羰基化合物自身的结构决定其容易发生重排反应

在邻二羰基化合物中，两个吸电子基的羰基直接相连，如图 12-13 所示，羰基在氧的较强的电负性吸电子作用下而极化，羰基氧带部分负电荷，羰基碳带部分正电荷，一般情况下，带相同电荷的官能团直接相连时该化合物稳定性都比较差。虽然二苯乙二酮在常温下能够稳定存在，但是该分子的反应活性较高。

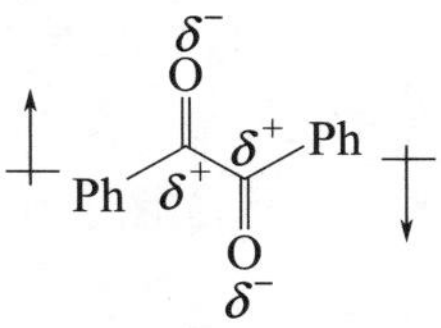

图 12-13 二苯乙二酮的分子极化示意图

2. 氢氧根负离子对邻二羰基加成后所形成中间体的结构决定其能重排为稳定的化合物

氢氧根离子对二苯乙二酮加成后生成了氧负离子中间体，如图 12-14，在该负氧离子中，羰基碳所带的部分正电荷会对邻位的氧负中心产生亲电作用，苯环因其自身的 π 电子也能够被亲电中心吸引发生反应。虽然中间体氧负离子被羰基碳亲电吸引的可能性更大，但是这种亲电吸引的结果是形成三元环氧结构，该结构因张力等因素而不稳定，因此，氧负离子邻位的苯环受到羰基碳的亲电吸引而容易引发新产物的生成。

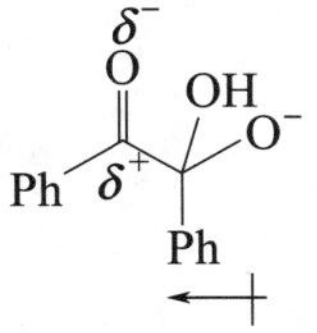

图 12-14 二苯乙二酮的羟基加成中间体的极化示意图

如图 12-15，假如羰基碳亲电吸引中间体氧负离子则产生环氧化合物，在该环氧化合物分子中，整个分子除了三元环的张力外还受两个吸电子羟基以及环氧中氧的吸电子作用而非常活泼，环氧在接收氢氧根离子亲核加成后生成四羟基化合物，四羟基化合物脱水后就回到反应前的二苯乙二酮结构，因此，虽然羰基对邻位的氧负离子的亲电性最强，但是这种亲电作用并不产生新的稳定

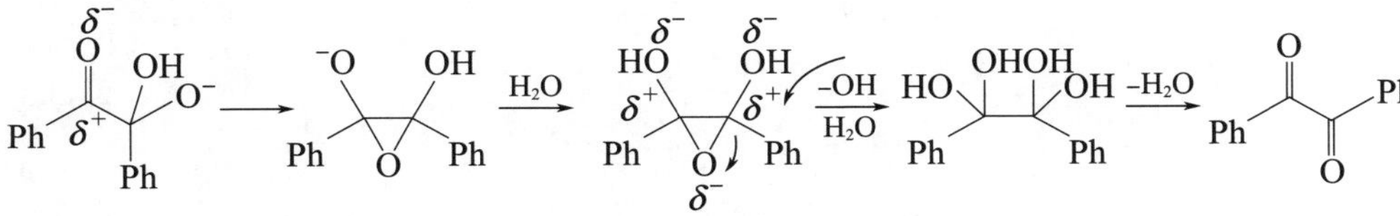

图 12-15 羰基碳对氧负离子的亲电作用

产物而引其宏观的化学反应。

羰基对邻位苯基的亲电作用导致苯环迁移后生成较为稳定的二苯基-α-羟基酸而引发化学反应。需要说明的是，二苯基-α-羟基酸因分子内氢键作用而比其原料邻二酮更加稳定。其氢键结构如图 12-16 所示。

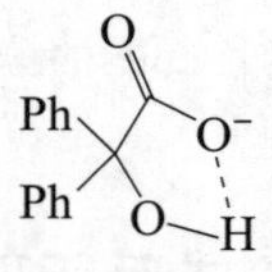

图 12-16 重排产物的分子内氢键

第四节 法维斯基（Favorskii）重排

α-卤代酮和烷氧基负离子作用重排得到酯的反应称为法维斯基（Favorskii）重排。如图 12-17，2,4-二甲基-2-氯-3-戊酮在烷氧基作用下重排为 2,2,3-三甲基丁酸酯。

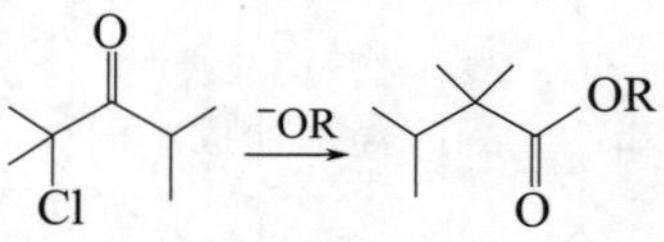

图 12-17 2,4-二甲基-2-氯-3-戊酮的法维斯基重排反应

2,4-二甲基-2-氯-3-戊酮的法维斯基重排机理如图 12-18 所示。烷氧基作为碱首先和羰基的α-氢反应生成负碳离子，负碳离子对分子内羰基α位的卤素碳亲核取代后形成三元环状化合物，烷氧基继续亲核羰基的碳原子后引起三元环的开环

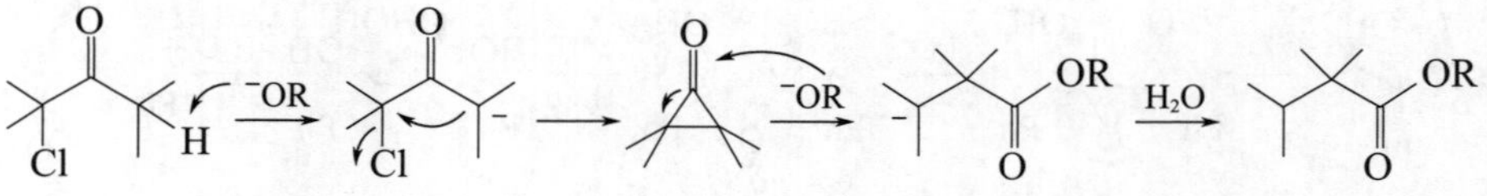

图 12-18 2,4-二甲基-2-氯-3-戊酮的法维斯基重排反应机理

生成最终酯类化合物。

1. 法维斯基重排反应仅限与和卤素相连的碳上没有氢原子而羰基的另一个 α 位有活性氢时才能发生的特定性反应

如图 12-19 所示，在 2-甲基-4-氯-3-戊酮分子中氯的 α 位有一个氢原子，这个同时位于羰基和氯的 α 位的氢受到两个吸电子基团的吸引而比一般烷基氢有更强的酸性，在其分子内，羰基另一侧的活性氢因为离氯原子位置较远而受到氯的吸电子作用力较弱，因此，在烷氧基作用下，首先发生反应的是同时处于氯和羰基 α 位的氢。

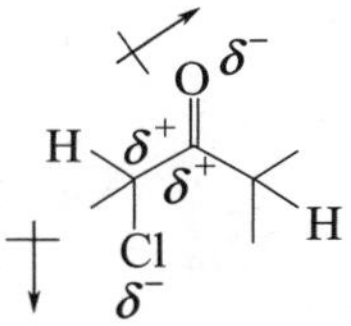

图 12-19 2-甲基-4-氯-3-戊酮的分子极化示意图

如图 12-20，在烷氧基作用下，2-甲基-4-氯-3-戊酮转化为负碳后脱除氯负离子生成中间体卡宾，卡宾在接收烷氧基亲核后转化为新的负碳离子，在捕捉质子后反应最终生成卤素被取代的产物而不会生成法维斯基重排产物。

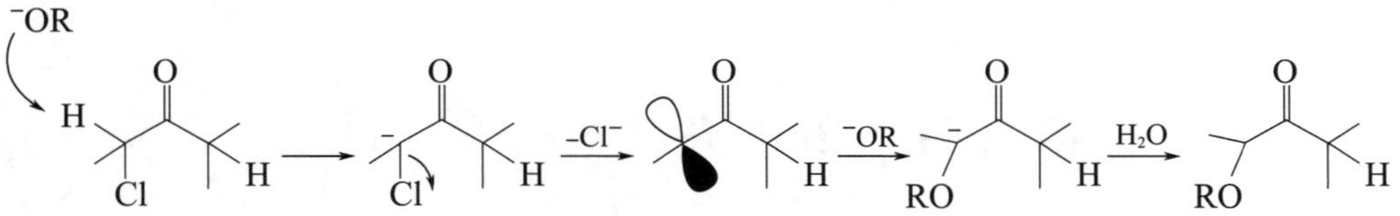

图 12-20 2-甲基-4-氯-3-戊酮和醇氧负离子的反应过程

在很多教材中都有如图 12-21 所示的反应，邻氯环己酮在醇氧负离子作用下缩环生成环戊酸负离子，该反应中，首先和醇氧负离子反应的羰基 α 氢反应是远离氯而不是氯的邻位氢，这不符合动力学控制的条件。

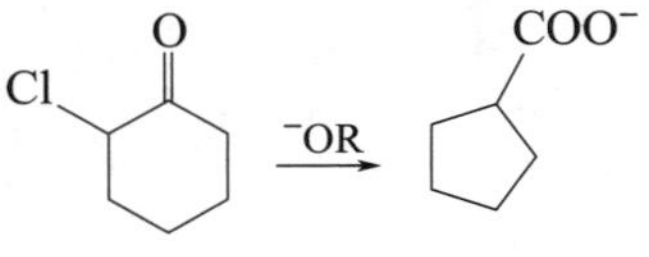

图 12-21 教材中展示的法维斯基重排案例

2. 如果羰基两侧取代基不同，法维斯基反应中间体三元环的开环则有了选择性

如图 12-22，3-甲基-1,1-二苯基-1-氯-2-丁酮和 1,1-二苯基-3-甲基-3-氯-2-丁酮的法维斯基重排过程中都生成了相同的三元环中间体-2,2-二甲基-3,3-二苯基环丙酮，在烷氧基负离子亲核开环该三元环化合物时，两个苯环的苄位负碳因与苯环间 p-π 共轭而更容易生成（热力学控制），因此两个底物的法维斯基重排反应生成了相同的产物。

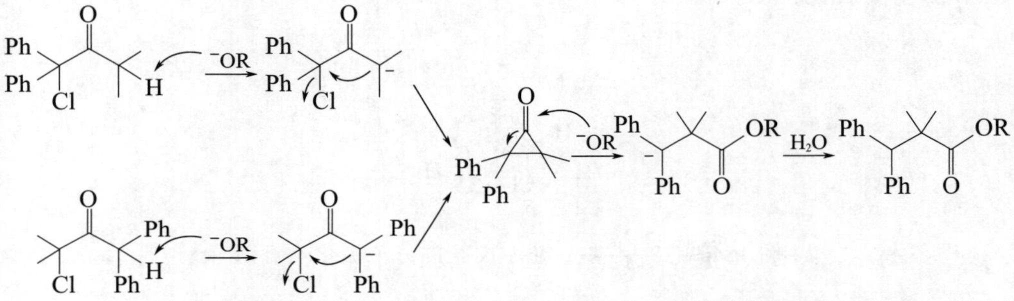

图 12-22 3-甲基-1,1-二苯基-1-氯-2-丁酮和 1,1-二苯基-3-甲基-3-氯-2-丁酮的法维斯基重排

第五节 伍尔夫（Wolff）重排

在一定条件下 α-重氮酮重排成烯酮的反应称为伍尔夫（Wolff）重排。如 α-重氮二苯乙酮在加热情况下生成二苯乙烯酮（图 12-23）。

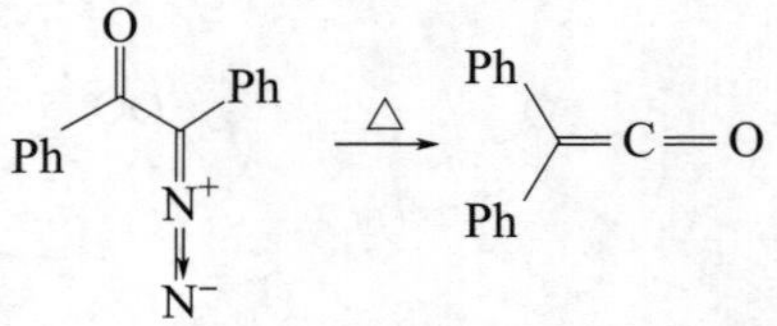

图 12-23 α-重氮二苯乙酮的伍尔夫重排反应

α-重氮二苯乙酮的伍尔夫重排反应的机理如图 12-24 所示。在加热情况下，α-重氮二苯乙酮容易分解释放出氮气而生成卡宾，卡宾在亲电作用下导致邻位苯迁移重排后生成二苯乙烯酮。

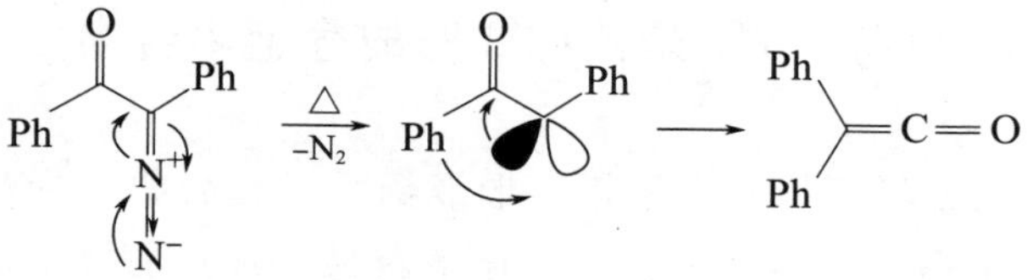

图 12-24　α-重氮苯乙酮的伍尔夫重排反应的机理

1. 重氮分子中应该存在氮氮配位键

在重氮分子中，如图 12-25，以 α-重氮二苯乙酮为例，最外侧的氮原子首先以 σ 单键和另一个氮原子形成共价键后，其最外层电子由 5 个变为 6 个，因此内侧氮原子以配位键的形式和外侧氮原子形成第二个化学键以满足外侧氮原子最外层的 8 电子稳定结构。

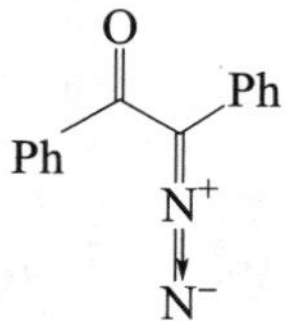

图 12-25　α-重氮二苯乙酮的分子结构

在 α-重氮二苯乙酮分子中，内侧氮原子最外层电子和外侧氮原子形成单键和配位键后还需要和碳原子以双键形式结合才能达到最外层的 8 电子稳定结构，因为内侧氮原子提供一对电子和外侧氮原子形成配位键，因此内侧氮原子带正电荷而外侧氮原子带负电荷。

在常规的教材中简单地将重氮结构的氮氮键和氮碳键都画为普通双键的形式是不太恰当的。

2. 重氮分子加热后生成卡宾结构的中间体

在 α-重氮二苯乙酮分子中，氮氮原子结合在一起的结构导致在受热条件下很容易分解放出氮气，中性的氮气分子离去后α-重氮二苯乙酮分子转化为中性的卡宾，在该卡宾结构中，羰基α碳原子最外层电子只有6个，在缺电子的亲核性作用下，邻位的苯基重排以形成稳定的化合物。

3. 不稳定的烯酮容易（被）亲核加成形成稳定化合物

α-重氮二苯乙酮经历伍尔夫重排后形成烯酮类化合物，烯酮分子因两个双键的特殊结构而不稳定，在亲核试剂作用下容易（被）加成生成相应的加成产物。如图12-26，烯酮因氧原子的吸电子性导致中心碳原子有较强的亲电性，在亲核试剂羟基的进攻下羰基打开形成烯醇氧负离子，烯醇氧负离子再重排并接收水中的氢离子后形成稳定的羧酸。

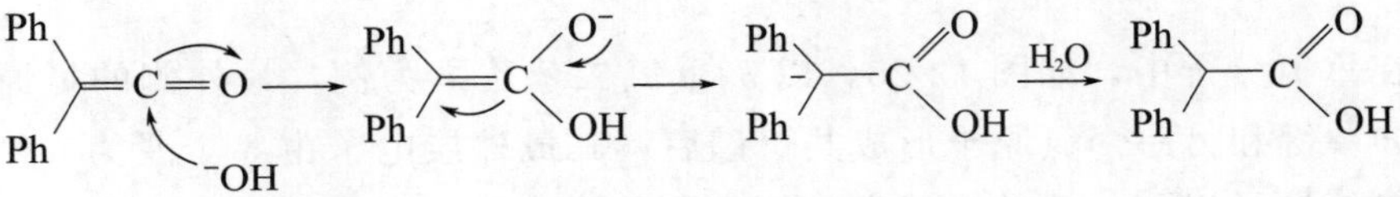

图12-26　二苯乙烯酮的水解反应

第六节　贝克曼（Beckmann）重排

肟类化合物在酸作用下容易重排生成取代酰胺的过程称为贝克曼（Beckmann）重排。以丙酮肟为例，如图12-27，在酸作用下，丙酮肟可以转化为*N*-甲基甲酰胺。

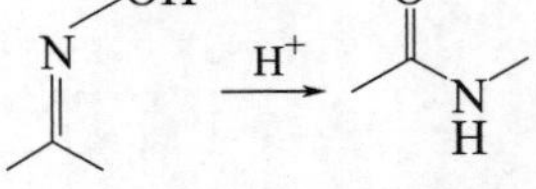

图12-27　丙酮肟的贝克曼重排

丙酮肟重排的机理如图12-28所示。

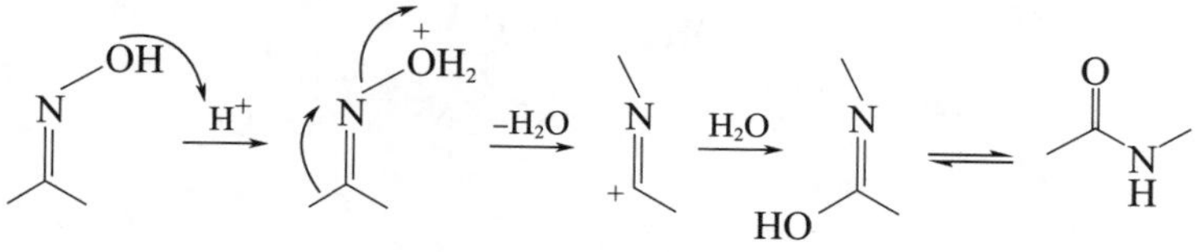

图 12-28　丙酮肟的贝克曼重排反应机理

1. 贝克曼重排的脱水和烷基迁移是同时进行的

如果在贝克曼重排中首先进行脱水生成正氮的过程，如图 12-29，在酸作用下丙酮肟脱水后首先生成亚胺正氮离子，在正电荷的作用下双键电子云向正氮中心靠近从而打开双键形成正碳离子，在最终形成的正碳离子结构中同时含有一个缺电子的氮卡宾结构，这样的具有双缺电子中心结构的化合物因能量较高而难以生成。

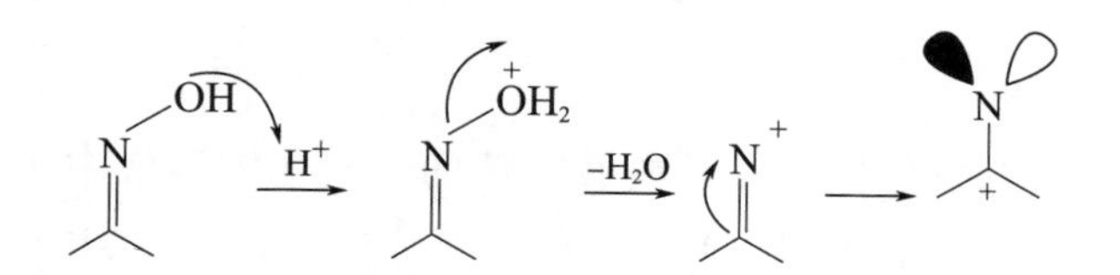

图 12-29　贝克曼反应中如果只发生脱水过程

在丙酮肟的贝克曼重排过程中，水的离去同时因正氮的吸电子性导致其 α 位的甲基带着电子（甲基负碳）迁移，这个过程应该时同时进行的，迁移后所形成的亚胺正碳在接收水中的氢氧根离子后很容易形成稳定的酰胺类化合物而使能量降低。

2. 贝克曼重排中烷基的迁移只有方向性并无选择性

在贝克曼重排过程中，因烷基的迁移和水的离去是同时进行的，双键的平面结构决定只有和羟基在反方向上的烷基才能因位阻小和空间接近而容易迁移，这与烷基迁移难易程度无关。例如，图 12-30 所示，苯乙酮肟因乙烯的顺反结构而有两种，因此苯基分别和羟基处于反式和顺势两种构象，这两种构象的肟发生贝克曼重排时生成和羟基处于反式位置的基团首先迁移的唯

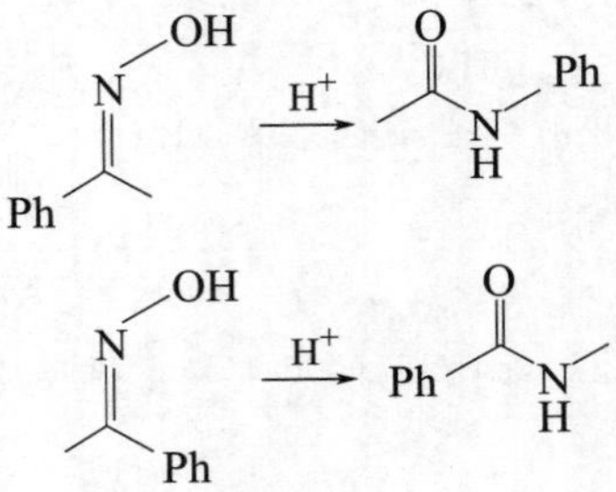

图 12-30 两种苯乙酮肟的贝克曼迁移

一产物。

第七节 霍夫曼（Hofmann）重排

氮原子上不连有任何取代基的酰胺在溴的氢氧化钠溶液中重排生成少一个碳原子的胺的过程称为霍夫曼（Hofmann）重排。如图 12-31 所示，乙酰胺在溴的氢氧化钠溶液中重排生成甲胺。

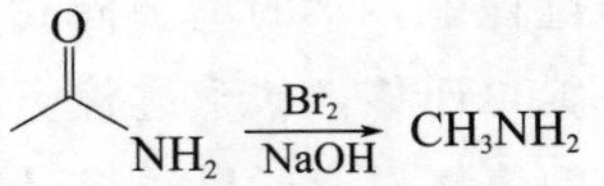

$$CH_3CONH_2 \xrightarrow[NaOH]{Br_2} CH_3NH_2$$

图 12-31 乙酰胺的霍夫曼重排

教材中乙酰胺的霍夫曼重排反应机理见图 12-32。酰胺的氮原子用其孤对电子进攻极化的溴分子产生氮溴代的化合物，*N*-溴代乙酰胺分子中氮原子上的氢因羰基和溴的吸电子作用而具有一定的酸性，在碱的作用下 *N*-溴代乙酰胺转化为氮负离子中间体，氮负离子脱除溴负离子后生成氮卡宾中间体，氮卡宾的缺电子性导致邻位甲基迁移重排生成异氰酸酯，异氰酸酯多步水解后生成甲胺。

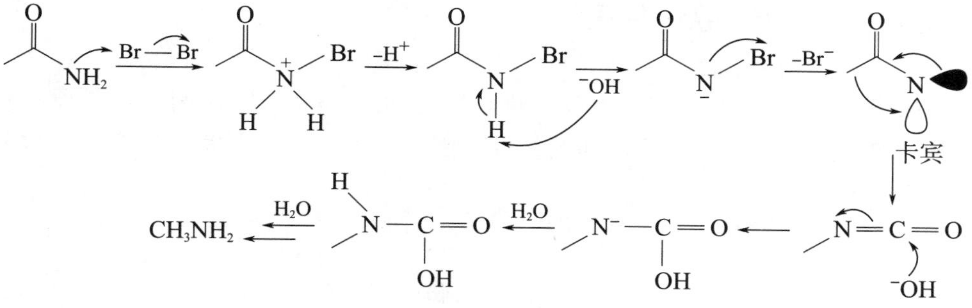

图 12-32　教材中的乙酰胺的霍夫曼重排机理

1. 酰胺分子中氨基较弱的亲核性决定霍夫曼重排机理第一步可能是碱的作用引起的

在教材中展示的霍夫曼重排机理中，酰胺氮原子亲核进攻溴原子引发该重排。在酰胺结构中，如图 12-32 所示，酰胺键因氮原子孤对电子和羰基双键的 p-π 共轭作用而显一定的正电性，这种 p-π 共轭在极端情况下就是带正电的亚胺双键的烯醇负离子结构。这种结构决定酰胺氮上氢原子酸性升高而酰胺氮原子本身的亲核性降低。

图 12-33　甲酰胺的共振结构

在碱作用下酰胺可以生成酰胺负离子，如图 12-34，酰胺负离子继续和溴反应生成 *N*-溴代乙酰胺，*N*-溴代乙酰胺继续经历图 12-32 的过程生成霍夫曼重排产物。

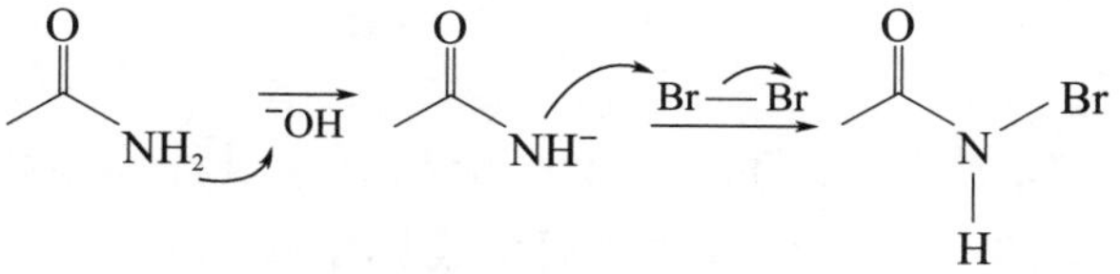

图 12-34　甲酰胺霍夫曼重排的可能机理

2. 氮卡宾比碳卡宾亲电性更强

如图 12-35，甲酰胺在霍夫曼重排过程中生成了氮卡宾中间体，氮原子和碳原子相比具有更强的电负性和亲核性，因此氮卡宾比碳卡宾更活泼而更容易发生重排反应。

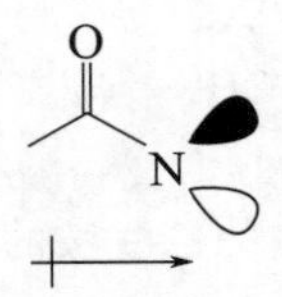

图 12-35　甲酰胺氮卡宾的结构示意图

3. 异氰酸酯的结构决定其容易水解

甲酰胺在霍夫曼重排过程中生成了异氰酸甲酯。如图 12-36 所示，在异氰酸甲酯分子中，电负性比碳原子都强的氮原子和氧原子同时与碳原子相连，在氮原子和氧原子的极化作用下，中心双键碳原子带有一定的正电荷，因此，异氰酸酯具有较强的亲电性，在亲核试剂作用下容易被加成生成稳定的化合物。

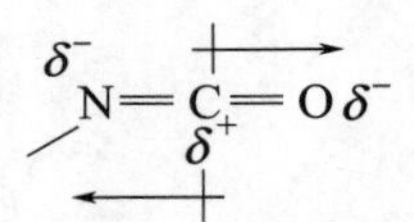

图 12-36　异氰酸甲酯的分子极化示意图

第八节　科特斯（Curtius）重排

酰基叠氮化合物加热分解生成异氰酸酯的反应过程称为科特斯（Curtius）重排。如图 12-37，叠氮化苯甲酰加热后生成异氰酸苯酯。

叠氮化苯甲酰的科特斯重排反应机理如图 12-38 所示。叠氮化苯甲酰在

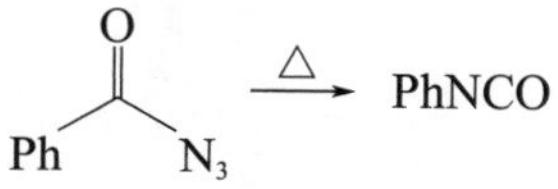

图 12-37　叠氮化苯甲酰的科特斯重排反应

加热情况下释放出一分子氮气后生成氮卡宾，氮卡宾在苯基负离子迁移后生成异氰酸苯酯。

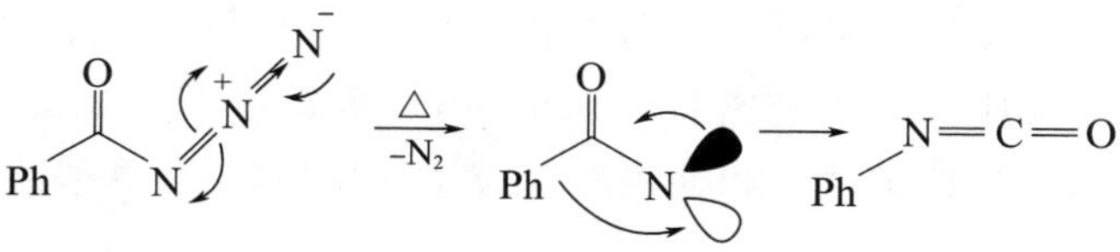

图 12-38　叠氮化苯甲酰的科特斯重排反应机理

1. 叠氮基的结构决定其容易分解释放出氮气生成氮卡宾

与重氮基的结构类似，在叠氮基结构中，如图 12-39，以叠氮化苯甲酰为例，最外侧的氮原子首先以 σ 单键和另一个氮原子形成共价键后，其最外层电子由 5 个变为 6 个，因此中间氮原子以配位键的形式和外侧氮原子形成第二个化学键以满足外侧氮原子最外层的 8 电子稳定结构，中间的氮原子和酰基 α 位氮原子形成双键后三个氮原子都满足了最外层 8 电子稳定结构。在整个叠氮基中，中间氮原子因提供配位键的孤对电子而带正电荷，最外侧氮原子因接收孤对电子配位而带负电荷。

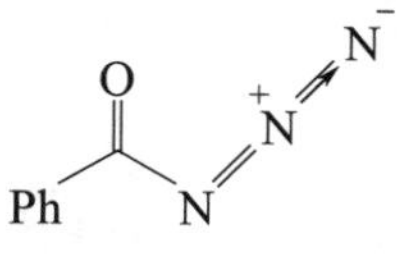

图 12-39　叠氮化苯甲酰的分子结构示意图

2. 科特斯重排和霍夫曼重排一样都经历了氮卡宾中间体的过程

在科特斯重排过程中生成了氮卡宾中间体的过程，当氮卡宾生成后就可以继续以类似于霍夫曼重排相同的路径生成异氰酸酯。

第九节 施密特（Schmidt）重排

在酸催化下，叠氮酸可以分别和羧酸、酮或者醛反应生成伯胺、酰胺或者腈类化合物，该反应经历了施密特（Schmidt）重排过程。如图 12-40，乙酸、丙酮和乙醛分别在酸性条件下和叠氮酸反应生成甲胺、*N*-甲基乙酸胺和乙腈。

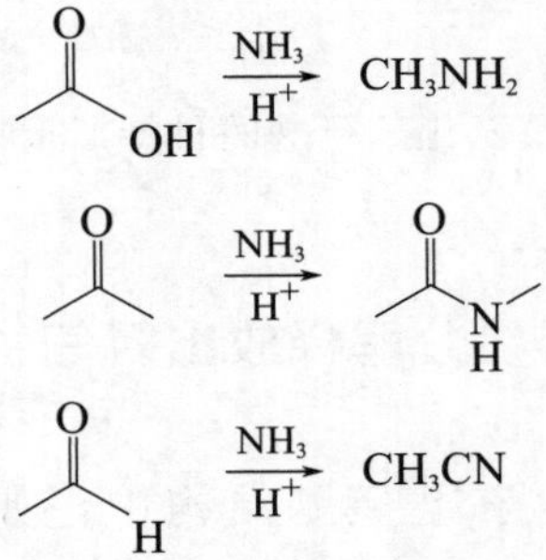

$$CH_3COOH \xrightarrow[H^+]{NH_3} CH_3NH_2$$

$$CH_3COCH_3 \xrightarrow[H^+]{NH_3} CH_3CONHCH_3$$

$$CH_3CHO \xrightarrow[H^+]{NH_3} CH_3CN$$

图 12-40 乙酸、丙酮和乙醛的施密特重排反应

乙酸、丙酮和乙醛的施密特重排反应机理分别如图 12-41、图 12-42 和图 12-43。

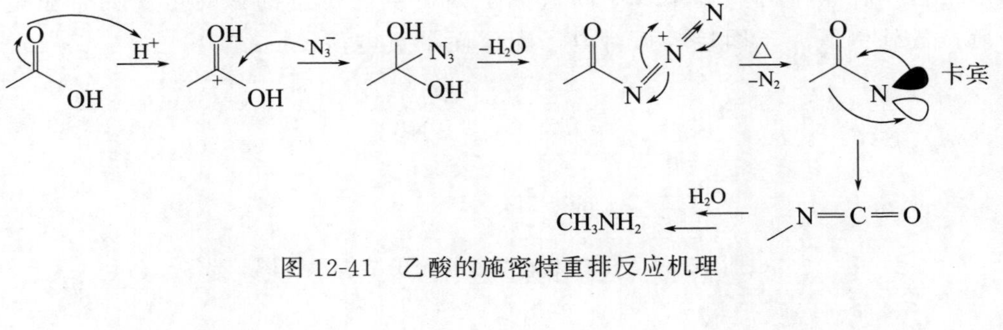

$$CH_3COOH \xrightarrow{H^+} CH_3\overset{+}{C}(OH)_2 \xrightarrow{N_3^-} CH_3C(OH)_2N_3 \xrightarrow{-H_2O} CH_3CO-N=\overset{+}{N}=N^- \xrightarrow[-N_2]{\triangle} CH_3CO\ddot{N} \text{（卡宾）} \longrightarrow CH_3-N=C=O \xrightarrow{H_2O} CH_3NH_2$$

图 12-41 乙酸的施密特重排反应机理

1. 羧酸的施密特反应中氢离子应首先酸化羧基的羰基而不是羟基

在有机羧酸分子中，羧基因其特殊的结构而可以作为碱接收氢离子形成酸化羧基，在接收氢离子时，羧基的羰基氧和羟基氧都因为有孤对电子而可以接

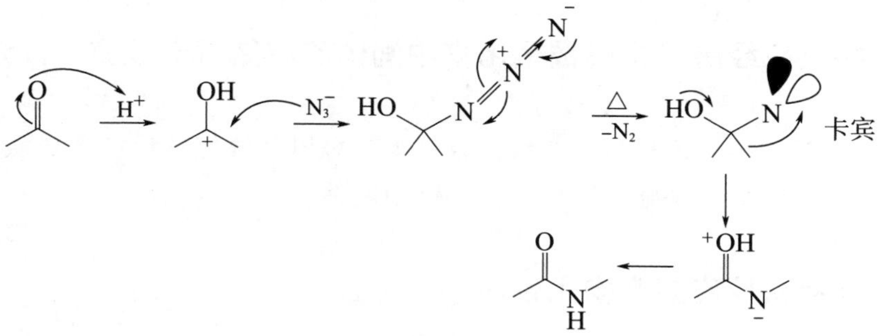

图 12-42 丙酮的施密特重排反应机理

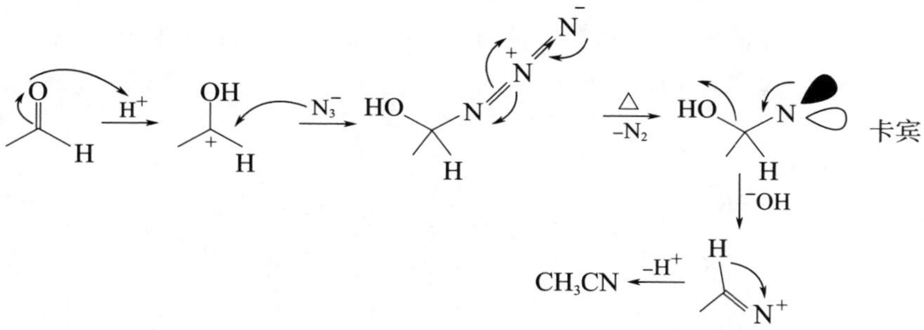

图 12-43 乙醛的施密特重排反应机理

收氢离子的亲电作用，相比之下，如图 12-44，羰基双键上的 π 电子的极化度大一点，因此，羰基氧被氢离子酸化的可能性要大于羟基氧。

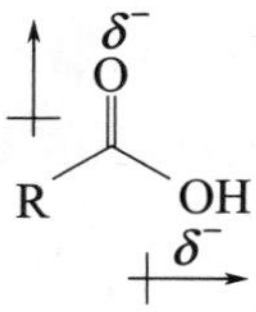

图 12-44 有机羧基的极化示意图

如图 12-45，有的教材中直接画出氢离子直接酸化羧基中的羟基形成羰基正碳的过程，虽然该过程也最终能形成酰基叠氮从而重排为最终的伯胺类化合物，但该过程明显不符合羧基和氢离子反应时的动力学过程控制因素。

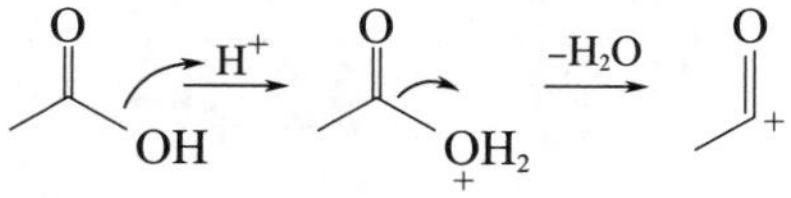

图 12-45 某些教材中的羧基的酸化过程

2. 施密特反应经历了生成叠氮化物中间体的脱氮气形成氮卡宾过程

无论是羧酸、酮还是醛，在酸性条件下都可以和叠氮酸反应生成氮卡宾中间体，因此，氮卡宾是施密特反应的关键中间体。

3. 醛的施密特反应副产物比较多

在醛的施密特反应中，当氮卡宾生成之后并未进行官能团的迁移而经历了脱水过程形成腈，如图 12-46 所示的 α-羟基乙基氮卡宾的结构，在氮卡宾的吸电子作用下，邻位的氢和甲基都可能迁移，如果是氢迁移则生成乙酰胺，如果是甲基迁移则生成 *N*-甲基甲酰胺。

图 12-46 α-羟基乙基氮卡宾的可能的重排路径

在乙醛科特斯重排过程中生成的 α-羟基乙基氮卡宾分子中，吸电子的卡宾氮原子和羟基同时连在同一个碳原子上，只有在强的电负性作用下导致碳氧键的断裂才能生成最终的腈类化合物，因此醛的施密特反应的副产物比较多。

第十节 拜尔-威利格（Baeyer-Villiger）重排

酮羰基在过氧酸所用下可以经历拜尔-威利格（Baeyer-Villiger）重排后生

成酯。如图 12-47，丙酮在过氧苯甲酸作用下生成乙酸甲酯。

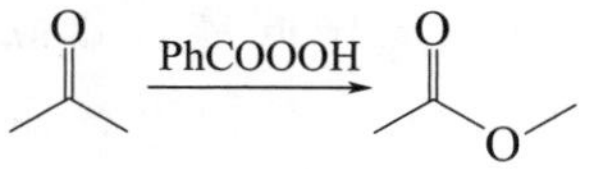

图 12-47 丙酮的拜尔-威利格重排

丙酮的拜尔-威利格重排机理如图 12-48 所示。丙酮接收氢离子酸化后生成酸化丙酮正碳离子，正碳离子接收过酸根负离子的亲核后生成羟基过酸酯，羟基过酸酯在脱除氢离子后重排为乙酸甲酯和苯甲酸负离子。

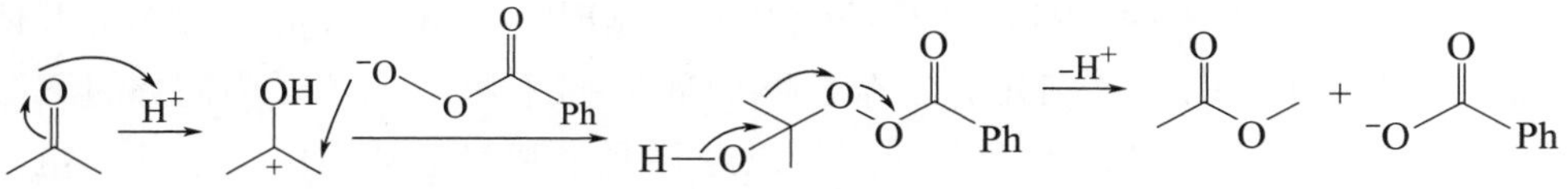

图 12-48 丙酮的拜尔-威利格重排反应机理

1. 丙酮过氧酸的加成产物的结构决定其能发生贝尔-威利格重排

如图 12-49，丙酮的过氧酸加成产物结构中含有一个氧氧 σ 键，在羰基和羟基共同的吸电子作用下分子中的氧氧键非常容易断键，在氧氧键异裂时因羰基的吸电子作用（动力学）和生成的羧酸负离子比较稳定（热力学）两个因素作用下生成羧酸负离子和氧正离子，如图 12-50 所示。

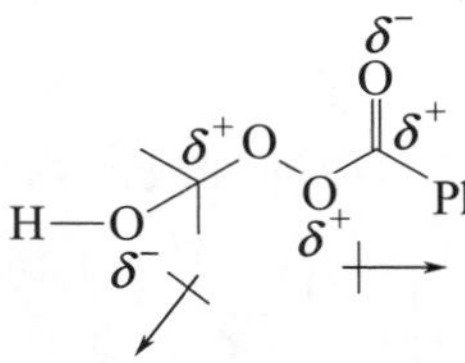

图 12-49 丙酮的过氧酸加成产物的极化示意图

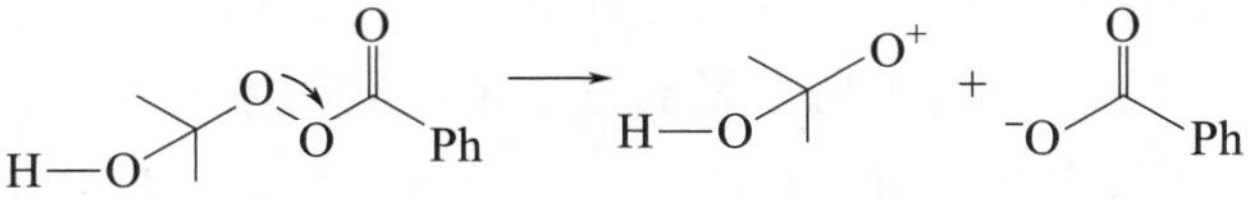

图 12-50 丙酮过氧酸加成产物的异裂过程

丙酮过氧酸加成产物的氧氧 σ 键异裂后生成氧正离子，该氧正离子因氧的电负性较强而非常不稳定，正电荷对邻位的甲基吸电子作用导致甲基负离子迁移后生成带有羟基的正碳中间体，正碳经过脱氢后生成稳定的酯（图 12-51）。由于氧正离子的能量较高而不稳定，一般认为过氧键的断键和甲基负离子的迁移是同时进行的。

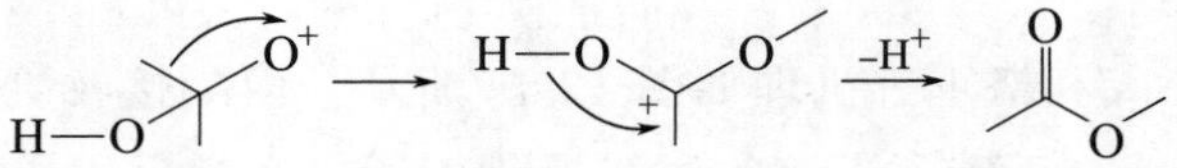

图 12-51 氧正离子中间体的重排

如果分子中有不同的可以迁移的烷基取代基时，则电子云密度较大的基团更容易迁移。如图 12-52 所示，在苯乙酮的拜尔-威利格反应中，中间体过氧酸的加成产物有甲基和苯基两个官能团可以迁移，甲基和苯基相比，苯基 π 电子云处于苯环平面两侧的特殊结构导致其比甲基更容易被亲电而优先发生迁移，反应最终生成乙酸苯酯而不是甲基迁移后的苯甲酸甲酯。

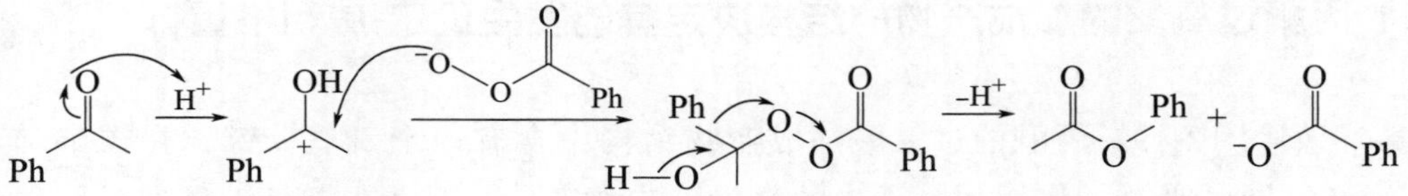

图 12-52 苯乙酮的拜尔-威利格反应

2. 丙酮过氧酸加成产物的重排有多个引发点

在酸性体系中，丙酮的过氧苯甲酸加成产物也可能受到氢离子的催化而促进重排反应的发生。如图 12-53 所示，氢离子酸化羰基后生成相应的正碳离子，在正电荷吸引下氧氧 σ 键异裂后也能生成氧正离子和相应的苯甲酸。当氢离子酸化其他位置的氧时，都因最终生成丙酮而不会引发重排反应的发生，以酸化羟基位置为例，如图 12-54 所示，羟基接收氢离子后脱除水分子形成烷基正碳离子，在正碳吸电子作用下过氧键断键生成丙酮和苯甲酸正离子，苯甲酸正离子接收水中的氢氧根离子后恢复到过氧苯甲酸的原始状态。

综合分析丙酮过氧酸加成产物的结构，虽然该结构比较复杂，反应活性中心较多，但是能促进氧氧键异裂的条件才能促进拜尔-威利格反应的发生。因

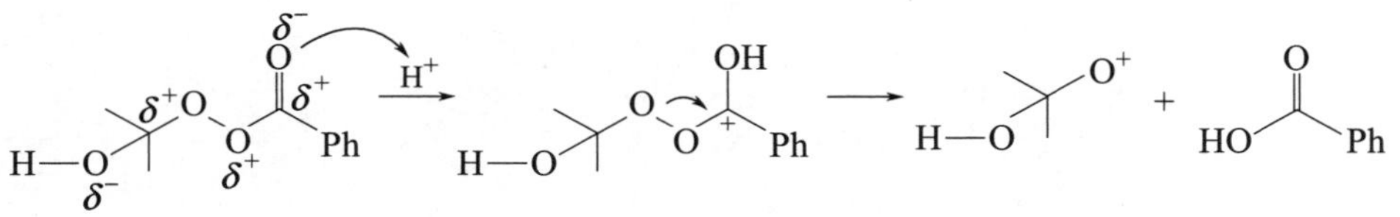

图 12-53　丙酮过氧酸加成产物的酸催化断键过程

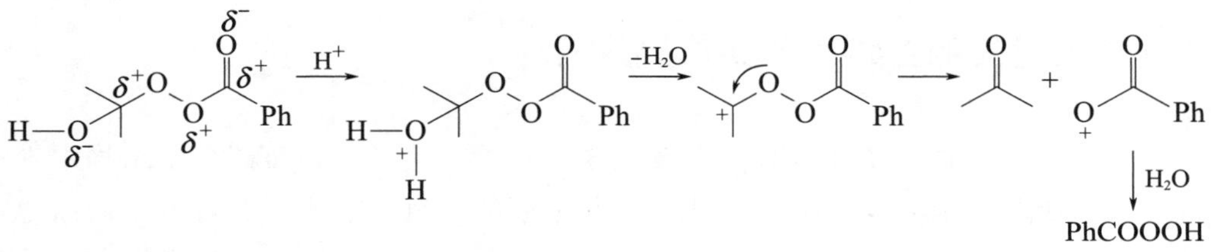

图 12-54　丙酮过氧化物加成产物的羟基酸化引发的反应过程

氧氧键直接和羰基相连，在羰基的极化作用下，氧氧 σ 键的均裂过程不大可能发生。

第十一节　斯蒂文（Stevens）重排

与氮相连的具有活性碳氢键结构的季铵盐在碱作用下可能发生斯蒂文（Stevens）重排生成叔胺，以氯化三甲基丙酮基季铵盐为例，如图 12-55 所示，在碱的作用下生成 3-*N*,*N*-二甲氨基-2-丁酮。

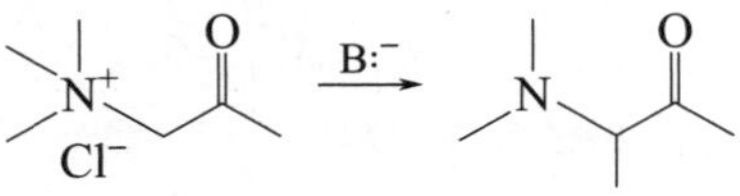

图 12-55　氯化三甲基丙酮基季铵盐的斯蒂文重排

教材中氯化三甲基丙酮基季铵盐的斯蒂文重排机理如图 12-56 所示。在碱的作用下，羰基 α 位活性氢转化为负碳离子，在负电荷的亲核作用下，氮上的甲基发生迁移生成最终的产物。

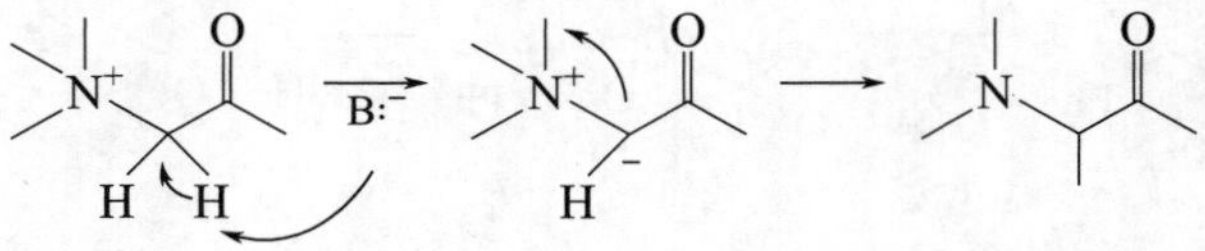

图 12-56 教材中氯化三甲基丙酮基季铵盐的斯蒂文重排机理

1. 斯蒂文重排的主要副产物是脱胺产物

斯蒂文重排的关键中间体是负碳离子（图 12-57），在该负碳离子结构中带正电荷的氮原子和负碳中心直接相连，吸电子的正氮中心成功获得电子后断键生成三甲胺和相应的卡宾，活性卡宾在经过一系列的反应后生成副产物。

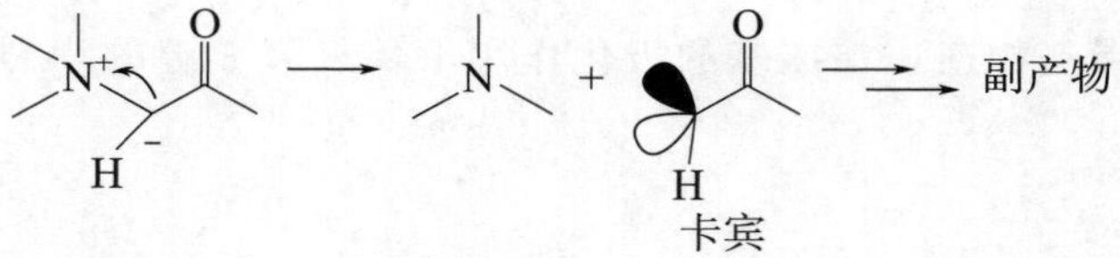

副产物

卡宾

图 12-57 斯蒂文重排反应的副产物生成过程

带有负电荷的季铵盐因电荷的作用很容易发生碳氮键的断裂，相应的，在教材中所展示的重排过程中需要断裂氮和甲基之间的 σ 键（图 12-56），相比氮和负碳之间的 σ 键，断裂氮和甲基间的 σ 键需要的活化能要高。因此，斯蒂文重排过程中产生碳氮键断裂的副产物不可避免。

2. 斯蒂文重排可能是双分子亲核取代反应机理

在季铵盐的负碳中心形成后，负碳中心完全可以和其他季铵盐的正电荷因电荷吸引而发生亲核取代，如图 12-58 所示，季铵盐负碳亲核取代另一分子季铵盐的带部分正电荷的甲基后生成季铵盐（**1**）和羰基胺（**2**），季铵盐 **1** 在电荷作用下断裂氮碳键后生成斯蒂文重排产物和甲基正碳，羰基胺在碱作用下转化为负碳中间体（**3**），带负电荷的中间体 **3** 结合甲基正碳后也生成了斯蒂文重排产物，当然，中间体 **1** 和 **3** 之间也可能经历 S_N2 机理发生亲核取代生成最终产物。

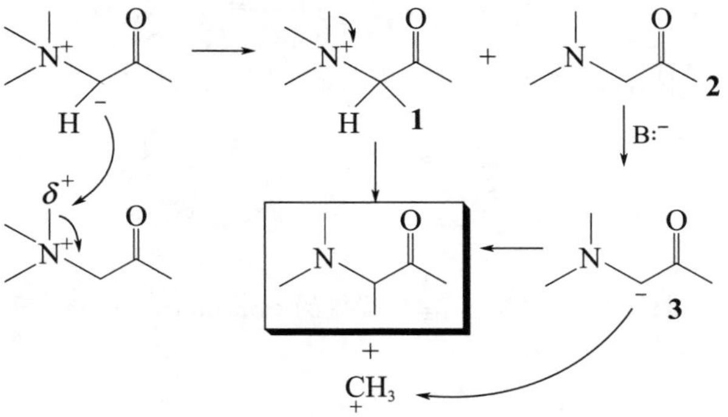

图 12-58　斯蒂文重排的可能机理

第十二节　Sommelet-Hauser 重排

苄基季铵盐在强碱作用下重排为苄基叔胺的反应称为 Sommelet-Hauser 重排。如图 12-59 所示，三甲基苄基季铵盐在强碱作用下经过 Sommelet-Hauser 重排生成 *N*,*N*-二甲基邻甲基苄胺。

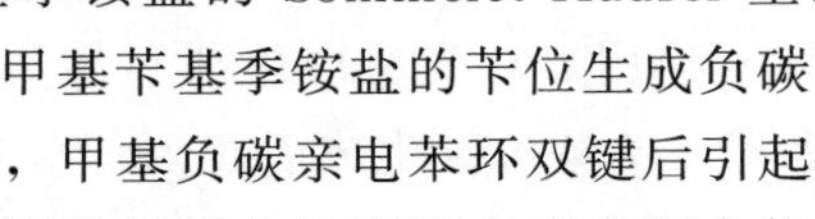

图 12-59　三甲基苄基季铵盐的 Sommelet-Hauser 重排

教材中三甲基苄基季铵盐的 Sommelet-Hauser 重排的机理如图 12-60 所示。在碱的作用下，三甲基苄基季铵盐的苄位生成负碳离子，该负碳离子可以转化到季铵盐的甲基上，甲基负碳亲电苯环双键后引起苄基和氮之间的 σ 键断裂形成苯环大共轭体系被破坏的中间产物，该中间产物经过重排后又恢复苯环的大共轭体系生成最终 Sommelet-Hauser 重排产物。苯环的（被）亲核反应过程只有在苯环上有强吸电子存在时才容易理解，该机理需要我们认真思考和分析。

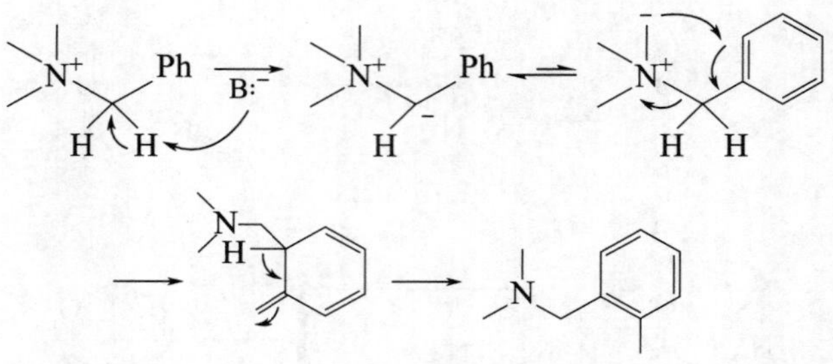

图 12-60 教材中的三甲基苄基季铵盐的 Sommelet-Hauser 重排的机理

1. Sommelet-Hauser 重排的产率不高

在教材所示的机理（图 12-60）中，三甲基苄基季铵盐的 Sommelet-Hauser 重排经历了生成苄基负碳的季铵盐过程。该结构中带正电荷的氮和带负电荷的碳直接相连，在正氮中心的强吸电子作用下很容易发生氮碳键的异裂过程生成三甲胺和苄基卡宾，苄基卡宾继续反应引发一系列的副产物（图 12-61）。

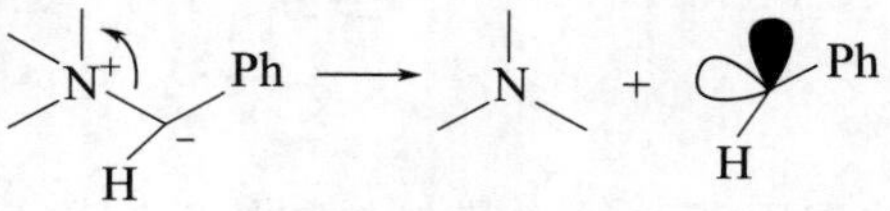

图 12-61 季铵盐的苄基负碳的异裂过程

在该机理中，经历了苯环的（被）亲核和苯环大共轭体系被破坏的过程，这两个过程都需要较高的活化能。如果三甲基苄基季铵盐的 Sommelet-Hauser 重排经历了教材中所示的机理过程，则副反应产物应该比较多。

2. Sommelet-Hauser 重排可能经历了苯环的（被）亲电过程

在碱的作用下，三甲基苄基季铵盐分子中酸性最强的苄基位（同时受到苯环和正氮离子的双重吸电子作用）首先反应生成负碳离子，这应该是 Sommelet-Hauser 重排的引发步骤，苄基负碳生成后正氮邻位带部分正电荷的甲基对苯环进行亲电进攻导致苄基负电荷重排后形成苄基和氮之间的 σ 键断裂所生成的重排产物，重排产物恢复苯环的大共轭体系后生成最终的 Sommelet-Hauser 重排产物。在该机理过程（图 12-62）中，带正电荷的氮的邻位甲基对苯环的亲电是整个重排的引发步骤，重排后的苄基叔胺稳定性比原料季铵盐稳定是整个过程能够进行的热力学因素。

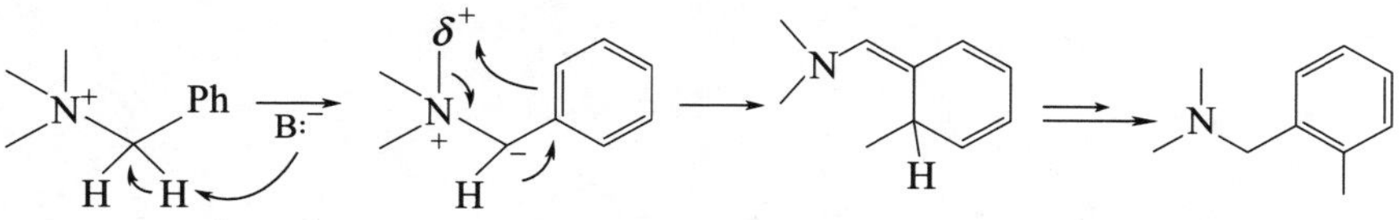

图 12-62　三甲基苄基季铵盐的 Sommelet-Hauser 重排的可能机理

第十三节　维替格（Wittig）重排

醚类化合物在强碱作用下重排为醇的反应称为维替格（Wittig）重排。如图 12-63，乙醚在强碱作用下经过维替格重排生成 2-丁醇。

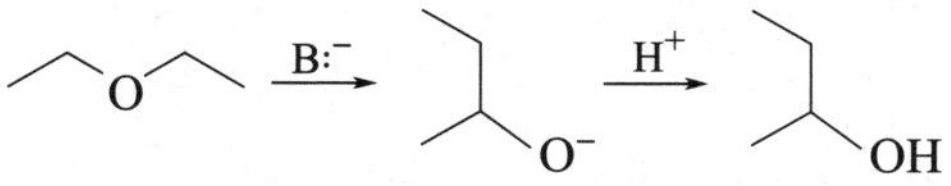

图 12-63　乙醚的维替格重排

教材中乙醚的维替格反应机理如图 12-64 所示。乙醚在强碱的作用下首先生成负碳离子，负碳离子亲核氧另一个位置上的碳引起分子重排最终生成醇氧负离子，醇氧负离子在接受一个质子后生成醇。

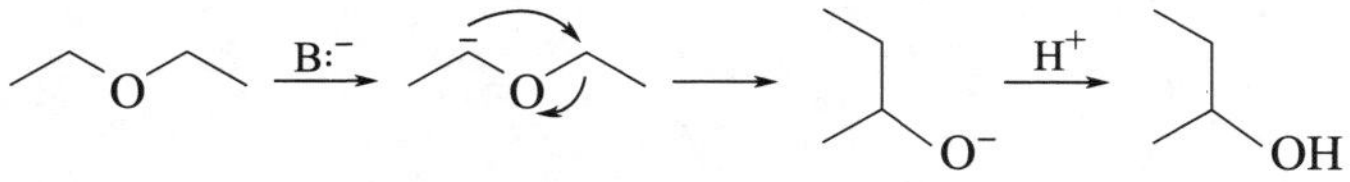

图 12-64　教材中乙醚的维替格反应机理

1. 乙醚负碳的结构分析

如图 12-65，乙醚分子中的碳氧键因氧的电负性比碳强而极化为氧带部分负电荷碳带部分正电荷，因此，在乙醚分子中，因氧的吸电子作用导致亚甲基的氢具有一定的酸性，在碱的作用下乙醚能转化为负碳离子。

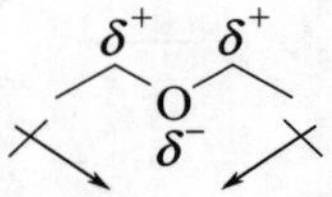

图 12-65　乙醚分子的极化示意图

乙醚的负碳离子结构如图 12-66 所示，负碳离子和氧原子直接相连，负碳离子亲核进攻另一侧亚甲基位置的反应和氧对负碳的电荷吸引导致碳氧键断裂的反应是一对竞争反应，氧吸引邻位负碳离子的电子断键后形成碱性比负碳离子弱的醇氧的过程相比负碳离子亲核进攻另一侧亚甲基的反应显得更容易。

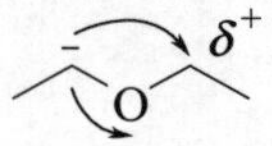

图 12-66　乙醚负碳离子的两种可能反应

2. 乙醚维替格反应的可能机理

如果乙醚负碳离子断裂碳氧键后生成乙醇氧负离子和乙基卡宾，如图 12-67 所示，乙基卡宾亲电另一分子乙醚负离子后生成乙基异丁基醚负离子，在碱的作用下，乙基异丁基醚中酸性较强的乙基亚甲基转化为负离子，氧和碳负离子继续异裂后生成醇氧负离子，在转化过程中形成的碳负离子和氧负离子最终捕捉氢离子后生成异丁醇。

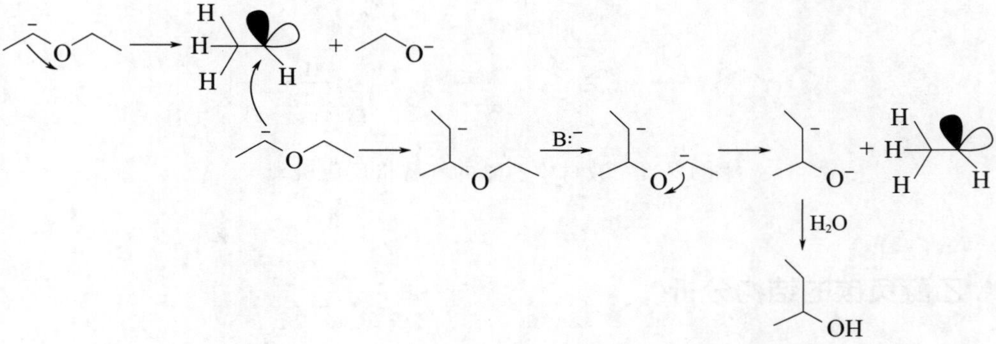

图 12-67　乙醚维替格反应的可能机理

第十四节 克莱森（Claisen）重排

烯丙基芳基醚在加热情况下重排为烯丙基酚的过程称为克莱森（Claisen）重排。如图 12-68，烯丙基苯酚醚在加热情况下可以重排为邻烯丙基苯酚。

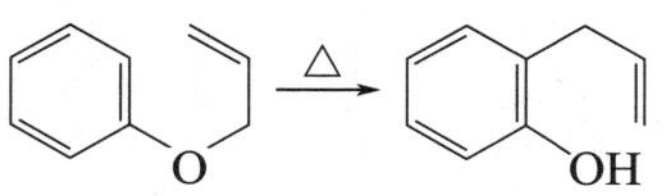

图 12-68 烯丙基苯酚醚的克莱森重排过程

烯丙基苯酚醚的克莱森重排机理如图 12-69 所示。在加热情况下经过六元环的同步电子重排过程后，烯丙基苯酚醚转化为邻烯丙基苯酚。

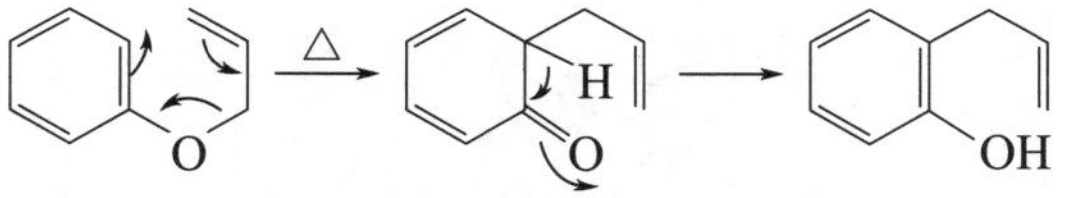

图 12-69 烯丙基苯酚醚的克莱森重排机理

1. 烯丙基苯酚醚的结构分析

如图 12-70，在烯丙基苯酚醚分子中，苯和氧之间因为 p-π 共轭作用导致氧原子上的孤对电子向苯环极化，苯氧基作为整体吸电子性官能团吸引亚甲基上的电子，同时亚甲基和烯烃双键之间通过 p-π 共轭作用而受到烯烃双键的吸电子极化，因此，整个极化的结果是烯丙位亚甲基有较高的酸性和反应活性。

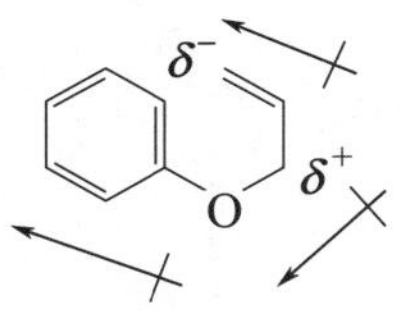

图 12-70 烯丙基苯酚醚的分子极化示意图

2. 烯丙基苯酚醚的克莱森重排拆解过程

在加热情况下，烯丙基苯酚醚的亚甲基氢的酸性会升高（一般情况下温度越高相应的酸性就会越高），在亚甲基高温下电离出氢离子后会生成活性更高的负碳离子，如图 12-71，该负碳离子因和氧原子相连而容易断键生成苯酚氧负离子和烯丙基卡宾，苯酚氧负离子能重排为羰基 α 负碳离子而烯丙基卡宾也可以经过共轭重排后将卡宾转化到另一端靠近羰基 α 位置的负碳附近，羰基 α 负碳亲核卡宾后生成的中间体经过氢重排后生成邻丙烯基苯酚。

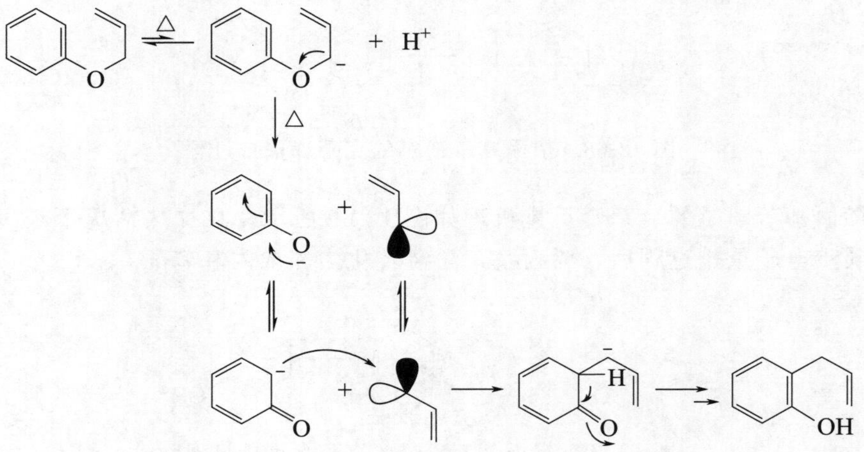

图 12-71 烯丙基苯酚醚的克莱森重排的可能机理（一）

当然，在加热情况下烯丙基苯酚醚不一定经历亚甲基电离的过程，加热情况下不稳定的烯丙基苯酚醚也可能因碳氧键的异裂而引发重排的过程，过程如图 12-72 所示。

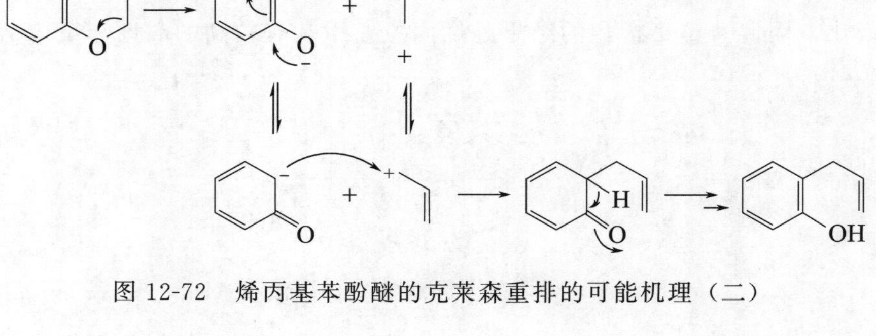

图 12-72 烯丙基苯酚醚的克莱森重排的可能机理（二）

需要说明的是，克莱森重排在高温下可以经历相同的过程生成对位取代产物。

第十五节 科普（Cope）重排

1,5-二烯类化合物在加热情况下可能发生分子内重排反应，这种重排称为科普（Cope）重排。如图 12-73，3-苯基-1,5-己二烯加热条件下经历科普重排生成 1-苯基-1,5-己二烯。

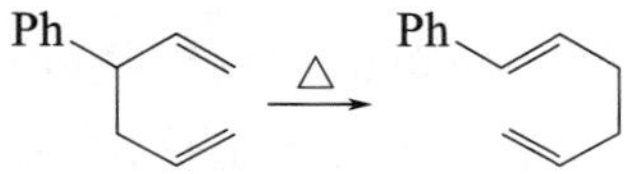

图 12-73 3-苯基-1,5-己二烯的科普重排反应

如图 12-74 所示，3-苯基-1,5-己二烯的科普重排反应的机理，教材中认为两个双键可以分别作为亲核中心经过电子重排生成最终产物。需要说明的是，不同教材中对科普重排反应机理的呈现不同。

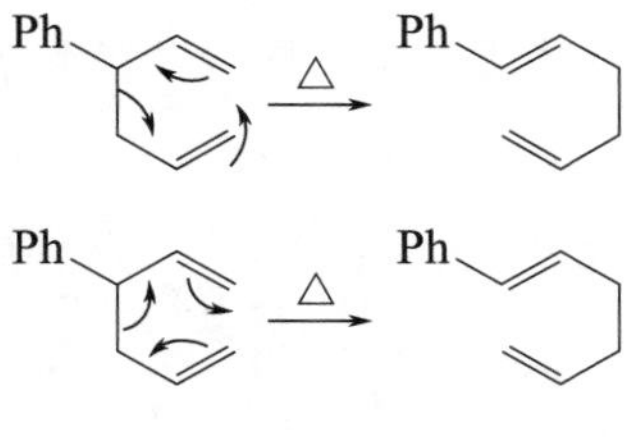

图 12-74 教材中 3-苯基-1,5-己二烯的两种科普重排机理

1. 科普重排是特殊克莱森重排

在科普重排中，如果二烯链上的饱和碳用氧代替，则科普重排就是典型的克莱森重排。在克莱森重排反应中，醚氧的电负性对重排起到一定的促进作用，在科普重排中，主链都是碳原子，因此主链上的取代基的共轭效应或者诱

导效应成为促进科普重排的关键官能团，例如在 3-苯基-1,5-己二烯的科普重排中，苯基是促进重排反应的关键。

2. 1, 5-二烯烃的活性取代基能促进科普重排反应的发生

以 3-苯基-1,5-己二烯的科普重排（图 12-75）为例，苯环的苄位因为同时受到苯环和双键的 p-π 共轭吸电子作用而具有较高的化学活性。

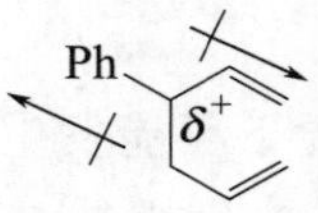

图 12-75 3-苯基-1,5-己二烯的分子极化示意图

如图 12-76 所示，在加热情况下，苄位氢的酸性升高而容易电离，如果苄基氢电离后生成苄基负碳离子，负电荷和双键经过重排后生成双键和苯环共轭的稳定烯苯丙基负碳中间体，苯丙烯负碳亲核进攻分子中另一侧的双键引起结构重排后最终生成科普重排产物，在该过程中，双键和苯环由不共轭变成共轭体系，重排后的结构稳定性升高。需要说明的是，整个反应的过程是同时进行的，人类目前并未捕捉到科普重排中每一步的反应中间体。

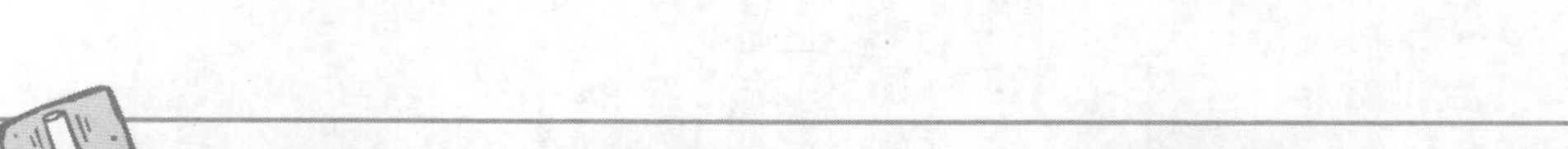

图 12-76 3-苯基-1,5-己二烯的科普重排的可能机理

第十六节 费歇尔（Fischer）吲哚合成

醛和酮的芳香腙在酸催化下生成吲哚骨架的反应称为费歇尔（Fischer）吲哚合成。如图 12-77，丙酮苯肼腙在酸催化下生成甲基吲哚。

丙酮苯肼腙的费歇尔吲哚合成反应机理如图 12-78 所示。腙的碳氮双键在酸催化下异构化为烯胺结构（**1**），烯胺的碳碳双键因氮的吸电子作用有一定的

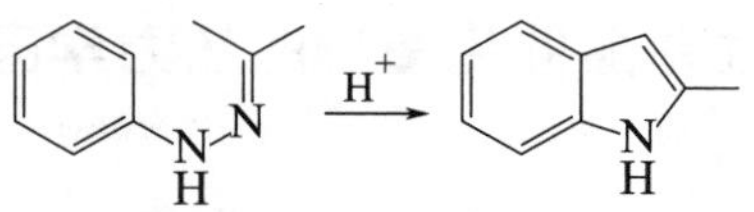

图 12-77 丙酮苯肼腙的费歇尔吲哚合成反应

亲电性，在烯胺对苯环的亲电进攻下经历破坏苯环大共轭体系的中间体（**2**）后脱除氢离子的过程生成了负氮中间体（**3**），中间体 **3** 的负氮亲核加成分子内的亚胺后生成氨基负离子（**4**），氨基负离子 **4** 在接收氢离子后继续酸化脱除氨分子生成甲基吲哚。

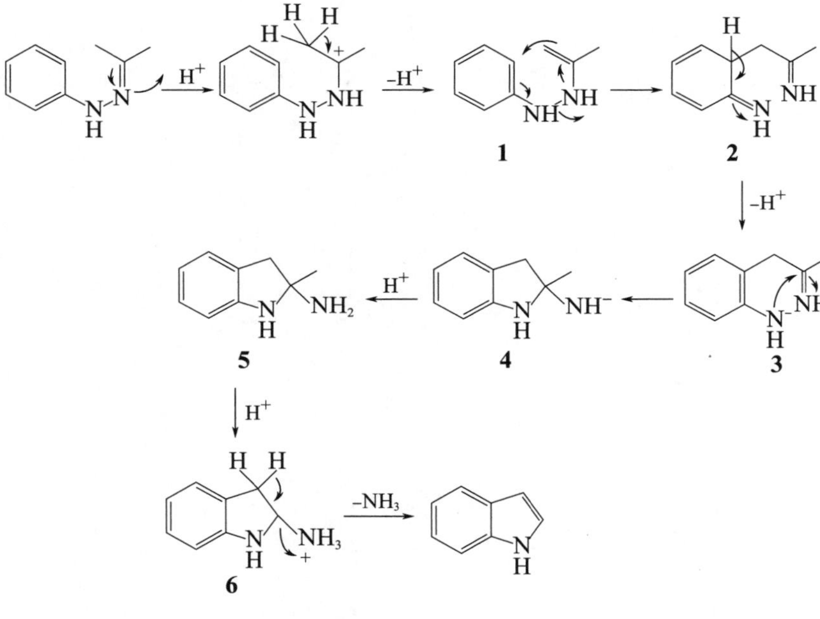

图 12-78 丙酮苯肼腙的费歇尔吲哚合成机理

1. 吲哚环的大共轭体系的稳定性是苯腙重排合环的热力学因素

在费歇尔吲哚合成反应前后，虽然苯腙也具有大共轭体系，但是合环后的吲哚是芳香性的双环共轭体系，共轭度越高，分子能量越低而越稳定，因此，从热力学上讲，苯腙催化重排合环是能量降低的过程。中间体 **5** 也是较为稳定的分子，但是氨基接收质子化并脱除氨分子后生成的稳定共轭体系也是热力学作用的能量降低过程和熵增过程。

2. 苯腙中氮原子的碱性是酸催化重排的热力学因素

苯肼腙的碳氮双键结构是极化度较高的双键，在酸性体系中，氮的孤对电子容易接收酸化而形成正氮离子，正氮离子的高能量引起整个分子的重排并最终生成稳定的吲哚分子。

第十三章

有机化学反应机理的归一

在分别分析了常见有机化学反应的机理后我们会发现，虽然不同的有机反应具备不同的反应机理，但是每个机理都是若干步正负电荷的生成、吸引、转化和迁移的集合。如果把正电荷看成酸、把负电荷看成碱的话，有机化学反应机理就是若干步酸碱反应的过程。虽然人类到目前为止尚未“观察”到任何有机反应的过程，但是尚未出现任何一例公认的基于带相同电荷的微粒间碰撞的有机反应机理，因此，可以说，到目前为止人类所接受的有机化学反应机理都是以正负电荷相互吸引为基础的，是否我们可以得到一个结论，即有机反应都是广义的（多步）酸碱反应，而这个结论在上升到哲学层面去思考有机反应时确实是成立的。

在理解和思考有机化学反应机理的时候我更喜欢采用类似于图 13-1 的筛沙子的过程来理解和消化有机反应。

图 13-1　筛沙子的简易操作

工人使用铁锹将沙子扬起撒到网格的上方，沙子在重力作用下沿着网格向下落地，直径小于网格的沙粒会透过网格落到网格的后下方，直径大于网格的沙粒顺着网格表面落地。在这个过程中，人将沙子撒到网格上部位置的操作相当于有机化学反应的活化阶段，沙粒好比是分子，得到人提供的能量（活化能）后势能（分子内能）升高；在沙粒沿着网格下滑的过程就类似于活化的分子因能量较高而不断的转化和重排生成新结构的过程，沙粒在网格上受重力作用只能向下不能向上运动；同样的，分子在获得内能后重排时除非得到新能量的补充，其只能向能量更低的结构转化，在沙粒遇到比自己直径小的网格空间时沙粒坠落的过程相当于当活化的分子在重排转化过程中一旦形成能量相对稳定的结构时该处“能阱”就固定了分子的结构而形成终产物。在有机反应过程中可能会有若干个“能阱”存在，因此有机反应可能会生成多种副产物，但是我们有理由相信，在特定条件下，生成产率最高的分子结构所处的“能阱”的“阱深”（要想继续反应所需要的活化能）最深。

在微观世界，微粒的转化远远比筛沙子的过程要复杂，多少年来，有机化学家希望通过多种办法探究有机化学反应的机理，只有有机化学反应中处于“能阱”内的相对稳定的结构能够被人类得到，在微粒转化过程中的结构好比沙粒在沿着网格往下运动的瞬时的状态被固定下来的可能性太小一样，人类对微粒转化的过程几乎不知。根据德国物理学家海森堡于 1927 年提出的不确定性原理，在微观世界，我们测量某种东西的行为将不可避免地扰乱这种东西的真实状况从而改变了它的状态，这种量子世界的不确定性必然导致我们在可预测的时间内对有机化学反应机理的认识永远达不到其真实的微观过程的高度。但是无论怎么说，有机化学反应的机理绝对不是教科书或者这本书里所罗列的“固定的”知识，它应该是有逻辑、有道理、经得起分析和推测、经得起实验检验的。

万事万物本身都是来源于大爆炸时的能量转化，我们所看到的所有物质都是大爆炸能量在转化过程中的极小一部分处于“能阱”中的宏观呈现状态，人类对有机化学研究的这点时间与大爆炸以来的时间相比显得微不足道，但是，人类对反应机理探究的热情从未消减。

后 记

西江月·喜上眉梢

半坡残柳摇曳
一江天水东流
天不作美雨悠悠
难盼花落秋

斜风细雨远眺
朦胧江波无涛
抬头一枝冬梅笑
忽而喜上眉梢

作于2017年深秋的这阕《西江月》代表了作者们从构思这本书到着手写作直到付诸印刷的整个心路历程，在那个丁酉年的深秋，我分别与吴林韬和高峰老师谈起想合著一本关于有机化学机理辨析的书，正所谓趣味相投，三人便开始动笔，期间经历了多次的商讨和筹划，不记得经历了几次推倒重来的过程，才将文稿修改成如今的面貌示人，对也罢，不完美也罢，甚至错也罢，能将自己多年来对有机化学的执着和痴迷落在纸上，也算是对自己教学生涯的一个交代。

从来不敢谈自己对别人的教化和师表作用，因为水平确实有限，更是不敢胡说八道以误人子弟，在书中我们尽量表明那些仅仅是我们自身理解的可能的内容，鉴于人类目前从未“看”到过任何有机化学反应的过程的事实，我们只能猜测这中间到底经历了什么，猜测归猜测，凡事总有个“理”，惶恐中，希望这本书所说的是“理”而不是“拿来式”的罗列和迷信，因为有些时候，我们对一些科学的事物也会显得迷信而不加思考。

如果你在读这本书的时候思考到了什么，那就是我们写这本书的目的。

“晨兴理荒秽，带月荷锄归”，从2018年元月19日学生放假到今天，除了期间3天的出差，22天中，我每天早上从六点半开始准时坐在办公室电脑前码字画图直到下午下班，写这段字不是矫情，是真的喜欢。

感谢志同道合的吴林韬和高峰老师。

2018年2月11号，农历腊月廿六，瘦西湖畔，初稿结束；13号，腊月廿八第一次修订结束有感。

景崤壁代后记

参考文献

[1] 邢其毅，裴伟伟，徐瑞秋，裴坚. 基础有机化学. 第4版. 北京：高等教育出版社，2017.
[2] 徐寿昌. 有机化学. 第2版. 北京：高等教育出版社，2014.
[3] 胡宏纹. 有机化学. 第4版. 北京：高等教育出版社，2013.
[4] 华东理工大学有机化学教研组主编. 有机化学. 第2版. 北京：高等教育出版社，2013.
[5] 汪小兰. 有机化学. 第5版. 北京：高等教育出版社，2015.